高等职业教育“十四五”规划教材

高等职业教育产教融合新形态教材

食品安全与卫生

张冬梅　邵珍美　黄丛聪　主编

中国农业大学出版社
·北京·

内容简介

本教材内容包括食品安全与卫生概述、食源性疾病与防控、生物性危害与控制、化学性危害与控制、物理性危害与控制、各类食品的卫生管理、食品生产企业安全管理、食品安全监督抽检、食品安全溯源管理及食品安全性评价与风险分析10个项目。涉及食物中毒和食物过敏的防控；细菌性、真菌性、病毒性、寄生虫等危害及控制；动植物中天然有毒物质、农药残留与兽药残留、食品添加剂和污染物、食品包装材料的污染及控制；杂质及放射性污染及控制；原料采购与验收、食品加工卫生安全；植物性食品、动物性食品、主要加工食品、辐照食品和转基因食品的卫生管理；食品安全毒理学评价和食品安全风险分析等内容。每个项目按照学习目标，预习导图，基础知识，实践训练，拓展资源，项目测试体例编写，其中基础知识每个知识点配有引导问题，实践训练配有实训工单，引导问题和实训工单可写可评。

本教材可作为食品质量与安全、食品检验检测技术等食品类专业的课程教材，也可作为食品安全相关培训教材及参考书。

图书在版编目(CIP)数据

食品安全与卫生 / 张冬梅，邵珍美，黄丛聪主编. --北京：中国农业大学出版社，2024.3(2025.5 重印)

ISBN 978-7-5655-3203-0

Ⅰ.①食… Ⅱ.①张…②邵…③黄… Ⅲ.①食品安全—高等职业教育—教材②食品卫生—高等职业教育—教材 Ⅳ.①TS201.6②R155

中国国家版本馆CIP数据核字(2024)第071550号

书　　名　食品安全与卫生

作　　者　张冬梅　邵珍美　黄丛聪　主编

策划编辑　康昊婷　　**责任编辑**　康昊婷

封面设计　郑　川　李尘工作室

出版发行　中国农业大学出版社

社　　址　北京市海淀区圆明园西路2号　　**邮政编码**　100193

电　　话　发行部 010-62733489,1190　　读者服务部 010-62732336

编辑部 010-62732617,2618　　出　版　部 010-62733440

网　　址　http://www.caupress.cn　　**E-mail**　cbsszs@cau.edu.cn

经　　销　新华书店

印　　刷　运河(唐山)印务有限公司

版　　次　2024年3月第1版　2025年5月第2次印刷

规　　格　185 mm×260 mm　16开本　13.25印张　324千字

定　　价　48.00元

图书如有质量问题本社发行部负责调换

编写人员

主　编　张冬梅（山东商务职业学院）
　　　　邵珍美（山东商务职业学院）
　　　　黄丛聪（山东商务职业学院）

副主编　宋　媛（吉林省经济管理干部学院）
　　　　王　鹏（新疆轻工职业技术学院）
　　　　韩丽娜（山东药品食品职业学院）
　　　　李　阳（新疆轻工职业技术学院）
　　　　唐　琳（山东城市服务职业学院）
　　　　郭　玮（晋中职业技术学院）
　　　　陈　亮（吉林工程职业学院）

参　编　曲　艺（黑龙江职业学院）
　　　　周志强（河南农业职业学院）
　　　　朱建军（锡林郭勒职业学院）
　　　　李　鑫（芜湖职业技术学院）
　　　　刘瑞霞（漯河食品工程技术大学）
　　　　申立玉（烟台帝斯曼安德利果胶股份有限公司）

主　审　黎海红（山东商务职业学院）

前言

“食品安全与卫生”课程是食品质量与安全、食品检验检测技术、食品智能加工技术等专业的基础课程。通过本课程学习，培养学生掌握食品污染物的种类、来源及预防措施，食源性疾病的特点、预防，各类食品的卫生管理，食品安全管理的基本理论和方法。同时，使学生确立食品安全观念，树立食品卫生意识，培养高度的社会责任感和专业使命感。

本教材按照项目化教学体系编写，内容涵盖食品安全与卫生概述、食源性疾病与防控、生物性危害与控制、化学性危害与控制、物理性危害与控制、各类食品的卫生管理、食品生产企业安全管理、食品安全监督抽检、食品安全溯源管理和食品安全性评价与风险分析。具体包括食物中毒和食物过敏的防控；细菌性、真菌性、病毒性、寄生虫等危害及控制；动植物中天然有毒物质、农药残留与兽药残留、食品添加剂和污染物、食品包装材料的污染及控制；杂质及放射性污染及控制；原料采购与验收、食品加工卫生安全；植物性食品、动物性食品、主要加工食品、辐照食品和转基因食品的卫生管理；食品安全监督抽检的方法；食品安全风险预警、食品溯源关键技术、食品召回管理和食品安全事故处置；食品安全毒理学评价和食品安全风险分析。

党的二十大报告指出，我们要坚持教育优先发展、科技自立自强、人才引领驱动，加快建设教育强国、科技强国、人才强国，坚持为党育人、为国育才，全面提高人才自主培养质量，着力造就拔尖创新人才，聚天下英才而用之。本教材在编写过程中，以学生为中心优化教材结构、创新编写形式，精心设计课前、课中和课后教学环节。每个项目按照学习目标、预习导图、基础知识、实践训练、项目测试和拓展资源的体例编写。在基础知识中灵活设计多个引导问题，实践训练配有实训工单，引导问题和实训工单可写可评，学习成果动态生成。将教学重点等微课资源以二维码呈现，方便学生自主学习，提高理论水平和实践技能。

本教材由张冬梅设计教材体例，张冬梅、韩丽娜、陈亮编写了项目一食品安全与卫生概述、项目六各类食品的卫生管理，李阳、周志强、黄丛聪编写项目二食源性疾病与防控、项目十食品安全性评价与风险分析，王鹏、李鑫、邵珍美、唐琳编写项目三生物性危害与控制、项目四化学性危害与控制、项目五物理性危害与控制，宋媛、刘瑞霞编写项目七食品生产企业安全管理，朱建军、申立玉编写项目八食品安全监督抽检，曲艺、郭玮编写项目九食品安全溯源管理。

本教材编写过程中得到了多位专家的指导，并参考了部分相关书籍及资料，在此对这些作者和专家一并表示感谢。本书如有错漏之处，敬请读者不吝指出，以便再版时修改。

编　者

2023 年 11 月

目　录

项目一　食品安全与卫生概述 …… 1
预习导图 …… 1
基础知识 …… 2
一、食品安全与卫生的基本概念 …… 2
二、国内外食品安全现状 …… 4
三、食品安全与卫生的主要研究内容 …… 5
实践训练　食品安全宣传与调查 …… 7
项目测试 …… 8
项目二　食源性疾病与防控 …… 9
预习导图 …… 9
基础知识 …… 10
一、食源性疾病的概述 …… 10
二、食物中毒 …… 11
三、食物过敏 …… 18
实践训练　食物中毒报告登记表填写 …… 26
项目测试 …… 27
项目三　生物性危害与控制 …… 29
预习导图 …… 29
基础知识 …… 30
一、食品中致病性微生物污染及预防 …… 30
二、食品中致病性病毒污染及预防 …… 41
三、食品中寄生虫污染及预防 …… 46
实践训练　填写食品加工的生物性危害分析工作单 …… 50
项目测试 …… 51

项目四 化学性危害与控制 …… 52
预习导图 …… 52
基础知识 …… 53
一、环境 …… 53
二、农药 …… 55
三、兽药 …… 58
四、食品添加剂 …… 61
五、包装材料 …… 63
六、食品加工、储存中的化学性污染 …… 67
七、天然毒素 …… 69
实践训练 填写食品加工的化学性危害分析工作单 …… 70
项目测试 …… 71
项目五 物理性危害与控制 …… 72
预习导图 …… 72
基础知识 …… 73
一、食品中杂质危害及其预防 …… 73
二、食品中放射性危害及其预防 …… 75
三、食品中电磁辐射危害及其预防 …… 77
实践训练 填写食品加工的物理性危害分析工作单 …… 79
项目测试 …… 79
项目六 各类食品的卫生管理 …… 81
预习导图 …… 81
基础知识 …… 82
一、植物性食品的卫生及管理 …… 82
二、动物性食品的卫生及管理 …… 87
三、主要加工食品的卫生及管理 …… 98
四、辐照食品的卫生及管理 …… 111
五、转基因食品的卫生及管理 …… 114
实践训练 食品企业安全卫生问题及处理 …… 118
项目测试 …… 121
项目七 食品生产企业安全管理 …… 123
预习导图 …… 123
基础知识 …… 124
一、加工环境的要求 …… 124
二、设施和设备的要求 …… 126
三、生产过程的要求 …… 128

四、其他管理要求 …… 131
实践训练　食品生产企业安全情况自查表填写 …… 135
项目测试 …… 138
项目八　食品安全监督抽检 …… 140
预习导图 …… 140
基础知识 …… 141
一、食品安全监督抽检概述 …… 141
二、食品安全监督抽检的方法 …… 142
三、食品安全监督抽检的相关法规 …… 150
实践训练　食品安全抽样检验相关单据填写 …… 153
项目测试 …… 156
项目九　食品安全溯源管理 …… 157
预习导图 …… 157
基础知识 …… 158
一、食品安全风险预警 …… 158
二、食品溯源关键技术 …… 163
三、食品召回管理 …… 166
四、食品安全事故处置 …… 169
实践训练　食品召回计划书制定 …… 171
项目测试 …… 173
项目十　食品安全性评价与风险分析 …… 175
预习导图 …… 175
基础知识 …… 176
一、食品安全性毒理学评价 …… 176
二、食品安全风险分析 …… 181
实践训练　风险评估项目建议书和风险评估任务书填写 …… 195
项目测试 …… 196
课后题答案 …… 198
参考文献 …… 200

项目一

食品安全与卫生概述

学习目标

知识与技能目标

1. 了解国内外食品安全的发展现状；
2. 熟悉食品安全与卫生的基本概念；
3. 熟悉食品安全与卫生的研究内容。

素养目标

1. 增强学生对健康中国、食品安全等国家战略的认同感，培育家国情怀；
2. 培养学生以发展的眼光看待法规和标准，树立终身学习、与时俱进、科技报国的理想信念。

预习导图

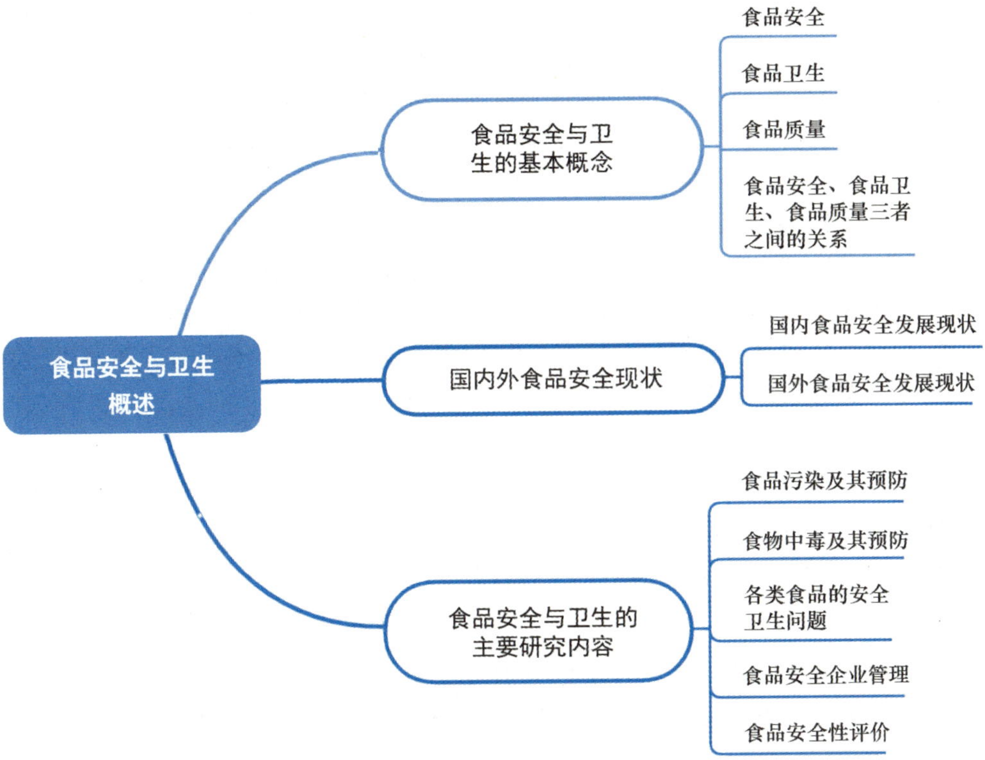

基础知识

引导问题

食品安全、食品卫生、食品质量三者有什么区别？

一、食品安全与卫生的基本概念

1. 食品安全

不同历史时期对食品安全有不同的定义。

1974 年，联合国粮农组织(FAO)在世界粮食大会上第一次提出了食品安全的概念，不过这是从数量上满足人们基本需要的角度提出的，指的是食品数量安全。1996 年世界卫生组织(WHO)将食品安全定义为："对食品按其原定用途进行制作、食用时不会使消费者健康受到损害的一种担保。"它主要是指在食品的生产和消费过程中没有达到危害程度的一定剂量的有毒、有害物质或因素的加入，从而保证人体按正常剂量和以正确方式摄入这样的食品时不会受到急性或慢性的危害，这种危害包括对摄入者本身及其后代的不良影响。2003 年，FAO 和 WHO 将食品安全定义为：食品安全是指所有危害，无论是慢性的还是急性的，这些危害会威胁消费者健康。2006 年，国务院印发的《国家重大食品安全事故应急预案》第 7.1 条对食品安全定义为：食品中不应包含有可能损害或威胁人体健康的有毒、有害物质或不安全因素，不可导致消费者急性、慢性中毒或感染性疾病，不能产生危及消费者及其后代健康的隐患。2015 年修订的《中华人民共和国食品安全法》(以下简称《食品安全法》)第 150 条规定"食品安全，指食品无毒、无害，符合应当有的营养要求，对人体健康不造成任何急性、亚急性或者慢性危害。"

基于以上定义，食品安全的概念可以表述为：食品(食物)的种植、养殖、加工、包装、贮藏、运输、销售、消费等活动符合国家强制标准和要求，不存在可能损害或威胁人体健康的有毒有害物质以导致消费者病亡或者危及消费者及其后代的隐患。

2. 食品卫生

1996 年 WHO 将食品卫生定义为：为确保食品安全性和适合性在食物链的所有阶段必须采取的一切条件和措施。对食品而言，食品卫生旨在创造和维持一个清洁并且有利健康的环境，使食品生产和消费在其中进行有效的卫生操作。

3. 食品质量

质量是一组固有特性满足要求的程度，特性是指可区分的特征，要求有明示的、隐含的和必须履行的。不同的食品特性各异，因此食品所具有的各种特性的总和，构成了食品质量的内涵。

根据《质量管理体系基础和术语》(GB/T 19000—2016)对质量的定义,可以将食品质量规定为:食品的一组固有特性满足要求的程度。“要求”包括安全性、营养性、可食用性、经济性等方面。食品的安全性是指食品在消费者食用、储运、销售等过程中,保障人体健康和安全的能力。食品的营养性是指食品对人体所必需的各种营养物质、矿物质元素的保障能力。食品的可食用性是指食品可供消费者食用的能力,任何食品都具有其特定的可食用性。食品的经济性是指食品在生产、加工等各方面所付出或所消耗成本的程度。

4. 食品安全、食品卫生、食品质量三者之间的关系

首先,食品安全是一个综合概念。食品安全作为一个概念,包括食品卫生、食品质量、食品营养等相关方面的内容和食品(食物)种植、养殖、加工、包装、贮藏、运输、销售、消费等环节。而食品卫生、食品质量、食品营养等作为属概念,均无法涵盖上述全部内容和全部环节。食品卫生、食品质量、食品营养等在内涵和外延上存在许多交叉,造成食品安全的重复监管。

其次,食品安全是一个社会概念。与卫生学、营养学、质量学等学科概念不同,食品安全是一个社会治理概念。不同国家以及不同时期,食品安全所面临的突出问题和治理要求有所不同。在发达国家,食品安全所关注的主要是因科学技术发展所引发的问题,如转基因食品对人类健康的影响;而在部分发展中国家,食品安全所侧重的则是市场经济发育不成熟所引发的问题,如假冒伪劣、有毒有害食品的非法生产经营。我国的食品安全问题则包括上述全部内容。

再次,食品安全是一个政治概念。“民以食为天,食以安为先”。无论是发达国家,还是发展中国家,食品安全都是企业和政府对社会最基本的责任和必须做出的承诺。食品安全与生存权紧密相连,具有唯一性和强制性,通常属于政府保障或者政府强制的范畴。而食品质量等往往与发展权有关,具有层次性和选择性,通常属于商业选择或者政府倡导的范畴。近年来,国际社会逐步以食品安全的概念替代食品卫生、食品质量的概念,更加突显了食品安全的政治责任。

最后,食品安全是一个法律概念。20 世纪 80 年代以来,一些国家以及有关国际组织从社会系统工程建设的角度出发,逐步以食品安全的综合立法替代卫生、质量、营养等要素立法。1990 年英国颁布了《食品安全法》,2000 年欧盟发表了《食品安全白皮书》,2003 年日本制定了《食品安全基本法》。部分发展中国家也制定了《食品安全法》。我国现行《食品安全法》被称为“史上最严”《食品安全法》,严格落实“四个最严”。综合型的食品安全法逐步替代要素型的食品卫生法、食品质量法、食品营养法等,反映了时代发展的要求。

食品安全、食品卫生、食品质量三者之间的关系不是相互平行,也不是相互交叉。食品安全包括食品卫生与食品质量,而食品卫生与食品质量之间存在着一定的交叉。以食品安全的概念涵盖食品卫生、食品质量的概念,这并不是否定或者取消食品卫生、食品质量的概念,而是在更加科学的体系下,以更加宏观的视角,来看待食品卫生和食品质量工作。例如,以食品安全来统筹食品标准,就可以避免目前食品卫生标准、食品质量标准、食品营养标准之间的交叉与重复。

引导问题

国内的食品安全现状。

二、国内外食品安全现状

1. 国内食品安全发展现状

国内的食品安全研究起步于20世纪80年代,2009年正式制定了《中华人民共和国食品安全法》(以下简称《食品安全法》),2015年实施修订后进一步形成了较完善的食品安全法律体系和食品安全监督体系,之后再经2018年和2021年两次修订,使我国的食品安全与卫生监督管理工作进入了一个依法行政的新的历史时期。

在食品安全监管方式方面,我国针对食品安全监管的网格化管理模式的基本情况和实施效果,结合食品安全监管经验和教训提出了一系列有针对性的食品安全监管网格化管理举措,进而实现食品安全领域的网格化管理效果。为保证食品安全监管的有效性,努力建立食品安全监管新机制,健全法律法规新体系,推行社会参与食品安全监管新模式。同时把食品安全风险评估作为一项提升我国食品安全管理水平的重要保障措施,通过成立包含农业、食品以及营养等领域的食品安全风险评估专家委员会,开展科学合理的食品安全风险评估工作,这对我国食品安全具有十分重要的意义。

2. 国外食品安全发展现状

发达国家对食品安全问题的意识较发展中国家的理论研究起步较早。20世纪60年代,随着工业化水平的快速发展,环境污染日益严重,导致食品安全事件的发生率骤然增加,引发政府部门和学术界的重点关注,开始对食品安全问题事件开展调查研究。但是,当时仅仅是从食品安全事件本身出发分析引发问题的原因,并未形成较为成熟的研究理论。进入21世纪之后,疯牛病事件的发生促使发达国家对食品安全的观念发生变化,从重视食品卫生到严格控制食品安全,还将食品卫生和食品安全展开分类监管。

为有效监管食品安全,欧盟理事会出台《欧盟食品安全白皮书》,以德国为代表的欧盟成员国家,将欧盟的相关规定纳入本国食品安全法律,德国还进一步制定了《食品和日用品法》、HACCP方案以及其他的专门法律法规,作为食品安全运行监管模式的有力保障措施。美国颁发推行《食品安全现代化法》,对食品药品监管采取更加高度集中的统一监管模式,并根据有机协同、科学治理等原则,建立起联邦政府主管机构与其他机构、联邦政府与州政府、美国政府机构与国外相关机构之间统分结合的整体性和协同性职权体系,并取得了很好的运行效果。经过多年的食品安全管理经验积累,西方发达国家已经意识到食品安全的重要性,并制定了从田园到餐桌的全过程管理模式。日本把保障食品供给安全的各个环节写入了法律，发布了综合管理生产过程的相关制度，其核心在于识别食品工艺的危害点，对决定食品质量的关键点进行判断，提前预防，进而保障食品安全，此项制度借鉴了美国 HACCP 管理体系。

引导问题

食品安全与卫生的主要研究内容有哪些？

三、食品安全与卫生的主要研究内容

食品安全与卫生的主要研究内容包括：食品污染及其预防、食物中毒及其预防、各类食物的安全卫生问题及食品安全企业管理等。

1. 食品污染及其预防

食品污染是指在各种条件下，导致有毒有害物质进入食品，造成食品安全性、营养性和感官性状发生改变的过程，主要包括生物性污染、化学性污染和物理性污染三方面内容。

食品的生物性污染包括微生物、寄生虫和其他虫害通过各种途径污染食品，食物中存在微生物和寄生虫生长发育所需要的营养成分，可在食品中生存甚至增殖。微生物主要有细菌、真菌以及病毒等；寄生虫和虫卵主要有囊虫、蛔虫、绦虫、中华支睾吸虫等；昆虫污染主要有甲虫类、螨类、谷蛾、蝇、蛆等。其中最常见的是细菌性污染，它不仅可以造成食品的腐败变质，而且细菌及其产生的毒素可以经消化道进入人体引发机体损伤。致病性细菌、病毒和寄生虫的污染还可引起经食品传播的传染病和寄生虫病，如大肠杆菌 O157：H7 引发的食物中毒、新型 H_7N_9 禽流感病毒、H_1N_1 猪流感病毒等对人类健康造成伤害。

食品的化学性污染是指各种化学物质，如重金属、药物、杀虫剂、化肥、合成洗涤剂、饲料添加剂、食品添加剂以及其他有毒化合物对食品的污染。这些污染物种类繁多，来源复杂，包括环境污染和生产加工中产生的污染物。目前，危害最严重的是化学农药、有害重金属、多环芳烃类、N-亚硝基化合物等化学性污染物。此外，还包括动植物中含有的天然有毒物质，如河豚毒素、组胺、皂苷等。

食品物理性污染是指食品生产加工过程中混入食品中的杂质超过规定的含量，或食品吸附、吸收外来的放射性核素引起的食品卫生问题，如玻璃、碎石和铁丝，放射性物质的开采、冶炼、生产、在生活中的应用与排放以及核爆炸、核废物的污染。食品物理性污染的检测是食品企业卫生管理的重要内容，如小麦粉加工中对磁性金属物质的检测，鱼虾贝等水产原料中放射性核素的检测等。

2. 食物中毒及其预防

食物中毒是最常见的食源性疾病，根据病原物的不同可将食物中毒分成细菌性食物中毒、真菌及其毒素食物中毒、动物性食物中毒、有毒植物中毒及化学性食物中毒。一些动植物具有天然毒素，如河豚毒素、贝类毒素、秋水仙碱、蓖麻毒素、龙葵素等，而真菌毒素，如黄曲霉毒素、麦角毒素和赭曲霉毒素也造成广泛的食品污染。食源性致病菌、病毒和寄生虫，如食品中污染的沙门氏菌、大肠杆菌 O157：H7、猪链球菌、甲型肝炎、轮状病毒等更是引发食物中毒的元凶。食品安全与卫生主要阐明各种食物中毒发生的病因、流行病学特点、发病机制、中毒表现及预防措施等。

3. 各类食品的安全卫生问题

根据食物的来源及其理化特性可将食品分成植物性、动物性及加工食品，主要包括粮类食品、果蔬食品、肉及肉制品、蛋及蛋制品、乳品、水产品、食用油脂、饮料酒、罐头食品、冷饮食品、糕点类食品及辐照食品等的卫生及其管理。

各类食品在生产、运输、储存及销售等各环节可能会受到有毒有害物质的污染，研究不同食品易出现的特有卫生问题，有利于采取针对性的预防措施和进行卫生监督管理，从而保证食用者的安全。

4. 食品安全企业管理

生产经营者是食品安全的第一责任人。食品生产经营者应当依照法律、法规和食品安全标准从事生产经营活动，保证食品安全，诚信自律，对社会和公众负责，接受社会监督，承担社会责任。食品生产企业要建立一套完善的食品安全管理制度，包括原材料采购、生产加工、储存运输、销售等各个环节的管理规定，确保整个生产过程的食品安全。食品生产企业应做好的安全管理工作主要包括：①食品工厂设计的安全管理；②原材料的安全管理；③生产过程的安全管理；④成品质量的安全管理；⑤不安全食品的召回管理。

5. 食品安全性评价

食品安全性评价包括食品安全毒理学评价和食品安全风险分析。随着食品添加剂和食品新资源的不断涌现，食品的安全性评价越来越重要。经过食品安全性评价，原来认为无害的食品添加剂，可能存在慢性毒性、致癌作用、致畸作用及致突变作用等潜在危害，食品的消费量大，食用人群广泛，如果存在潜在危害因素，不经过毒理学评价而贸然将这些食品添加剂投入市场，可能会对消费者带来不可弥补的伤害。因此，经过一定时期的毒理学评价，发现这些潜在危害，应及时淘汰这些食品添加剂或制定其最大使用量的卫生标准，有效地保证人类的健康。

实践训练

食品安全宣传与调查

(一)工作准备

1. 明确食品安全宣传、调查目的

(1)了解当代大学生对食品安全的认识程度,宣传和讲解世界卫生组织食品安全十大原则、五大要素。

(2)培养学生掌握食品安全宣传与调查的基本技能和方法。

2. 确定调查与宣传的对象

校园内随机选择100名同学。

3. 对宣传与调查过程学生的要求

(1)具有实事求是的科学态度和高度的责任心。

(2)在调查中不掺入自己的看法与假象,不诱导性地提出问题,不弄虚作假。

(二)工作程序

1. 制表

制作表格,收集学生对食品安全认识程度、接受程度等信息。

被调查者信息

姓名	性别	专业

我校学生对食品安全的认识程度

认识程度	深刻		较深刻		一般		模糊	
	男	女	男	女	男	女	男	女
人数								

世界卫生组织食品安全十大原则、五大要素接受程度

接受程度	完全接受		基本掌握		未完全掌握		未掌握	
	男	女	男	女	男	女	男	女
人数								

2. 情况统计

采用饼图、曲线图、饼状图进行统计分析。

3. 结论

对统计情况做科学分析，给出恰当结论。

4. 制定措施

研究制定帮助当代大学生提高对食品安全认识程度和如何从我做起保证食品安全的方法和措施。

拓展资源

1.《中华人民共和国食品安全法》

2.《2022—2030 年全球食品安全战略》

项目测试

判断题

1. 食品安全是指食品无毒、无害，符合应当有的营养要求，对人体健康不造成任何急性、亚急性或者慢性危害。(　　)

2. 食品安全、食品卫生、食品质量三者之间的关系是既相互平行又相互交叉的。食品安全包括食品卫生与食品质量，而食品卫生与食品质量之间存在着一定的交叉。(　　)

3. 目前危害最严重的是化学农药、有害重金属、多环芳烃类、N-亚硝基化合物等化学污染物。(　　)

4. 各类食品在生产、运输、储存及销售等环节可能会受到有毒有害物质的污染，研究不同食品易出现的特有卫生问题，有利于有针对性地采取预防措施和进行卫生监督管理，从而保证食用者的安全。(　　)

5. 食物中毒是最常见的食源性疾病，根据病原物的不同可将食物中毒分为细菌性食物中毒、真菌及其毒素食物中毒及化学性食物中毒。(　　)

项目二

食源性疾病与防控

学习目标

知识与技能目标

1. 了解食源性疾病的基本概念；
2. 熟悉食物中毒的分类和流行病学特征；
3. 掌握食物中毒的技术判定和现场调查处理流程；
4. 掌握食物过敏发病机制及防治措施；
5. 能够诊断食物中毒和食物过敏，并采取相应的预防方法及紧急处理措施；
6. 能够正确填写食物中毒报告登记表和分析检测常见过敏蛋白质。

素养目标

1. 培养学生珍惜生命，敬畏生命的意识，倡导健康生活的理念；
2. 培养学生树立守护食品安全的责任感和使命感。

预习导图

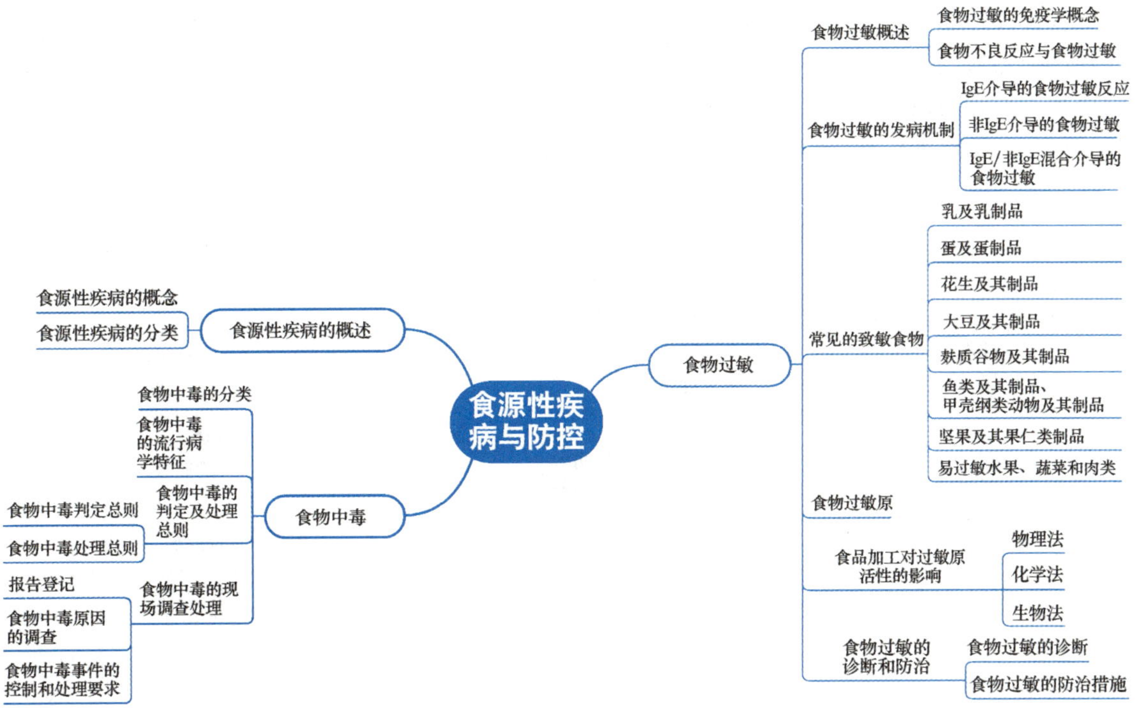

基础知识

引导问题

食源性疾病的三个基本要素是什么?

一、食源性疾病的概述

目前食源性疾病已成为全球重要的公共卫生问题，各国均加强了食源性疾病的监测。我国对食源性疾病的暴发监测起步较晚，2009 年，我国颁布实施《中华人民共和国食品安全法》，食源性疾病监测正式纳入国家食品风险监测计划，食源性疾病暴发监测是其重要监测内容。2010 年至今，我国的食源性疾病暴发监测系统已覆盖 31 个省、自治区、直辖市，成为覆盖国家级、省级、地市级和县区级的四级网络直报系统。

1. 食源性疾病的概念

《食品安全法》中对食源性疾病的定义为：食品中致病因素进入人体而引起的感染性、中毒性等疾病，包括食物中毒。根据《食品安全法》定义，引起食源性疾病包含三个基本要素：传播疾病的媒介——食物；食源性疾病的致病因子——食物中的病原体；临床特征——急性中毒性或感染性表现。

2. 食源性疾病的分类

食源性疾病最初是由“食物中毒”(food poisoning)定义衍生而来的，但随着人们对疾病认知程度的加深，其范畴在不断扩大。具体分类如图 2-1 所示，既包括传统的由致病微生物引起的食物中毒，经食物而感染的肠道传染病、食源性寄生虫病以及由食物中其他有毒、有害污染物所引起的中毒性疾病，也包括一些与饮食有关的、由食物营养不平衡造成的某些慢性退行性

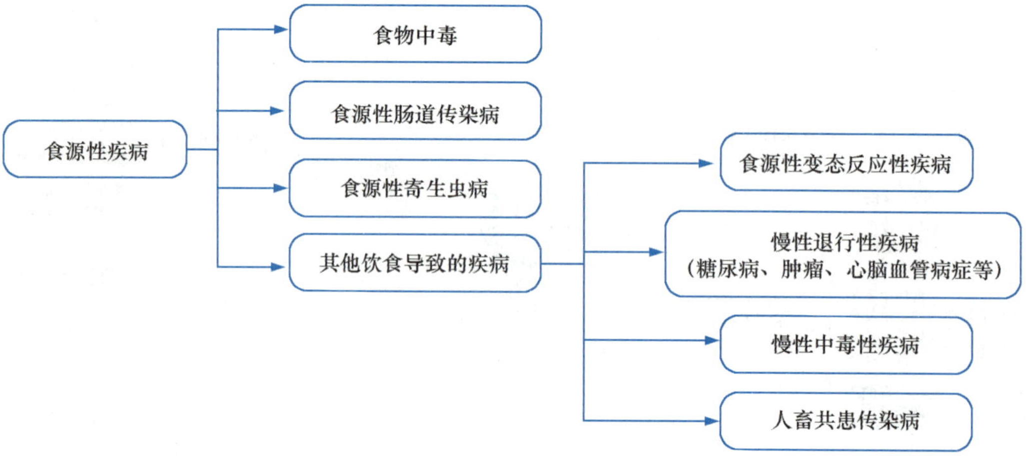

图 2-1 食源性疾病分类

疾病(糖尿病、肿瘤、心脑血管疾病等)、食源性变态反应性疾病、食物中某些污染物引起的慢性中毒性疾病等。

引导问题 1

食物中毒的分类及流行病学特点是什么?

引导问题 2

食物中毒调查处理流程是怎样的?请制作简明易懂的食物中毒现场调查处理流程图。

二、食物中毒

食物中毒是指人摄入含有生物性、化学性有毒有害物质的食品或把有毒有害物质当作食品食用后所出现的非传染性(不同于传染病)的急性、亚急性疾病。食物中毒既不包括因暴饮暴食引起的急性胃肠炎、食源性肠道传染病(如伤寒)和寄生虫病(如囊虫病),也不包括因一次大量或长期少量多次摄入某些有毒、有害物质而引起的以慢性毒害为主要特征(如致癌、致畸、致突变)的疾病。

(一)食物中毒的分类

按病原物质可分为以下五大类。

(1)细菌性食物中毒　细菌性食物中毒是指人们摄入含有细菌或细菌毒素的食品而引起的食物中毒。细菌性食物中毒是食物中毒中最主要、最常见的一类,发病率较高,但病死率较低,发病的季节性及区域性较为明显。动物性食品是引起细菌性食物中毒的主要食品,其中肉类及熟肉制品居首位,其次有变质禽肉、病死畜肉以及鱼、奶、剩饭等。

(2)真菌毒素食物中毒　真菌毒素食物中毒是指人们摄入被真菌及其在谷物或其他食品生长繁殖产生有毒代谢物污染而引起的食物中毒。中毒发生的主要源头是被真菌污染的食品,用一般的烹调方法加热处理不能破坏食品中的真菌毒素,所以发病率及致死率都较高。真菌生长繁殖及产生毒素需要一定的温度和湿度,因此中毒往往有比较明显的季节性及区域性。

(3)动物性食物中毒　动物性食物中毒是指人们摄入动物性有毒食品而引起的食物中毒。

发病率及致死率较高。动物性食物中毒常见的有两种:①将天然含有有毒成分的动物或动物的某一部分当作食品;②在一定条件下产生大量有毒成分的动物性食物。例如食用鲐鱼等可引起中毒。近年来,我国发生的动物性食物中毒主要是河豚中毒。

(4)植物性食物中毒　植物性食物中毒是指人们摄入植物性有毒食品而引起的食物中毒,发病特点因引起中毒的食品种类而异,植物性食物中毒常见的有三种:①将天然含有有毒成分的植物或其加工制品当作食品,如桐油、大麻油等引起的食物中毒;②在食品的加工过程中,将未能破坏或除去有毒成分的植物当作食品食用,如木薯、苦杏仁等;③在一定条件下,不当食用大量有毒成分的植物性食品,如食用鲜黄花菜、发芽马铃薯、未腌制好的咸菜或未烧熟的扁豆等造成中毒。植物性中毒多数没有特效疗法,对一些能引起死亡的严重中毒,尽早排除毒物对中毒者的预后非常重要。

(5)化学性食物中毒　化学性食物中毒是指人们摄入化学性有毒食品而引起的食物中毒。发病的季节性、地区性均不明显,但发病率和病死率均较高,化学性食物中毒常见的有三种:①误食被有毒的化学物质污染的食品;②因添加非食品级、伪造或禁止使用的食品添加剂、营养强化剂的食品,以及超量使用食品添加剂而导致的食物中毒;③因贮藏等原因造成营养素发生化学变化的食品,如油脂酸败造成的中毒。化学性食物中毒发病与进食时间、食用量有关,一般进食后不久发病,常有群体性。

(二)食物中毒的流行病学特征

虽然食物中毒的原因不同,症状各异,但一般都具有如下流行病学和临床特征。

(1)发病潜伏期短　一般食入"有毒食物"后于短时间内几乎同时出现一批病人,来势凶猛,很快形成高峰,呈爆发流行。

(2)中毒患者临床表现相似,症状基本一致　在同一起食物中毒事件中所出现的中毒症状及其潜伏期基本一致(食物中毒的潜伏期不以算术平均值计算,而以大多数人的潜伏期为准)。以急性胃肠道症状为主,如恶心、呕吐、腹痛、腹泻等。

(3)食物中毒与摄入某种食物有关　中毒患者在近期同一段时间内都食用过同一种"有毒食物",发病范围与食物分布呈一致性,流行波及范围与污染食物供应范围一致,不食者不发病,停止污染食物供应及食用后,流行即告终止,不再有新病例。

(4)食物中毒患者对健康的人不具有传染性　一般人与人之间不传染。发病曲线呈骤升骤降的趋势,没有传染病流行时发病曲线的余波。

(5)有些种类的食物中毒具有明显的季节区域性、发生场所分布特点及致病因素

①季节区域性特点。食物中毒虽然随时有发生,但有一个相对的高峰期。食物中毒发生的季节性与食物中毒的种类有关,细菌性食物中毒主要发生在5—9月,化学性食物中毒全年均可发生。

根据2018年全年中国疾病控制信息系统"突发公共卫生事件报告管理信息系统"中各省(自治区、直辖市)上报的食物中毒事件,2018年全国食物中毒事件共291起,中毒7856例,死亡98例,病死率为1.25%,其中5—9月中毒事件数、中毒人数及死亡人数分别占总体的64.95%、67.77%和57.14%。中毒事件数和中毒人数最多的为8月,死亡人数最多则是7月,详见表2-1。

表 2-1　2018 年食物中毒月份分布

月份	事件		中毒		死亡		病死率%
	事件数/起	占比/%	人数/例	占比/%	人数/例	占比/%	
1月	14	4.81	208	2.65	7	7.14	3.37
2月	10	3.44	269	3.42	9	9.18	3.35
3月	14	4.81	558	7.10	3	3.06	0.54
4月	16	5.50	443	5.64	4	4.08	0.90
5月	30	10.31	721	9.18	12	12.24	1.66
6月	37	12.71	990	12.60	14	14.29	1.41
7月	42	14.43	1 099	13.99	16	16.33	1.46
8月	48	16.49	1 640	20.88	7	7.14	0.43
9月	32	11.00	874	11.13	7	7.14	0.80
10月	24	8.25	494	6.29	14	14.29	2.83
11月	16	5.50	376	4.79	2	2.04	0.53
12月	8	2.75	184	2.34	3	3.06	1.63
合计	291	100.00	7 856	100.00	98	100.00	1.25

绝大多数食物中毒的发生有明显的区域性，如我国东南沿海地区多发生副溶血性弧菌(*Vibrio parahemolyticus*)食物中毒；薯中毒主要发生在广东、广西等南方地区；霉变甘蔗和酵米面食物中毒多见于北方地区，主要发生在新疆等地区。

②发生场所分布特点。根据 2018 年中国疾病控制信息系统“突发公共卫生事件报告管理信息系统”中各省(自治区、直辖市)上报的食物中毒数据，发生在家庭的食物中毒事件数及死亡人数最多，且病死率最高，发生在学校、企事业单位、建筑工地等单位集体食堂的食物中毒人数也较多，见表 2-2。发生在家庭的食物中毒事件以真菌性和植物性为主，二者引起的事件数和死亡人数分别占家庭食物中毒事件的 55.66%和 64.71%；发生在集体食堂、餐饮服务单位的食物中毒事件均以细菌性为主，事件数和中毒人数分别占集体食堂、餐饮服务单位食物中毒事件的 43.81%、54.13%、56.67%和 82.51%；发生在各类学校中毒事件 75 起，中毒人数 2 500 例，死亡人数 2 例，学校食物中毒事件主要以细菌性为主，事件数和中毒人数分别占学校食物中毒事件的 50.67%和 58.24%。

表 2-2　2018 年食物中毒发生场所

发生场所	事件		中毒		死亡		病死率%
	事件数/起	占比/%	人数/例	占比/%	人数/例	占比/%	
家庭	106	36.43	1 243	15.82	85	86.73	6.84
集体食堂	105	36.08	3 460	44.04	4	4.08	0.12
饮食服务单位	60	20.62	2 619	33.34	9	9.18	0.34
其他场所	20	6.87	534	6.80	0	0.00	0.00
合计	291	100.00	7 856	100.00	98	100.00	1.25

③致病因素。2018 年，中毒事件数和中毒人数以细菌性食物中毒为主，主要由沙门氏菌、副溶血性弧菌、致泻大肠埃希菌、金黄色葡萄球菌及其肠毒素等引起，事件数和中毒人数分别占该类事件的 71.03% 和 76.78%。椰毒假单胞菌引起的食物中毒病死率较高，占该类事件死亡总数的 70.00%，分别为河粉或吊浆粑存储和加工不当导致。真菌性食物中毒均为误食毒引起，导致死亡人数最多，已知导致死亡的毒素种类为亚稀褶红菇。植物性食物中毒事件中，乌头引起的中毒事件数及死亡人数最多，分别占该类事件的 25.00% 和 55.56%；四季豆引起的中毒人数最多，占该类事件的 30.55%。化学性食物中毒事件中亚硝酸盐引起的中毒事件数及中毒人数最多，分别占该类事件的 37.50%和 53.67%；甲醇引起的死亡人数最多，占该类事件的 45.00%，见表 2-3。

表 2-3 2018 年食物中毒致病因素

致病因素		事件		中毒		死亡		病死率%
		事件数/起	占比/%	人数/例	占比/%	人数/例	占比/%	
细菌性食物中毒	沙门氏菌	30	10.31	1 629	20.74	1	1.02	0.04
	副溶血性弧菌	25	8.59	1 292	16.45	2	2.04	0.00
	致泻大肠埃希菌	11	3.78	460	5.86	0	0.00	0.00
	金黄色葡萄球菌及其肠毒素	10	3.44	426	5.42	0	0.00	0.00
	蜡样芽孢杆菌等	6	2.06	342	4.35	0	0.00	0.00
	变形杆菌	3	1.03	195	2.48	0	0.00	0.00
	椰毒假单胞菌	3	1.03	11	0.14	7	7.14	63.64
	志贺菌	1	0.34	18	0.23	0	0.00	0.00
	不明原因	18	6.19	585	7.45	0	0.00	0.00
	小计	107	36.77	495	63.11	10	10.20	0.20
真菌性食物中毒	毒蕈	41	14.09	216	2.75	31	31.63	14.35
植物性食物中毒	乌头	13	4.47	53	0.67	15	15.31	28.30
	四季豆	10	3.44	260	3.31	0	0.00	0.00
	钩吻	7	2.41	33	0.42	9	9.18	27.27
	苦葫芦瓜	5	1.72	175	2.23	0	0.00	0.00
	蓖麻等其他	15	5.14	319	4.06	3	3.06	0.01
	不明原因	2	0.69	11	0.14	0	0.00	0.00
	小计	52	17.87	851	10.83	27	27.55	3.17
化学性食物中毒	亚硝酸盐	9	3.09	241	3.07	4	4.08	1.66
	甲醇	4	1.37	44	0.56	9	9.18	20.45
	克百威	2	0.69	33	0.42	2	2.04	6.06
	百草枯等其他	9	3.10	131	1.67	5	5.11	3.82
	小计	24	8.25	449	5.72	20	20.41	4.45
动物性食物中毒	蟾蜍	1	0.34	5	0.06	1	1.02	20.00
	河豚	1	0.34	1	0.01	1	1.02	100.00
	鲎	1	0.34	4	0.05	2	2.04	50.00
	吞拿鱼	1	0.34	40	0.51	0	0.00	0.00
	小计	4	1.37	50	0.64	4	4.08	8.00

(三)食物中毒的判定及处理总则

食物中毒的判定及处理总则

1. 食物中毒判定总则

(1)中毒事件的判定　短时间内大量出现相同症状的病人，有共同的进食史，不吃这种食物不发病，停止供应该种食物后中毒症状不再出现。

(2)中毒病患的判定　患者发病情况符合某种食物中毒流行病学特点和临床表现，实验室检验结果明确病因物质；有共同进餐或同期食用同类食物史的病例。

(3)致病食物的判定　从可疑食物中检出致病物质；未获得可疑食物样品，或未从可疑食物样品中检出致病物质，可通过流行病学和临床表现判定。

(4)中毒病因的判定　实验室检验检出致病物质，并且病患症状符合某种食物中毒的流行病学、卫生学及临床诊断的特点；因报告、采样不及时，或患者已用药，或其他技术和学术上的原因，而未能取得明确的实验室检验资料时，可判定为原因不明食物中毒。

2. 食物中毒处理总则

(1)对患者的处理　迅速赶赴事件现场抢救病人；及时报告当地卫生行政部门及食品药品监督管理局等相关部门；对病患采取紧急处理，立即停止食用有毒食物或可疑食物，采集病人排泄物、呕吐物、洗胃液等样品进行检测，通过催吐、洗胃、清肠等途径排除病患体内有毒有害物质、对症治疗和特殊治疗。

(2)对食物的处理　保护现场，封存中毒食品或疑似中毒食品；采集剩余可疑中毒食品，以备送检；追回已售出的中毒食品或疑似中毒食品；对中毒食品进行无害化处理或依法销毁。

(3)对事件场所的处理　确定食物中毒类型后，针对原因立即对现场进行处理，以防止事件扩大蔓延；销毁引起中毒的食物；针对污染原因及时督促改进；有传染病的炊事人员应暂时调离饮食服务工作，制定和完善卫生管理制度；指导现场消毒。

(四)食物中毒的现场调查处理

食物中毒的调查处理应按照《中华人民共和国食品安全法》《中华人民共和国突发事件应对法》《国家食品安全事故应急预案》《食品安全事故流行病学调查工作规范》《食品安全事故流行病学调查技术指南(2012 版)》和相关的地方性规章及规范性文件等法律法规实施。县级以上疾病预防控制机构应当按照规定及时向调查组提交流行病学调查报告，明确事件范围、发病人数、死亡人数、事件原因、致病因素、污染食品及污染原因等。

1. 报告登记

对食物中毒或疑似食物中毒事故的流行病学调查进行报告登记，分为首次报告、进程报告和结案报告，使用统一的调查登记表，登记食物中毒事故的基本信息。

(1)食物中毒报告人的姓名、性别、职业、联系电话。

(2)食物中毒报告的时间、方式。

(3)发生食物中毒的时间、地点、中毒人数、中毒症状及严重程度等。

(4)对中毒人员的救治情况、救治地点以及所采取的控制措施及其效果等。

2. 食物中毒原因的调查

接到食物中毒报告后，应立即指派两名以上相关专业人员赴现场调查，对涉及面广、事故等级较高的食物中毒，应成立由3名以上调查员组成的流行病学调查组。携带以下相关用具到现场。①采样工具与容器：盛装液体、固体样品的容器，以无菌为主；辅助工具（记号笔、黏性包装袋、防水标签）；镊子、匙、吸管、酒精灯、无菌消毒液等。②送样容器：适于低温保存的容器。③无菌采样的服装：干净的实验室工作服、手套、口罩等。④调查用表：食物中毒事故报告登记表、食物中毒事故个案调查登记表、样品采集（送检）记录单、卫生监督执法文书等。⑤取证工具：照相机、录音机、摄像机等。⑥相关文书：各种食物中毒诊断标准及处理原则、食品卫生相关法律法规及标准等。

（1）现场卫生学和流行病学调查

1）调查患者、进食者等相关人员，了解发病情况　调查内容包括各种临床症状、体征及诊治情况，应详细记录其主诉症状、发病经过、呕吐和排泄物的性状、可疑餐次（无可疑餐次应调查发病前72 h的进食情况）的时间和食用量等信息。调查患者时应注意以下几点：①调查人员首先要积极参与组织抢救患者，切忌不顾患者病情而只顾向患者询问。②应重视首发病例，并详细记录第一次发病的症状和发病时间。③尽可能调查到所发生的全部病例的发病情况，如人数较多，可先随机选择部分人员进行调查。④中毒患者临床症状调查应按规范的《食物中毒病人临床表现调查表》进行逐项询问调查和填写，并需经调查对象签字认可，对住院患者应抄录病历有关症状、体征及化验结果。⑤进餐情况应按统一制定的《食物中毒病人进餐情况调查表》调查患者发病前24～48 h进餐食谱，进行逐项询问和填写，以便确定可疑中毒食物。中毒餐次不清时，需对发病前72 h内的进餐情况进行调查，调查结果亦须经调查对象签字认可。⑥调查时应注意了解是否存在食物之外的其他可能的发病因子，以确定是否为食物中毒，对可疑刑事中毒案件应及时通报公安部门。

2）可疑中毒食物及其加工过程调查　为验证以上初步调查的结论，按照食物来源和加工过程逐步调查：①追踪可疑中毒食物的来源、食物制作单位或个人；②对食品原料、辅助材料的来源，加工前存放的场所、容器、存放的温度及时间，卫生状况，加工前食品的性状，烹调方法及加热温度和时间等进行详细调查；③对食物烹调加工后存放的场所、温度及存放时间，有无接触化学毒物而被再污染的可能性以及生熟交叉污染的可能性等进行详细调查；④如若在现场调查过程中发现的食品污染或违反食品安全法规的情况，应进行详细记录，必要时进行照相、录像、录音等取证。

3）食品从业人员健康状况调查　了解炊事员及管理人员有无带菌的可能性，如疑为细菌性食物中毒，应调查可疑中毒食物制作人员的健康状况，了解其近期有无感染性疾病或化脓性炎症等，并进行采便及咽部、皮肤涂抹采样等。

（2）样品的采集和检验

1）样品的采集　样品采集过程中遵循及时性、针对性、适量性和不污染性采样原则。

①食物样品采集：尽量采集剩余可疑食物。无剩余食物时可采集用灭菌生理盐水洗刷可疑食物的包装材料或容器后的洗液，必要时还应采集可疑食物的半成品或原料。

②可疑中毒食物制、售环节的采样：应对可疑中毒食品生产过程中所用的容器、工（用）具如刀、墩、矿板、筐、盆、桶、餐具、冰箱等进行棉拭子采样。

③患者呕吐物和粪便的采集：采集患者吐泻物应在患者服药前进行。无吐泻物时，可取洗

胃液或涂抹被吐泻物污染的物品。

④血、尿样采集：疑似细菌性食物中毒或发热患者，应采集患者急性期（3 d 内）和恢复期（2 周左右）静脉血各 3 mL，同时采集正常人血样做对照。对疑似化学性食物中毒者，还需采集其血液和尿液样品。

⑤从业人员可能带菌样品的采集：使用采便管采集从业人员大便（不宜留便）。对患有呼吸道感染或化脓性皮肤病的从业人员，应对其咽部或皮肤病灶处进行涂抹采样。

⑥采样数量：对发病规模较大的中毒事件，一般至少应采集 10～20 名具有典型症状患者的相关样品，同时采集部分具有相同进食史但未发病者的同类样品作为对照。

2）样品的检验

①所采样品应迅速送化验室。

②采样和送样过程要防止污染，做细菌检验的样品需注意无菌操作，夏季送检样品时，应注意冷藏。

③送检样品必须标明名称、编号、采样日期，严密封闭包装，并向化验室说明中毒情况、检验目的和重点，以便缩小检验范围。

④各种样品的数量应保证检验项目的需要，并能保存一部分以便复检。

（3）取证　调查人员在食物中毒调查的整个过程中必须注意取证的科学性、客观性和法律性，可充分利用录音机、照相机、录像机等手段，客观地记录与当事人的谈话及现场的卫生状况。在对有关人员进行询问和交谈时，必须做好个案调查笔录并经被调查者复阅签字认可。

（4）调查资料的技术分析

1）确定病例　病例的确定主要根据患者发病的潜伏期和各种症状（包括主诉症状和伴随症状）与体征的发生特点，并同时确定患者病情的轻重分级和诊断分级，确定流行病学相关因素。提出中毒病例的共同性，确定相应的诊断或鉴定标准，对已发现或报告的可疑中毒病例进行鉴别。

2）对病例进行初步的流行病学分析　绘制发病时间分布图和地点分布地图，分别有助于确定中毒餐次、中毒食物被污染的原因等。

3）分析病例发生的可能病因　根据确定的病例和流行病学资料，提出是否属于食物中毒的意见，并根据病例的时间和地点分布特征、可疑中毒食品、可能的传播途径等，形成初步的病因假设，采取进一步的救治和控制措施。

4）对中毒事件的性质做出综合判断　根据现场流行病学调查、实验室检验结果、临床症状和体征、可疑食品的加工工艺和储存情况等进行综合分析，按各类食物中毒的判定标准、依据和原则做出综合分析和判断。

3. 食物中毒事件的控制和处理要求

1）现场处理

①食品安全事件发生单位应当妥善保护可能造成事件的食品及其原料、工具、用具、设施设备和现场。任何单位和个人不得隐匿、伪造、毁灭相关证据。

②封存可疑中毒食物及其原料、可能被污染的半成品、成品和容器、餐具等，并责令其消毒。

③追回、销毁导致中毒的食物，根据现场调查与检验结果，对已售出或发出、送出的中毒食品要责令肇事者追回销毁。

④责令食品生产经营者暂停涉事食品、原料及食品相关产品的生产经营和使用，责令食品生产经营者开展全面自查，及时发现和消除潜在的食品安全风险。

⑤通过取样、拍照、录像、现场检查笔录等方法记录现场情况，提取相关证据材料。

⑥根据调查需要，对发生食品安全事件的有关单位和人员进行询问，并制作询问调查笔录。

2）对救治方案进行必要的纠正和补充　通过以上调查结果和对中毒性质的判断，对原救治方案提出必要的纠正和补充，尤其应注意对有毒动植物中毒和化学性食物中毒是否采取有针对性的特效治疗方案提出建议。

3）处罚　调查过程中发现相关单位涉及食品违法行为的，调查组应当及时向相关食品药品监督管理部门移交证据，提出处罚建议。相关食品药品监督管理部门应当依法对事发单位及责任人予以行政处罚；涉嫌构成犯罪的，应依法移送司法机关追究刑事责任。发现其他违法行为的，食品药品监督管理部门应当及时向有关部门移送。

4）信息发布　依法对食物中毒事件及其处理情况进行发布，并对可能产生的危害加以解释和说明。

5）撰写调查报告　调查工作结束后，应及时撰写食物中毒调查总结报告，按规定上报有关部门，同时作为档案留存和备查。调查报告的内容应包括发病经过、临床和流行病学特点、患者救治和预后情况、控制和预防措施、处理结果和效果评估等。

引导问题

常见的致敏食物有哪些？

三、食物过敏

（一）食物过敏概述

1. 食物过敏的免疫学概念

食物过敏（food allergy）是由于摄入体内的食物或食物中某些组成成分作为抗原，诱导机体产生免疫应答而发生的一种变态反应性疾病，在免疫学上属于超敏反应（hypersensitivity），故又称为食物的超敏反应，即食物过敏是人体对食物中抗原物质产生的由免疫机制介导的不良反应。在过敏个体中，食物中的某些物质进入体内，与体内免疫系统中的抗体分子和淋巴细胞反应，诱发释放组胺、血小板活化因子等介质，引起局部或全身性的致敏效应。食物过敏的症状与发病机制、受波及器官以及过敏原不同有关，以皮肤、消化道、呼吸道症状较为多见。轻症患者一般表现为皮肤、消化道症状，严重者可出现呼吸和心血管系统症状，甚至休克、死亡。主要症状如下：

①皮肤症状：急性荨麻疹和血管性水肿是食物过敏最常见的皮肤表现。患者可出现皮肤红斑和风团，大小不一，瘙痒剧烈及面部、唇、口腔、咽喉等部位水肿等症状。

②口咽部症状：摄取过敏食物后出现的唇、舌、腭和咽部瘙痒、刺激和轻度肿胀等口腔过敏综合征表现。

③呼吸道症状：食物引起的孤立性过敏反应性鼻结膜炎或哮喘较为罕见。一般常见于严重食物过敏引发的全身性过敏反应，包括鼻痒、鼻塞、流涕、打喷嚏、鼻充、咳嗽、喘息，严重者可出现呼吸困难。

④胃肠道症状：半数以上儿童食物过敏可累及消化系统，出现恶心、呕吐、腹痛、腹泻、溏便和黏液便、进食困难，严重者可出现生长障碍、贫血、低蛋白血症等。

⑤全身性过敏反应可能会导致低血压、心律失常或死亡。

过敏症状是过敏个体对食物产生的独特反应，不是食物本身所致。食物过敏过程中，会有很多不同因素诱导人体免疫系统发生应答，从而出现各种各样不同的症状。不仅存在人与人之间的差异，即使同一患者，不同时间的表现也有差异。过敏程度较轻时，摄入问题食物后可能只会引发皮疹；程度严重时，即便是极少量的致敏食物都可能导致严重的过敏反应——过敏性休克的发生，过敏性休克足以威胁患者的生命。因此，可能发生此危险的人必须随身携带肾上腺素以备紧急救治。近年来，各大媒体对食物过敏的报道已经让公众越来越清楚地认识到有关过敏性休克防范的实际问题。同时，包括生产商和零售商在内的食品饮料行业相关人员也在产品制造和标签等方面进行积极变革，力图降低易感人群意外摄入致敏食物的风险。

2. 食物不良反应与食物过敏

欧洲变态反应及临床免疫学会（European Allergy and Clinical Immunology，EAACI）于1995年建议根据发病机制对食物不良反应进行分类。食物不良反应（adverse reaction to food）是指由食物成分或食品添加剂引起的一切不良反应，指人体对食物产生的不正常反应，分为毒性反应（toxic reaction）和非毒性反应（nontoxic reaction）。毒性反应没有个体差异性，非毒性反应存在个体差异性，只有少部分人出现症状。非毒性反应根据发病机制又分为由免疫机制介导和非免疫机制介导两种，其中由免疫机制介导的非毒性反应称为食物过敏（food allergy 或 hypersensitivity），由非免疫机制介导的非毒性反应称为食物不耐受（food intolerance）。食物不耐受包括药理学相关和药理学不相关两种，前者常见咖啡因引起的震颤、痛性痉挛和腹泻；后者常见由乳糖酶缺乏引起的腹胀、腹痛和腹泻、食物厌恶等。食物不良反应、食物过敏和食物不耐受的关系见图 2-2。

（二）食物过敏的发病机制

根据食物过敏的发病机制和临床症状可将食物过敏反应分为Ⅰ、Ⅱ、Ⅲ、Ⅳ 4 种类型（表2-4），即Ⅰ型过敏反应由免疫球蛋白（IgE）介导；Ⅱ型过敏反应也称细胞毒型，由免疫球蛋白 G（IgG）、免疫球蛋白 M（IgM）介导；Ⅲ型过敏反应是免疫复合型；Ⅳ型过敏反应，又被称为迟发型或 T 细胞介导型。其中，前三个类型均由抗体介导，共同特点是反应发生快，故称为速发型变态反应；Ⅳ型则是由细胞介导，反应较慢，至少 12 h 以后发生，即为迟发型变态反应。食物过敏反应一般是Ⅰ型变态反应，属于速发型反应。目前从广义的角度，食物过敏可分为 IgE 介导（Ⅰ型）和非 IgE 介导（Ⅰ、Ⅲ、Ⅳ型）和 IgE/非 IgE 混合介导三大类。

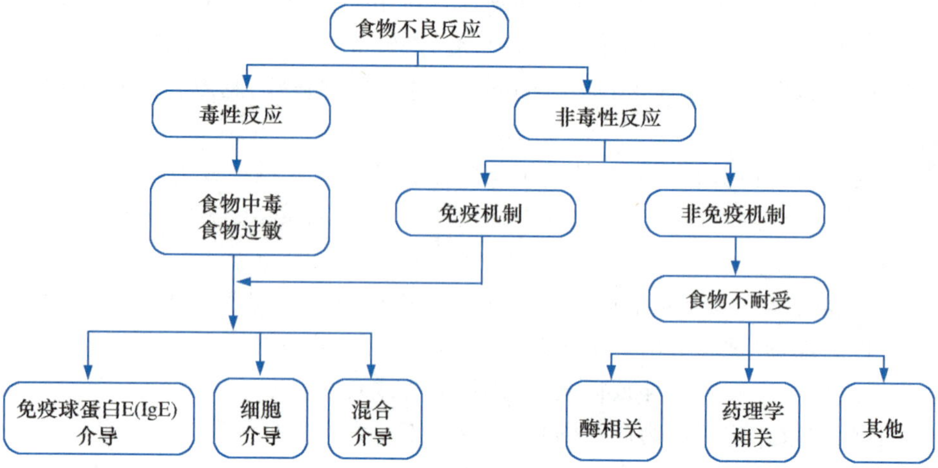

图 2-2 食物不良反应、食物过敏和食物不耐受关系图

表 2-4 食物过敏反应的分类

类型		反应机制	临床症状
IgE 介导	Ⅰ型	IgE、肥大细胞和嗜碱性粒细胞介导的血管和平滑肌反应	发病时间较迅速，除胃肠道、皮肤、呼吸系统症状外，还可出现过敏性休克等全身症状
非 IgE 介导	Ⅱ型	补体介导的细胞毒作用；IgG 或 IgM 抗体介导的细胞功能损伤	新生儿溶血症、自身免疫性溶血性贫血、特发性血小板减少性紫癜等
	Ⅲ型	免疫复合物、补体介导的组织炎症	血清病、支气管炎、类风湿性关节炎、全身性红斑狼疮等
	Ⅳ型	特异性致敏 T 细胞介导的以单个核细胞浸润为主的炎症和组织坏死	传染性过敏反应、接触性皮炎
IgE/非 IgE 混合介导	混合介导型	较为复杂，既有免疫球蛋白 E 介导又有某种细胞介导	特异性皮炎、嗜酸细胞性食管炎、嗜酸细胞性肠胃炎

1. IgE 介导的食物过敏反应

IgE 介导的食物过敏反应又称Ⅰ型过敏反应，是由过敏原和肥大细胞、嗜碱性粒细胞上的 IgE Fc 受体(FceR)特异结合产生过敏介质所引起的。IgE 介导的过敏的发生主要涉及两方面的因素：一是抗原物质的刺激，二是机体的反应性。其发生可分为两个阶段，即致敏阶段和发敏阶段。食物过敏原进入机体后，可选择性地与肥大细胞表面相应的 FceR 结合，使机体处于对该抗原的致敏状态，当相同抗原再次进入机体时，通过与已致敏肥大细胞表面的两个或两个以上相邻 IgE 抗体的 Fab 段特异性结合，即介导“桥联反应”，使机体处于发敏阶段。

2. 非 IgE 介导的食物过敏

食物过敏的临床表现中，一系列胃肠道紊乱症状，包括食物蛋白过敏性直肠结肠炎、过敏性嗜酸性粒细胞性胃肠炎、乳糜泻等主要是非 IgE 介导的。在这类过敏反应中，释放 Th2 细胞因子及缺乏调节 T 细胞的细胞因子是导致食物过敏的重要因素。目前，非 IgE 介导的食物过敏反应机制尚不十分清楚。

3. IgE/非 IgE 混合介导的食物过敏

过程较为复杂，既有免疫球蛋白 E 介导又有某种细胞介导。特点是发病缓慢，多在摄入或解除过敏原数小时至数天后出现症状。混合介导的食物过敏局限在消化道疾病，主要为嗜酸细胞性食管炎、胃炎、胃肠炎，食管、胃或小肠壁有嗜酸细胞浸润及外周有嗜酸细胞增多，常表现为恶心、呕吐、腹痛、间歇性腹泻，婴幼儿存在生长发育停滞。

(三)常见的致敏食物

1999 年 CAC 公布了 8 大类 160 种常见致敏食品清单。这 8 大类食品为乳及乳制品，蛋及蛋制品，花生及其制品，大豆及其制品，小麦、大麦、燕麦等麸质谷物及其制品，鱼类及其制品，甲壳类及其制品，坚果及果仁类制品。90％以上的过敏反应是由这八大类常见食品引起的。另外，部分水果、蔬菜和肉类也会引起过敏反应。

1. 乳及乳制品

牛乳及乳制品属于易致敏食品，是诱发婴幼儿过敏的最常见食物，牛乳中含有甲种乳白蛋白、乙种乳球蛋白和酪蛋白等成分，其中甲种乳白蛋白是所有牛乳成分中变应原性最强的成分。这种蛋白不耐热，高温后其致敏性可明显减弱，但对于高度牛乳过敏的患者仍然可以诱发较为严重的症状。尤其对东亚地区的居民来说，不少人在喝了牛乳后会胀气甚至腹痛，主要原因是牛乳含有大量乳糖，而东亚地区的居民体内普遍缺乏能分解乳糖的特殊消化酶——乳糖酶。部分人在食用奶酪或含奶酪的加工食品后同样会腹胀或腹痛，原因也与体内缺乏一种名为“酪氨酸酶”的物质有关。牛乳过敏反应相对来说比较温和，无致命性。

2. 蛋及蛋制品

鸡蛋、鸭蛋、鹅蛋及蛋制品会导致不同年龄段患者的过敏，是最容易过敏的食物之一。禽蛋类内含大量蛋白，对蛋类过敏的症状常见的表现为身体局部或者是全身范围内出现大面积的风团、红斑等；对于鸡蛋过敏非常严重的患者，在呼吸道还会出现哮喘、呼吸困难，甚至是窒息的情况；有的患者还腹泻、腹痛。

3. 花生及其制品

吃花生过敏通常是因为对花生蛋白过敏，花生过敏的症状包括皮疹、皮肤瘙痒、腹泻、腹痛、恶心以及喉咙肿胀，如果患者病情严重，还会造成呼吸困难，存在窒息的风险。如果对花生过敏，日常饮食应避免花生类的食品，如花生酱、花生油、花生糖、酥皮花生等。

4. 大豆及其制品

豆类过敏的症状是在食用后出现恶心和呕吐的现象，同时还会伴有皮肤瘙痒和起红疹的情况。比较严重的患者，有可能会导致头晕和休克，具体表现的症状与个人的体质有关。因为黄豆及豆制品所涉及的食品种类较多，建议对豆类过敏的患者，要注意饮食，尽量不要吃豆制品，而且还要避免接触其他容易引起过敏的物质。

5. 麸质谷物及其制品

麸质谷物及其制品种类较多，如小麦、黑麦、大麦、燕麦等各种麦，各类面条、馒头、包子、饺子等面点，还包括使用含麸质或者面粉添加剂制作的啤酒、大麦茶等饮品、调味品、米糠、燕麦、杂粮饼干、各种麦片等。麸质过敏主要因为肠道对麸质敏感引起的，对麸质过敏常见症状是皮肤痒和红肿，当过敏物质进入肠道时，会刺激胃肠黏膜，还可能引起胃肠道不适症状，如恶心、呕吐、腹痛、腹泻等；麸质过敏严重的情况下，甚至可能会导致过敏性休克。

6. 鱼类及其制品、甲壳纲类动物及其制品

鱼类包括来自海洋、江河、湖泊的鱼类、虾类、蟹类、鱿鱼、贝类和蚌类等，水产品中含有相当多的蛋白质，营养丰富，但也容易诱发过敏症状，特别是不新鲜的海产品，即使熟食也常常诱发过敏。其中对贝类海鲜（如生蚝、螃蟹、龙虾、虾子等）过敏的人会出现荨麻疹、呼吸困难、异位性皮肤炎或过敏性休克的症状。在鱼类中，鳕鱼和鲑鱼是最容易引起过敏反应的，吃鱼过敏与个人体质和皮肤免疫功能相关，部分人群体内缺乏分解鱼肉中所含蛋白质或组织胺的酶，常见症状为腹泻、呕吐、皮疹等。

7. 坚果及其果仁类制品

坚果是营养价值较高的一类食物，常见的如山核桃、腰果、榛子、松子、开心果等。坚果类过敏通常是因为人体对坚果类食物中含有的植物蛋白过敏，坚果及其果仁过敏的症状为瘙痒或口中有金属味、舌头或喉水肿、呼吸困难、吞咽困难、全身荨麻疹、皮肤潮红、挛性腹痛、恶心、突感头重脚轻、乏力、虚脱或昏迷。情况严重时还会出现休克，此时应立即就医。

8. 易过敏水果、蔬菜和肉类

常见的容易过敏的水果有桃子、芒果、菠萝、苹果、猕猴桃、香蕉、草莓、柑橘、阳桃、柿子等。容易引起过敏的蔬菜常见的有山药、芹菜、韭菜、竹笋、青椒、金针菜、香菇等。在肉类食物中，过敏体质的人除了避免吃海产品外，还有一些禽畜类的肉食也容易引起过敏，主要有公鸡、鱼、虾、蟹、牛羊肉、鸡头、猪头肉、鹅肉、鸡翅、鸡爪、獐肉等。

（四）食物过敏原

食品的种类成千上万，致敏性也不相同，其中容易引起机体免疫系统异常反应的物质成分被称为食物过敏原，即变应原。几乎所有食物的过敏原都是蛋白质，大多数是水溶性糖蛋白。根据食物蛋白质的致敏性强弱与其对特异 IgE 的结合能力及其在食物蛋白质中的浓度，过敏原可以分为主要和次要过敏原。一般来说，如果某种过敏原能结合至少 50%的来自患者血清的 IgE 抗体，则该过敏原就被认为是主要过敏原。食物过敏原具有以下特点。

（1）大多数过敏反应由少数食物引起　虽然很多食物都可引起过敏反应，但大多数的过敏反应是由少数食物引起的，如小麦、鸡蛋、牛乳和大豆等。此外，还存在着对食物的中间代谢产物过敏的情况。致敏食物也因各地区饮食习惯不同而有所差异。

（2）食物中仅部分成分具致敏性　以鸡蛋和大豆为例，鸡蛋蛋清中含有 23 种不同的糖蛋白，但只有卵清蛋白（ovalbumin）、卵类黏蛋白（ovomucoid）、卵转铁蛋白（ovotransferrin）、溶菌酶等几种主要过敏原，鸡蛋蛋黄中含有较少的过敏原，以 α 卵黄蛋白、卵黄糖蛋白为主；目前大豆中共存在 44 种过敏原，大豆球蛋白和 β-伴大豆球蛋白是大豆中最主要的两种致敏蛋白，也是致敏性最强的大豆过敏原蛋白，约占总蛋白的 70%。常见致敏食物中的主要过敏原如表 2-5 所示。

表 2-5　常见致敏食物中的主要过敏原

致敏食物	主要过敏原
鸡蛋	卵清蛋白、卵类黏蛋白、卵转铁蛋白、溶菌酶
大豆	大豆球蛋白、β-伴大豆球蛋白、大豆植物凝集素
牛乳	酪蛋白、牛血清蛋白、β-乳球蛋白、α-乳白蛋白
花生	Arah1、Arah2、Arah3、Arah5、Arah6、Arah7、Arah8、花生凝集素
羊肉	羊血白蛋白、羊乳清白蛋白以及嘧啶核泛素

(3)食物致敏性具有可变性　加热可使得一些次要过敏原的过敏原性降低,但主要的过敏原一般都对热不敏感,有些还会增加。另外,胃酸和消化酶的存在可减少食物的致敏性。

(4)食物间存在交叉反应性　不同的蛋白质可有共同的抗原决定簇,使过敏原具有交叉反应性。如至少 50%的牛乳过敏者也对山羊乳过敏。对鸡蛋过敏者可能对其他鸟类的蛋也过敏。交叉反应不存在于牛乳和牛肉之间,也不存在于鸡蛋和鸡肉之间。植物的交叉反应性比动物明显,如对大豆过敏者也可能对豆科植物的其他成员如扁豆等过敏。患者对花粉过敏也会对水果和蔬菜有反应,如对桦树花粉过敏者也对苹果、榛子、桃、杏、樱桃、胡萝卜等有反应,对艾蒿过敏者也对伞形酮类蔬菜如芹菜、茴香和胡萝卜有反应。

(五)食品加工对过敏原活性的影响

在食品加工领域中,可对过敏原活性产生影响的有物理法、化学法和生物法等,通过选择合适的食品加工方式控制食物过敏原,在不改变食物营养价值的条件下,获得脱敏性食物,满足食物易敏人群的正常饮食需求,为消费者提供安全食品。

1. 物理法

(1)热处理　过敏原主要由蛋白质构成,蛋白质在高温环境中会产生空间构象及三级结构的变化,从而在一定程度上降低甚至消除过敏原的活性。热处理对过敏原的破坏程度,取决于加热的温度、持续时间的长短和加热方式(烘烤、风干、水煮、煎炸)等外部因素,以及蛋白质的状态等内部因素。加热对过敏活性的影响规律较为复杂,一些过敏原有一定的热稳定性(如豆类、谷物、坚果、鱼类及其制品)。

(2)高压处理　高压处理常被用于大米的加工,高压处理会随时间的延长和压力的增加导致蛋白释放量的增加。为保证过敏性蛋白能充分释放,可结合高压处理和酶解法,在高压作用下酶溶液可穿透大米胚乳细胞壁和细胞膜,从而促进过敏性蛋白更有效的释放。高压处理不但可以减少过敏性蛋白含量,而且可以改善大米的烹调性能,赋予其更好的光泽、风味和质构。

(3)研磨处理　谷物和小麦的过敏原主要存在于外皮中,在研磨时把外皮去除之后,也可去掉过敏原。因此对面粉类过敏的人群可吃细粮以减少过敏的可能性。

(4)辐射处理　食品辐射加工技术作为一种有效的杀菌保鲜手段,在食品加工中的应用越来越广泛。研究表明,低剂量(<5 kGy)的 γ 射线能导致小分子蛋白质的裂解,低剂量到中剂量(<10 kGy)可以观察到一些功能的改变,高剂量(10~100 kGy)可以导致蛋白质变性,而非常高的剂量(>100 kGy)可以打断氨基酸的侧链。

2. 化学法

(1)碱水解　多数过敏原对酸有抵抗作用,这可能是由于此类过敏原为酸性蛋白质,在酸性条件下比较稳定,而在碱性条件下其结构容易发生改变,相应地引起过敏活性的变化。此外,化学溶剂的抽提对过敏原的活性也有很大的影响。

(2)美拉德反应　美拉德反应是在蛋白质的氨基和还原糖的羰基之间发生的一种非常复杂的一系列非酶反应。它能够对食品的质量包括风味、颜色、质地以及营养等产生非常重要的影响。据报道美拉德反应能够对蛋白质的过敏活性产生影响,而且这种影响取决于蛋白质和还原糖的种类。

(3)酶解　酶解法反应条件温和,不会对加工食品中的其他物质尤其是营养元素造成破坏,还有可能产生一些有助于调节免疫功能的生理活性肽,具有可用于工业生产低过敏性食品的潜能;但该法也受到酶的种类、酶解模式和程度等因素的影响,从而致使酶解产物中的肽的组成及致敏性有着较大的差异。酶解也存在特异性强、某些产物(如苦味肽)给食品风味带来负面影响等缺点。

3. 生物法

(1)微生物发酵　微生物发酵是重要的食品加工工艺,能够对蛋白质的结构和性质进行改变,从而降低过敏原的活性。

(2)基因工程　基因工程可直接作用于过敏源头,通过消除内源基因,使编码蛋白质失去致敏性。

(六)食物过敏的诊断和防治

食物过敏可发生于人的各个年龄阶段,高危人群主要是婴幼儿和儿童,食物过敏严重影响儿童的生长发育和生活质量。而目前食物过敏的诊断尚未完全明确,多以进行皮肤点刺试验、激发试验和特异 IgE 的综合结果来评判。

1. 食物过敏的诊断

当医生评估食物过敏时,需充分考虑病史、流行病学、病理生理和检测结果以及诱发食物的识别等相关信息,可参考图 2-3 的诊断程序图进行检查。其中详细地询问病史是非常重要的,病史、体检、皮肤点刺试验、食物激发试验、食物结构和食物特异性 IgE 检测可提供有价值的参考资料。

2. 食物过敏的防治措施

(1)避免食物致敏原　注意饮食,如明确过敏原,不要食用含致敏物质的食物。如果过敏原不明确,或对多种食物有过敏反应的患者,尽量少食用容易导致过敏的食物,不添加其他过多调料。同时应注意膳食的营养均衡,多食用富含维生素的食物。

食物过敏患者避免食物致敏原时应注意以下事项:①对花生、坚果类、鱼和甲壳类海产品过敏的患者往往需要终生禁食这些产品;②对含有麸质蛋白的谷物过敏的患者,要终身禁食全谷类食物,应食用去除谷类蛋白的谷类;③对牛乳过敏的人,应该避免食用含牛乳的一切食物,如添加了牛乳成分的雪糕、冰激淋、蛋糕等。④在外就餐时应问清楚食物的成分,如对花生或芝麻过敏的患者应注意涮羊肉调料或凉拌菜中是否含有花生酱或芝麻酱,进食时应注意。

通过对食品进行深加工,可以去除、破坏或者减少食物中过敏原的含量,比如可以通过加热的方法破坏生食品中的过敏原,也可以通过添加某种成分改善食品的理化性质、物质成分,

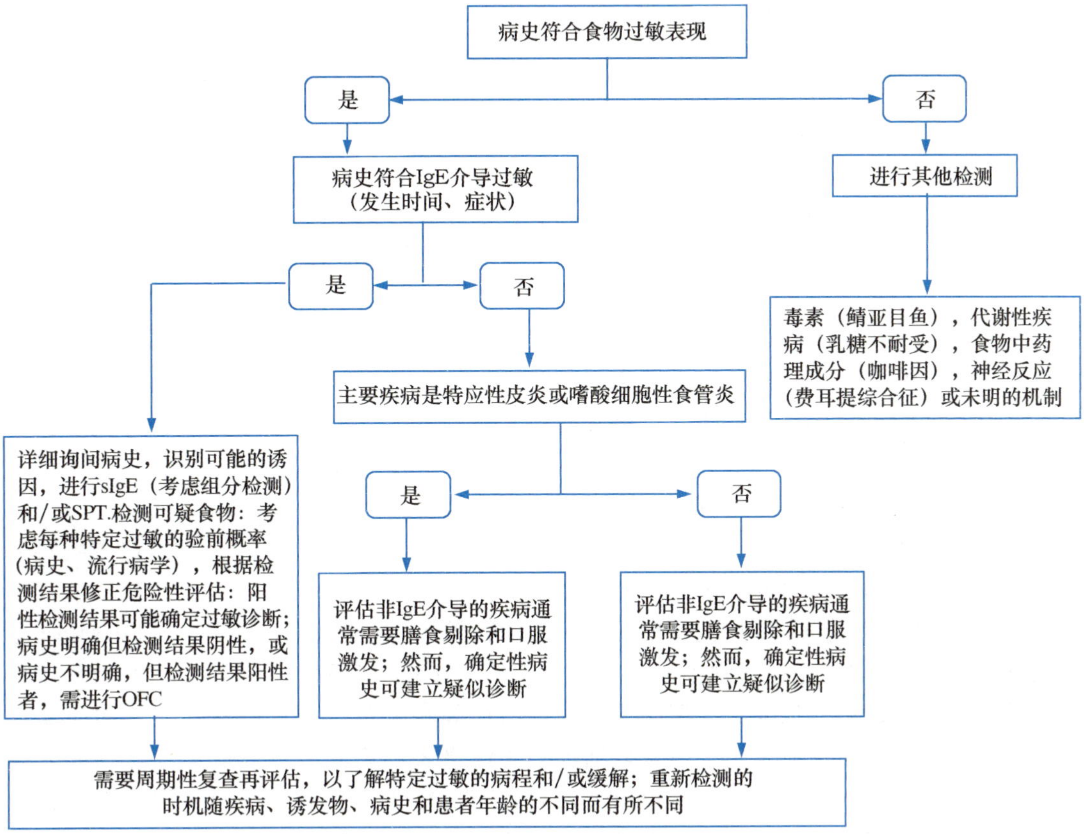

图 2-3　**食物过敏诊断程序图**

从而达到去除过敏原的目的。在这方面，大家最容易理解也最常见的就是酸奶。牛奶中加入乳酸菌，分解了其中的乳糖，从而使其对乳糖过敏的人不再是禁忌。

（2）合理选择替代食物　对于儿童和成人来说，不吃含致敏物质的食物，不能做到食物多样化，可能导致膳食平衡被打乱，所以也要采用替代食物。

秉持《中国居民膳食指南》中同类食物互换的原则，比如对含麸质谷物及其制品过敏的人，要选择同是谷薯类、无麸质的食物来替代，如小米、玉米、藜麦、荞麦、马铃薯、红薯等。考虑到不吃某种食物会导致身体缺乏营养素，要选择能弥补该营养素不足的食物，比如牛乳过敏的人，如果长期不喝牛乳，可能导致钙摄入不足，需要适当多吃其他富含钙的食物，如虾皮、鸡蛋、豆腐、芝麻酱等。每种食物的营养成分都不同，一种食物不可能完全替代另一种食物，只有食物多样化才能实现平衡膳食。

（3）食物免疫耐受治疗　也称口服脱敏治疗。脱敏疗法主要就是针对某些易感人群来说营养价值高、想经常食用或需要经常食用的食品，是食物过敏的重要治疗方法之一。由于食物免疫耐受治疗有时可诱发过敏症状，所以应从食用极少量过敏食物开始进行治疗，通常以克计量或采用稀释的浓度来逐渐增加食物的数量，使患者对过敏食物逐渐产生耐受性，具体步骤如下：首先将含有过敏原的食物稀释 1 000～10 000 倍，然后开始定量口服，也就是说首先食用含有过敏原食物的千分之一或万分之一，根据有无发生过敏反应逐步增加浓度。目前还没有资料证实口服或肠道外的免疫耐受治疗可以诱发呼吸道症状。在耐受治疗过程中可每隔3～5年进行一次食物特异性皮肤试验或食物激发试验，以判断患者是否对过敏食物产生耐受性。

（4）药物治疗　食物过敏的常用药物包括以下几种：①抗组胺药物，如西替利嗪和氯雷他定（一旦发生食物过敏，需对症处理对IgE介导的过敏反应，可适当给予抗组胺类药物）；②抗胆碱药物，如阿托品或普鲁本辛；③糖皮质激素，如色甘酸钠等。④益生菌有保护肠道，改善肠道免疫屏障作用，可以用于婴幼儿食物过敏患者。⑤中医治疗以其价廉、有效、副作用小等多种优点，也越来越受到国内外学者的关注。

（5）致敏食物标签标识　根据我国现行国家标准的要求，预包装食品标签对8种致敏物质进行标注，包括含有麸质的谷物及其制品、甲壳纲类动物及其制品、鱼类及其制品、蛋及蛋制品、花生及其制品、大豆及其制品、乳及乳制品、坚果及其果仁类制品。加工过程中间接带入或可能带入的致敏物质，应在配料表附近或其他位置加以提示。含有这8种致敏物质的食物是导致中国人食物过敏的主要原因。一般来说，家庭加工食品比较容易控制，但如果食用预包装食品，就要格外关注食品标签，仔细查看致敏物质标识。

（6）加强宣传教育　食物过敏是一个全球性的食品安全以及公共卫生问题，严重威胁人们的身心健康，应该加强对食物过敏患者和患儿家长宣传教育，营造一个良好的生活环境。宣传教育主要包含以下几方面：①母乳是婴儿最理想的营养源，重度食物过敏婴儿可以食用低敏配方乳粉作为替代食物。②在日常生活中尽量避免患儿接触一些常见的致敏食物并做好饮食记录，降低儿童食物过敏的风险。③医院儿童保健门诊等相关单位应正确指导家长如何规范添加辅食，做好应对过敏反应发生的急救培训等。④让患者和患儿家长养成阅读食物成分表的习惯并能识别常见过敏原名称，以避免患者误食含有过敏原的食物。⑤通过多种途径让食物过敏患者学习食物过敏的基本知识、学会正确阅读食品标签从而选择安全的食物。⑥食物过敏与遗传因素关系非常密切。对于那些父母双亲或单亲是食物过敏患者的婴幼儿，应该给予重视。⑦食物过敏患者和患儿家长保持稳定的情绪状态。

实践训练

食物中毒报告登记表填写

填写食物中毒报告登记表，做好食物中毒的调查和处理（表2-6）。

表2-6　食物中毒报告登记表

报告人姓名		联系电话	
报告人单位		联系地址	
事件发生单位		详细地址	
发生单位联系负责人		联系电话	
发生时间		发病人数	
就餐人数		就餐时间	
就诊医院		就诊人数	
可疑食品		重症患者	

续表 2-6

临床症状	选择打√或具体描述： 1.恶心 2.呕吐（　　次/d）3.腹痛 4.腹泻（　　次/d）5.头痛 6.头晕 7.发热（　　℃）8.脱水 9.抽搐 10.青紫 11.呼吸困难 12.昏迷 若有腹泻，腹泻物性状：①糊状 ②洗肉水样 ③米泔水样 ④其他 其他症状：
诊断及救治情况	临床诊断： 主要救治措施： 用药情况： 治疗效果： 其他措施：
处置情况记录	
接报人签字	记录时间
备注：	通知报告人采取保护现场、留存患者呕吐物及可疑中毒食物等措施，以备后续的取样和送检。

拓展资源

1.《国家食品安全事故应急预案》

2.《食品安全事故流行病学调查工作规范》

3.《食品安全事故流行病学调查技术指南（2012 版）》

项目测试

一、单选题

1. 食源性疾病不包括（　　）。

A. 食物感染的肠道传染病　　B. 已知的肠道传染病

C. 食物中毒　　D. 食源性寄生虫病

2. 食源性有机磷农药中毒属于（　　）。

A. 微生物性食源性疾病　　B. 化学性食源性疾病

C. 有毒动植物性食源性疾病　　D. 寄生虫性食源性疾病

3. 以下措施中，不属于有效的过敏原管理措施是（　　）。

A. 过敏原原料与非过敏原原料分开存放，并做好提示标识

B. 在包装标签上列出产品中含有的以及生产线上可能混入的过敏原料

C. 过敏原的容器单独使用，并分开存放

D. 只对品管人员进行过敏原培训即可，车间员工无须熟悉过敏原要求

二、多选题

1. 下列不属于疑似食源性异常病例/异常健康事件范畴的是(　　)。

A. 原因明确的食源性疾病个案或事件

B. 国家法定传染病

C. 诊断不清的疑难杂症

D. 未经试点医院会诊,也未经当地卫生行政部门组织专家会诊确定的异常病例/事件

2. 食物中毒的处理应包括(　　)。

A. 迅速抢救中毒者

B. 禁止继续食用或出售可疑食品

C. 采集可疑食品及患者排泄物送检

D. 对中毒事件进行调查及处理

3. 细菌性食物中毒的诊断原则有(　　)。

A. 明显的发病季节

B. 进行动物毒性实验

C. 找到可疑食品

D. 符合该食物中毒的临床症状

4. 常见的过敏原有哪几类(　　)。

A. 吸入性过敏原

B. 食入性过敏原

C. 接触性过敏原

D. 其他过敏原(青霉素、宠物等)

三、判断题

1. 食源性疾病是指食品中致病因素进入人体引起的感染性、中毒性等疾病。(　　)

2. 临床医生接诊的病人构成疑似食源性疾病事件的,应当立即向预防保健科报告,并及早留存事件相关病例的生物标本。(　　)

3. 填写《食源性疾病报告卡》时要尽量写明进食前的菜名,尽量不要写食材名称。(　　)

4. 食物中毒就是食源性疾病。(　　)

5. 八大过敏原是指花生、坚果、牛乳、豆制品、鱼、贝类、鸡蛋、苹果。(　　)

项目三

生物性危害与控制

学习目标

知识与技能目标

1. 掌握食品中微生物污染的病原体、病原特征、传染途径及预防措施；
2. 熟悉食品中病毒产生的条件、产毒的特点及预防措施；
3. 熟悉食品中寄生虫的病原体、病原特征及预防措施；
4. 能够正确填写生物性危害分析工作单。

素养目标

1. 培养学生敬畏生命，敬畏自然的理念；
2. 培养学生尊重科学，实事求是，勇于探索的精神；

预习导图

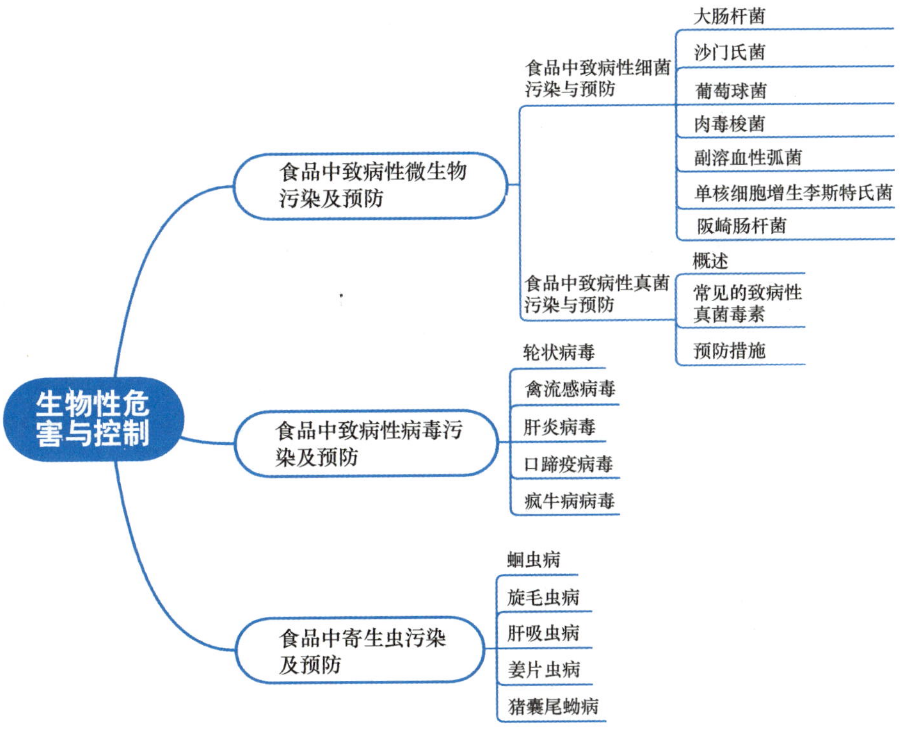

基础知识

引导问题

食品中的致病性细菌和致病性真菌主要有哪些？

一、食品中致病性微生物污染及预防

微生物污染是引起食品腐败变质的最主要原因，它可以引起食物中毒及以食品为传播媒介的疾病。食品的微生物污染主要有致病性细菌与细菌毒素、致病性真菌与真菌毒素污染，它们广泛存于土壤、水、空气及人畜粪便中，因此在食品加工、生产、运输、储存及经营过程中，因操作者没有正确保持良好的卫生，这些微生物在适宜的环境条件下大量生长、繁殖，直接或间接引起食品被污染，使食品发生一系列变化，最终导致食品的腐败变质。随着生态系统的进化与改变，一些新型的致病性微生物也在不断出现，以此引发的食源性疾病事件受到了广泛的关注。

（一）食品中致病性细菌污染及预防

食品中致病性细菌污染是引起食品腐败变质、食品安全的重要因素。当食品被致病性细菌污染后，在适宜的条件下，细菌利用食品中的营养物质大量繁殖并产生代谢产物（如毒素），使食品失去食用价值和营养价值，甚至会导致人们食用后引发食物中毒而产生的一系列公共卫生问题。下面简要介绍几种食品中致病性细菌的污染及预防措施。

大肠杆菌的污染与预防

1. 大肠杆菌

（1）病原体　大肠菌群包括肠杆菌科的埃希菌属、柠檬酸杆菌属、肠杆菌属和克雷伯菌属，这些菌属均来自人和温血动物的肠道，在 35～37 ℃时能发酵乳糖产酸、产气。大肠杆菌为大肠埃希菌属，革兰氏阴性菌，两端钝圆，短杆，大多数菌株有周生鞭毛，能运动，有菌毛，无芽孢，大多为需氧或兼性厌氧，在 10～50 ℃温度易生长繁殖，最适生长温度为 40 ℃，最适 pH 为 6.0～8.0。大肠杆菌有致病性和非致病性之分，是人和动物肠道的正常寄生菌，一般不致病，但在一定条件下可以引起人和多种动物发生胃肠道感染或尿道等多种局部组织器官感染，因此它是一类条件致病菌。不同病原性大肠杆菌的致病特点不同。

致病性大肠杆菌包括产肠毒素性大肠杆菌（ETEC），易污染水、奶酪、水产品等食品；肠致病性大肠杆菌（EPEC），易污染水、猪肉、肉馅饼等食品；肠侵袭性大肠杆菌（EIEC），易污染水、奶酪、罐装鲑鱼等食品；肠出血性大肠杆菌（EHEC），易污染水、未经巴氏杀菌的苹果酒、凉拌菜、三明治等食品；肠黏附性大肠杆菌（EAEC），易污染牛肉糜、生牛乳、发酵香肠等食品。我国流行的大肠杆菌菌型以 EAEC、EPEC 和 ETEC 为主。

大肠杆菌有中等强度的抵抗力，且各菌型之间有差异。大肠杆菌产生的肠毒素，又可分为耐热毒素和不耐热毒素。前者加热至 100 ℃经 30 min 尚不被破坏，后者加热 60 ℃ 1 min 立即被破坏。一般情况下，巴氏消毒法可杀死大多数的菌，煮沸数分钟即被杀灭，但耐热菌株可存活。

(2)病原特征　致病性大肠杆菌针对所有人群，传染性强，其致病性与人体摄入的菌量有关。通过被污染的手、食品、饮用水或用具直接接触交叉传播并进入肠道而发病，可引起低热、腹泻、腹痛、恶心、呕吐、头痛、肌肉痛、胃肠炎、便血、肠梗阻、肠道出血、脱水、电解质紊乱、休克及酸中毒等不同程度的症状，还可能引起重度等渗性脱水、代谢性酸中毒、败血症、器官衰竭、肺炎、低血钾、低血钙、出血性尿毒症以及中枢神经系统病变等并发症。一般轻者可在短时间内治愈，不会危及生命；严重时，对儿童和年老体衰患者，有生命危险。

(3)传染途径　人们通过饮用受污染的水或进食未熟透的食物而感染。一定量的大肠杆菌进入人体消化道，在小肠内继续繁殖并产生肠毒素，肠毒素吸附在小肠上皮细胞膜上，激活上皮细胞内腺分泌，导致肠液分泌增加，超过小肠管的再吸收能力，出现疾病症状。若个人卫生欠佳，也可能会通过人传人或经进食受粪便污染的食物而感染该种病菌。因此，通常将检测大肠菌群作为肠道致病菌污染食品的指示菌，若被检出则表示食品可能受到人或动物粪便的污染。

(4)预防措施

①预防交叉污染。不吃生或半生的肉、禽类，不喝未经巴氏消毒的牛奶或果汁，熟食低温保藏，防止生、熟食品交叉感染。

②加强屠宰检疫工作，防止病畜进入市场。

③控制室温及存放容器的温度。在 5 ℃下该菌可受到抑制，一般在 80 ℃、15min 条件下即可杀灭该菌。

④控制食源性感染。在屠宰和加工动物时，避免粪便污染，动物性食品必须充分加热以杀死致病性大肠杆菌。

2. 沙门氏菌

(1)病原体　沙门氏菌属于肠道病原菌，无芽孢，无荚膜，属革兰氏阴性菌，多数细菌有周身鞭毛和菌毛，能运动，需氧或兼性厌氧菌。沙门氏菌生长的最佳温度为 35～37 ℃，最佳 pH 为 6.8～7.8。沙门氏菌在外界的生命力较强，在水中能生存 2～3 周，在冰中能生存 3 个月，在肉、蛋、奶类食品中能存活数月，在含有 10%～15%食盐的腌肉制品中可存活 2～3 月，在粪便中可生存 1～2 个月。此外该菌具有耐低温的能力，在土壤中可过冬，在－25 ℃低温环境中能存活 10 个月左右，即冷冻保藏食品对本菌无杀灭作用。

沙门氏菌共有 2 000 多种血清型，分为 6 个亚属，我国已发现 200 多个血清型。不同血清型菌株的致病力和侵染对象均不相同，已知的种型对人、动物或二者均有致病性。其中引起人类食物中毒的主要有鼠伤寒沙门氏菌、猪霍乱沙门氏菌、肠炎沙门氏菌等，有些能产生内毒素、有些能产生肠毒素。如肠炎沙门氏菌在适合的条件下，可以在牛乳或肉类中产生达到危险水平的肠毒素。水煮或油炸大块食物时，食物内温度达不到足以杀死细菌和破坏毒素的情况下，就会有细菌残留或有毒素存在。该菌对热、消毒药水及外界环境的抵抗力不强，80 ℃　2 min、

60 ℃ 30 min、巴氏杀菌、5%苯酚或 0.2%升汞 6 min 等方法均可将其杀死。

(2)病原特征　沙门氏菌有菌毛，能穿过小肠上皮细胞到达黏膜固有层，对肠黏膜细胞有侵袭力；各菌株由脂类、多糖和蛋白质的复合物组成，具有较强毒性的内毒素，被人体吞噬细胞吞噬并杀灭的沙门氏菌因细胞裂解释放内毒素，引起发热和中毒性休克等；有些沙门氏菌能产生肠毒素，如鼠伤寒沙门氏菌、肠炎沙门氏菌，在适宜条件下代谢分泌肠毒素。此种肠毒素为蛋白质，在 50～70 ℃时可耐受 8 h，不被胰蛋白酶和其他水解酶所破坏，并对酸碱有抵抗力。

沙门氏菌引起的食物中毒症状一般分为胃肠炎型、类伤寒型、类霍乱型、类感冒型和败血症型等 5 种。其中临床上最常见的急性胃肠炎，潜伏期一般 6～12 h，长者达 36 h，潜伏期短者，病性较严重。多数发病突然，畏寒发热，食欲缺乏，体温一般在 38～39 ℃，伴有头痛、恶心、呕吐、脸色苍白、发热、多冷汗、腹痛、腹泻、肠穿孔、肠溃疡、局部化脓，大便每日 3～5 次至数十次不等，大便常为水样，量多，很少或没有粪质，可有少量黏液。有恶臭、偶可呈黏液脓血便，严重者出现寒战、抽搐和昏迷等。病程一般 2～4 d，偶有长达 1～2 周，一般愈后良好，病死率常常低于 1%。

(3)传染途径　沙门氏菌广泛分布于自然界。可在人和许多动物的肠道中繁殖，带菌宿主的粪便为该菌传染源之一。大多数的沙门氏菌食物中毒是由沙门氏菌对肠黏膜的侵袭而导致全身性的感染型中毒。当沙门氏菌随食物进入消化道后，可在小肠和结肠内继续繁殖，引起组织感染，附于肠黏膜或侵入黏膜及黏膜下层，在其内毒素和肠毒素的参与下，引起肠黏膜的充血、水肿、组织炎症，经淋巴系统进入血液，出现菌血症，引起全身感染。由于中毒是摄食一定量活菌及其在人体内生长繁殖所引起的，除活菌体内毒素外，产生的肠毒素在导致食物中毒中也起着重要的作用。因此，沙门氏菌引起的食物中毒主要属于感染型食物中毒。沙门氏菌食物中毒发生与食物中的带菌量、菌体毒力及人体自身的防御能力等因素有关。食入的活菌量越多，发生中毒的机会就越大。较少量或较弱致病力的菌型仍可引起食物中毒的发生，幼儿、体弱老人及其他病症患者是易感染人群。沙门氏菌多数由动物性食品引起，特别是肉类，也可以由鱼类、禽类、乳类、蛋及其制品引起。豆制品和糕点有时也会引起沙门氏菌食物中毒，但非常少见。

①肉类食品。沙门氏菌污染包括生前感染和宰后污染，生前感染又包括原发性沙门氏菌病和继发性沙门氏菌病。生前感染是肉类食品污染沙门氏菌的主要原因。宰后污染系指家畜、家禽在宰杀后被带有沙门氏菌的粪便、污水、土壤、容器、鼠、蝇等所污染，可发生在从屠宰到烹调的各个环节中。另外在熟肉制品的加工销售过程中，由于刀具、砧板、炊具、容器等生熟交叉污染或食品从业人员及带菌者污染，导致熟肉制品再次受沙门氏菌的污染。

②家禽蛋类及其制品。沙门氏菌污染比较常见，尤其是鸭、鹅等水禽蛋类。由于家禽产卵和粪便排泄通过同一泄殖腔，除原发和继发感染使卵巢、卵黄、全身带菌外，禽蛋在经泄殖腔排出时，蛋壳表面可在泄殖腔里被沙门氏菌污染，并通过气孔而侵入蛋中，不仅如此，冻全蛋、冻蛋白等也可在加工过程的各个环节受到污染。

③淡水鱼虾蟹等水产品。主要是由于水源被污染，淡水鱼虾有时带菌，海产鱼虾一般带菌较少。被沙门氏菌污染的食品放置较久后，该菌在适宜条件下生长繁殖，食前又未加热或加热处理不彻底，未能完全杀死因而极易引起食物中毒。由于沙门氏菌不分解蛋白质，因此被沙门

氏菌污染的食品，通常没有感官性状的变化，难以用感官鉴定方法鉴别，故尤应引起注意，以免造成食物中毒。

(4)预防措施

①加强健康管理工作。食品加工、销售、集体食堂和饮食行业的从业人员，应严格遵守有关卫生管理制度，特别是要防止交叉污染，如熟肉类制品被生肉或盛装的容器污染，生肉和熟食品的刀、案板要分开。并对上述从业人员定期进行健康和带菌检查，发现病人恢复期带菌者或携带慢性带菌者不应从事饮食行业的工作，如有肠道传染病患者及带菌者，应及时隔离治疗，或及时调换工作。

②加强食品企业卫生监督管理。加强对食品生产企业的卫生监督及畜禽宰前和宰后兽医卫生检验，并按有关规定进行处理。应注意对屠宰场、肉类运输、食品厂等部门的卫生检疫及饮水消毒管理。消灭苍蝇、蟑螂和老鼠。屠宰时，要特别注意防止肉尸受到胃肠内容物、皮毛、容器等污染。

③加强检验检疫。防止沙门氏菌污染要加强家畜、家禽等宰前、宰后的卫生检验，容器及用具要严防被生肉和胃肠物污染，严禁食用和采用病死畜禽。严禁带病家畜、家禽进入厨房和食品加工车间。

④做好食品消毒杀菌。预防沙门氏菌污染食物可采取低温贮藏、高温全面杀菌的方法。严格按照食品低温保藏的卫生要求贮藏食品，在食品工业、食品销售网点、集体食堂均应有冷藏设备，并按照食品低温保藏的卫生要求贮藏食品。各种肉类、蛋类食用前应煮沸 10 min，剩饭菜等必须充分加热后再食用。为彻底杀灭肉类中可能存在的沙门氏菌、消灭活毒素，畜肉类应蒸煮至肉深部中心呈灰白硬固的熟肉状态。如尚有残存的活菌，会在适宜的条件下繁殖，仍可以引起食物中毒。

⑤防止医院内感染。医院特别是产房、儿科病房和传染病病房要防止病房内流行。一旦发现，要彻底消毒。禁止将与人有关的抗生素用于畜牧场动物而增加耐药机会。

3. 葡萄球菌

(1)病原体　葡萄球菌是最常见的化脓性球菌，呈葡萄状排列，属革兰氏阳性球菌，无鞭毛，无荚膜，不产生芽孢，嗜中温，耐盐、耐热，耐低温，对营养物质需求较低，是引起冷藏食品腐败变质的重要因素，也是医院交叉感染的重要来源。

葡萄球菌在增殖过程中可产生肠毒素，污染乳制品和肉制品导致食品腐败。一般情况下，只有摄入可以产生肠毒素的葡萄球菌才能引起食物中毒。产生肠毒素的葡萄球菌主要为金黄色葡萄球菌，金黄色葡萄球菌致病性极强，在 20～37 ℃，pH 为 7.4 的环境中极易生长繁殖且能产生多种毒素和酶，但因中毒病程较短，短时间(1～2 d)内即可恢复，愈后良好，一般不导致死亡。产生的毒素主要有溶血毒素、杀白细胞毒素、肠毒素，酶包括凝固酶、溶纤维蛋白酶、透明质酸酶、DNA 酶等。金黄色葡萄球菌耐热性很强，加热 80 ℃ 30 min 至 1 h 才能将其杀死，在一般烹调中不能完全被破坏。

(2)病原特征　金黄色葡萄球菌在人体内潜伏期短，在 1～6 h 内即可发病，病程较短，1～2 d 即可恢复，预后良好。症状包括唾液分泌增加、恶心、反复呕吐、腹痛、头晕、腹泻、低热、发冷等。婴幼儿及儿童因免疫力较成年人弱，因此对肠毒素敏感，儿童发病率较高，病情也较重。

(3)传染途径　葡萄球菌广泛分布在自然界，食品受污染的较多。葡萄球菌传染源主要是人、动物和食品加工用的原材料，主要污染途径是产生肠毒素的金黄色葡萄球菌污染了食品，在较高的温度下大量繁殖，在适宜的 pH 和合适的营养条件下产生了肠毒素。当金黄色葡萄球菌肠毒素进入人体消化系统后被吸收进入血液，毒素刺激中枢神经系统而引起中毒反应。

肠毒素的形成与食品污染程度、食品储存温度、食品种类和性质密切相关。一般来说，食品污染越严重，细菌繁殖就越快，越易形成肠毒素，且温度越高，产生肠毒素时间越短；含蛋白质丰富、含水分较多，同时含一定淀粉的食品易受金黄色葡萄球菌污染产生肠毒素。引起中毒的食品主要是剩饭、奶油糕点、牛奶及其制品、米酒、鱼、肉及其制品、淀粉类食品等。

(4)预防措施

①定期对食品生产人员、饮食从业人员、保育员及销售人员等进行健康检查，发现带菌者或有化脓性病灶者，以及上呼吸道感染和牙龈炎症者，应立即调换工作，尽早治疗。

②定期对健康奶牛的乳房进行检查，患有乳腺炎的奶牛不能使用；健康奶牛的奶被挤出后，应立即冷却至 10 ℃以下，防止该菌的繁殖和肠毒素的形成。

③在低温、通风良好的条件下贮藏食物，缩短存放时间；在气温较高季节，食品放置时间不得超过 6h，食用前必须彻底加热，控制细菌繁殖和肠毒素的形成。

④剩饭剩菜除低温保存外，以不过夜最好，放置时间应在 6 h 内。食前要彻底加热，一般加热 100 ℃经 2.5 h 才能有效。严重污染有不良气味时不能食用，以防中毒。

⑤加强卫生宣传教育，讲究个人卫生，注意防护措施。皮肤创伤应及时处理，注意中西医结合，合理用药，避免滥用抗生素。

肉毒梭菌的污染与预防

4. 肉毒梭菌

(1)病原体　肉毒梭菌属于梭状芽孢杆菌属，又叫肉毒杆菌、肉毒梭状芽孢杆菌，肉毒梭状芽孢杆菌毒素中毒简称肉毒中毒。该菌属革兰氏阳性杆菌，厌氧菌，两端钝圆，无荚膜，周生鞭毛，能运动。肉毒梭菌在厌氧、20 ℃以上环境中，在适宜的营养物质条件下可大量繁殖，分泌极强烈的神经毒素即肉毒毒素。其最适生长温度为 28～37 ℃，产毒最适 pH 为 7.8～8.2。当环境温度低于 15 ℃或高于 55 ℃时，肉毒梭菌芽孢不能生长繁殖，也不产生毒素。

肉毒毒素根据毒素抗原结构的不同，可分为 A,B,C,D,E,F,G 等七型。人类肉毒毒素中毒主要由 A、B 及 E 型所引起，C、D 型肉毒毒素主要引起动物疾病，少数由 F、G 型引起。肉毒梭菌不耐热，各型毒素在 80 ℃ 30 min、100 ℃ 10 min 的条件下即可被杀死，但芽孢耐热能力强，特别是 A、B 型菌的芽孢，需经高压蒸汽 121 ℃ 30 min 或干热 180 ℃ 5～15 min 或湿热 100 ℃ 6 h 才能将其杀死。肉毒毒素对消化酶(胃蛋白酶、胰蛋白酶)、酸和低温很稳定，对碱和热则易被破坏失去毒性，如在 pH 8.5 以上或 100 ℃ 10～20 min 易被杀死。

(2)病原特征　肉毒梭菌食物中毒是由肉毒梭菌产生的外毒素即肉毒毒素引起的，它属于毒素型食物中毒。该菌随食物进入肠道吸收后，再进入血液循环，作用于中枢神经系统的颅神经核和外周神经，抑制其神经传导递质——乙酰胆碱的释放，导致肌肉麻痹和神经功能不全，引起毒素型细菌性食物中毒，病死率极高。

肉毒梭菌食物中毒的潜伏期比其他细菌性食物中毒的潜伏期长。潜伏期的长短随摄入毒素量的多少而不同。一般情况下，该菌潜伏期 12～48 h，有时 8～10 d 或更长，潜伏期越短，病死率越高；潜伏期长，病情进展缓慢。死亡者多发生在进食后 3～7 d，死亡率为 30%～65%，一经发现感染该病菌，若及时治疗，病人可于 4～10 d 后缓慢恢复，一般无后遗症。感染后症状主要表现为对称性颅神经损害，如头晕、头疼、恶心、呕吐、腹胀、腹痛、便秘或腹泻、张口或伸舌困难、言语障碍、声音嘶哑、咀嚼障碍、颈软、不能抬头、耳鸣、耳聋，全身无力、吞咽困难、视力模糊、眼球震颤、眼睑下垂、眼肌麻痹、呼吸肌麻痹、舌肌、咽肌麻痹、四肢运动麻痹。严重者还会出现心肌麻痹、呼吸麻痹、呼吸衰竭、尿闭直至死亡。

(3)传染途径　肉毒中毒一年四季都可发生，以冬春季为最多，肉毒梭菌是一种腐生性细菌，易存在于土壤、淤泥沉积物、霉干草、尘埃及粪便中，直接污染食品的原材料。当受肉毒梭菌芽孢污染的食品或其他加工食品，食用前加热不彻底，芽孢残存，在适宜条件下芽孢发芽、生长就能产生肉毒素。肉毒中毒多发原因是食用了家庭自制的低盐、厌氧的发酵食品，厌氧加工的罐头食品，真空包装食品及厌氧保存的肉类制品，例如家庭自制的豆酱、臭豆腐、豆豉、豆瓣酱、面酱等发酵食品，以蘑菇、蔬菜、水果、乳制品、肉制品、鱼类为原料的罐头类食品，还有一些像腊肠、火腿和保藏的肉类食品。

(4)预防措施

①在食品加工过程中，应使用新鲜的原料，要充分洗净，避免泥土的污染；加工时应烧熟煮透。

②生产罐头和瓶装食品时，除建立严格合理的卫生制度外，必须严格无菌操作，装罐后要彻底灭菌。在贮藏过程中发现有产气膨胀的罐头时，不要食用。

③食品加工后应避免再污染和在较高温度下或缺氧条件下存放，应放在通风或温度低的地方保存。

④肉毒梭菌不耐热，食品食用前要彻底加热，加热温度 100 ℃ 10～20 min 可使各型毒素破坏。

5. 副溶血性弧菌

(1)病原体　副溶血性弧菌属于弧菌属，又称致病性嗜盐菌，是一种嗜盐菌，属革兰氏阴性菌，无芽孢，单端生鞭毛，能运动的需氧或兼性厌氧性杆菌，形态多样，表现为杆状、棒状、弧状、球状或球杆状等。它是分布极广的海洋性细菌，大量存在于海产品中，是沿海地区夏、秋季节常见的食物中毒病原菌之一。该菌具有嗜盐特性，在有盐的情况下生长，在无盐的情况下不能生长，在 pH 7.4～8.2、30～37 ℃、2%～4%氯化钠的基质中生长最佳，对食盐的耐受量约在 7%(极少数在含有 15%食盐的基质中也能生长)，当含盐量低于 0.5%或高于 8%时即停止繁殖。但对常用消毒剂抵抗力弱；对酸敏感，在普通醋酸中 1～10 min 即死亡；不耐热，加热至 65 ℃ 30 min、75 ℃ 5 min、90 ℃ 1 min 时即可死亡；不耐寒冷，在 0～2 ℃下经 24～48 h 即可死亡。副溶血性弧菌在井水、自来水等淡水中存活时间不超过 2 d，但在海水中可存活 47 d 以上。

(2)病原特征　副溶血性弧菌引起的食物中毒由食入大量活菌造成，活菌进入肠道侵入肠黏膜引起炎症反应，使肠道充血、水肿，肠黏膜溃烂，导致黏液便、脓血便等消化道症状，毒素进一步由肠黏膜受损部位侵入体内，与心肌细胞表面受体结合，毒害心脏，或由该菌及其产生的溶血毒素引起的两者混合作用所致。副溶血性弧菌繁殖速度非常快，受该菌污染的食品，在较高温度下存放，若食用前不加热或加热不彻底，或熟食品受到带菌者、带菌食品、带菌容器及工具等污染，就会在人体肠道快速生长繁殖，当达到一定数量时，即可引起食物中毒，与产生的耐热性溶血毒素共同作用致人生病。人感染后，潜伏期为几小时至十几小时，主要症状为上腹部阵发性绞痛、恶心、呕吐、腹泻(频繁的黄水样便或脓血便)、发烧等，少数病人可出现意识不清、痉挛、血压下降等症状。该病病程短，大多数经 2～4 d 后症状消失，愈后良好，中毒死亡率很低。

(3)传染途径　副溶血性弧菌广泛存在于海洋、海产品及海底沉淀物中，夏秋季的海产品带菌率高达 90%以上，其中沿海地区饮食从业人员、健康人群及渔民带菌率为 0～11.7%，有肠道病史者带菌率为 31.6%～88.8%，沿海地区炊具带菌率为 61.9%。故副溶血性弧菌主要存在于各种海产品(鱼、虾、蟹、贝类等)中，其次存在于咸菜、腌肉制品及禽蛋等食品中，海产品以及与其接触过的炊具、容器、操作台、菜刀和抹布等也是该菌传染的主要来源。因此海水、海产品、海盐、带菌者是疾病的污染源，人和动物被感染后成为病菌的传播者，其粪便和生活用水是重要的传播源。

(4)预防措施

①在加工、运输、销售等各个环节中严禁生熟混杂，炊具要分开，注意洗刷、消毒，防止生熟食物交叉污染。

②副溶血性弧菌不耐热，食物在食用前彻底加热，煮熟煮透，杀灭细菌，切勿生吃。

③副溶血性弧菌不耐酸，生吃食品(凉拌菜、咸菜、酱菜、海蜇)可用食醋处理 1 h 后再吃。

④副溶血性弧菌不耐低温。海产品及其熟食要低温冷藏，控制细菌生长繁殖，低温保存的熟食吃前要再回锅加热。

6. 单核细胞增生李斯特氏菌

(1)病原体　此菌在环境中的生存能力强，营养要求不高。0～50 ℃均能生长，30～37 ℃最适宜，－20 ℃能存活 1 年，在冷冻食品中可长期生存，是为数不多的低温生长致病菌之一。此菌不耐热，58～59 ℃、10 min 可死亡，在中性或弱碱性条件下生长最好，对氯化钠抵抗力强，20%氯化钠溶液 4 ℃可存活 8 周，普通腌制食品不影响其生存；能抵抗反复冷冻及紫外线照射。

(2)病原特征　感染后大多为暂时带菌。儿童显性感染主要表现为脑膜炎及败血症，成人感染表现为各种脏器的实质性病变。一旦感染李斯特菌，轻则出现发烧、肌肉疼痛、恶心、腹泻等症状，重则出现头痛、颈部僵硬、身体失衡和痉挛等症状。受感染的孕妇可能出现早产、流产和死胎，婴儿健康也可能受影响。

(3)污染途径　单核细胞增生李斯特氏菌食物中毒全年可发生，夏、秋呈季节性增长。主要通过进食感染人体，可引起人的脑膜炎、败血症或无败血症性单核细胞增多症。已报道造成该菌食物中毒的食品有消毒乳、乳制品、猪肉、羊肉、牛肉、家禽肉、河虾、蔬菜等。中毒原因多为污染该菌的食品未经充分加热后食用引起中毒，如喝未彻底杀死此菌的消毒奶，冰箱内冷藏的熟食品取出后直接食用等。

(4)预防措施

①采取有效措施保护易感人群。单核细胞增生李斯特氏菌广泛存在于环境和食品中，大

多数健康人摄入而没有致病是由于有抵抗力；另一原因是动物食品虽然带菌率较高，但菌量少，只有少数免疫力低下的人发病，因此预防的重点是保护高危人群。

②切断污染源。单核细胞增生李斯特氏菌具有嗜冷特性，冰箱保存食品时间不宜过长，食用前要彻底加热消毒。

7. 阪崎肠杆菌

(1)病原体　阪崎肠杆菌属肠杆菌科肠杆菌属，革兰染色阴性杆菌。阪崎肠杆菌在自然界分布广泛，繁殖迅速，但不耐热，可通过巴氏消毒法杀灭。阪崎肠杆菌属条件致病菌，在一般情况下不对人体健康产生危害，但对于免疫力低下者和婴幼儿、新生儿，尤其是早产儿、低体重儿可致病。

(2)病原特征　多数患儿临床症状轻微且不典型，易被忽略。严重者可引起坏死性小肠结肠炎、败血症、脑膜炎等。具体症状包括：①全身症状：发热，新生儿可表现为体温不升、精神萎靡、拒乳、黄疸加重，面色发灰、皮肤发花甚至出现休克。② 消化系统症状：可有呕吐、腹胀、腹泻、黏液血便，肠鸣音减弱甚至消失，严重时可发生肠穿孔和腹膜炎。③神经系统症状：烦躁、哭声尖直、嗜睡甚至昏迷，可出现凝视、惊厥，查体可有头围增大、颅缝裂开、前囟张力增高、脑膜刺激征阳性。

(3)污染途径　阪崎肠杆菌在自然界分布广泛，在水、土壤、食物、排泄物等中都能够检出。该菌不耐热，加热到 72 ℃持续 15 s 就可以杀灭。感染来源主要是受阪崎肠杆菌污染的奶粉，人与人之间无传染性。

(4)预防措施

①制定婴幼儿配方奶粉中阪崎肠杆菌微生物标准，建立有效控制措施，将其危险性降到最低。

②制定加工、使用和操作婴幼儿配方食品的导则。

③研究降低阪崎肠杆菌污染水平的方法，在生产环境和配方奶粉中降低阪崎肠杆菌的浓度和流行的危险性；为高危人群生产较大比例的商业无菌配方替代产品。

④制定有效的环境监测计划，将肠杆菌科而不是大肠杆菌作为工业生产线的卫生指标菌。建立实验室监测网络，对阪崎肠杆菌的来源、传播途径等进行调查研究；加强相关学科的基础研究，包括生态学、分类学、菌株毒力等。

⑤喂养婴幼儿后剩余的调配食品应放置冰箱保存，并在食用前再加热。

(二)食品中致病性真菌污染及预防

真菌被广泛应用于酿造类食品工业，但有些真菌在生长时，通过获取食物中的营养物质产生毒素引发食物中毒事件，其中最常见的真菌性食物中毒是毒蘑菇和霉菌毒素引起的食物中毒。霉菌在自然界分布广，种类繁多，形成的极小的孢子能够通过空气和其他途径传播污染食品而造成食品腐败变质，以及其生长繁殖而产生的代谢产物——霉菌毒素能够造成人、畜误食引起食物中毒，因霉菌引起的食物中毒是真菌性食物中毒的典型代表。

1. 概述

(1)定义　霉菌是菌丝体比较发达而又没有较大子实体的一部分真菌的俗称。大多数霉菌对人体无害，但在适宜的条件下，有些霉菌生长时产生的次生代谢产物具有毒性即霉菌毒素，它会对人体健康造成不同程度的损害。因气候、季节、时间、地区、加工、运输、贮藏等因素的影响，被霉菌污染后的食物，其食用价值降低，极易引起食品腐败变质且完全不能食用，易引起食物中毒，甚至造成巨大的经济损失。

(2)产毒条件　产毒霉菌是指已经发现具有产毒能力的霉菌菌株，并不是所有霉菌的菌株都能产生毒素。常见的产毒霉菌有曲霉菌属、青霉菌属、镰刀霉菌属等。霉菌产毒需要一定的条件，如食品基质中的水分、营养物质，环境中的温度、湿度及空气的流通情况等方面。

①营养来源。主要是食品中的糖、少量氮和无机盐，因此霉菌极易在含糖的饼干、面包等食品上生长。

②水分。是微生物生长的重要条件，一般而言，微生物在含水分多的食品中容易生长，而在含水分少的食品中不易生长。

③温度。在 20～30 ℃时大部分霉菌都能生长，最适温度为 25 ℃。当温度小于 0 ℃或者大于 30 ℃时，霉菌的生长显著减弱。

④湿度。在不同的相对湿度下易于繁殖的霉菌也不相同。

⑤通风情况。在大部分霉菌繁殖和产毒的过程中都是在有氧的条件下进行。

因此，霉菌中毒主要是由被霉菌污染的食物引起的；被霉菌毒素污染的食品，用一般烹调方法加热处理不能将毒素破坏去除；没有污染性免疫，霉菌毒素一般都是小分子化合物，机体对霉菌毒素不产生抗体；霉菌生长繁殖和产生毒素需要一定的温度和湿度，因此中毒往往有明显的季节性和地区性。

(3)产毒特点　食品受到产毒菌株污染有时不一定能检测出霉菌毒素，这是因为产毒菌株必须在适宜产毒的特定条件下才能产毒。但也有时会从食品中检验出有某种毒素存在，而分离不出产毒菌株，这往往是食品在贮藏和加工中产毒菌株已经死亡，而毒素不易破坏的缘故。而食入大量含毒饲草的动物同样可引起各种中毒症状或残留在动物组织器官及乳汁中，致使动物性食品带毒，被人食入后仍会造成霉菌毒素中毒。一般来说，产毒霉菌菌株主要在谷物粮食、发酵食品及饲草上生长产生毒素，直接在动物性食品如肉、蛋、乳上产毒的较为少见。易被霉菌污染的食物有花生、瓜子、核桃等坚果类，玉米、大米、小麦、大豆等粮食类。因此，霉菌产毒的特点有以下几个方面：

①霉菌产毒只限于少数产毒霉菌，而产毒菌种中也只有一部分菌株产毒。

②同一产毒菌株的产毒能力有可变性和易变性。例如，产毒菌株经过累代培养可完全失去产毒能力，而非产毒菌株在一定条件下可出现产毒能力。

③产毒菌种所产生的霉菌毒素不具有严格的专一性，一种菌种可以产生几种不同的毒素，而同一霉菌毒素也可由几种霉菌产生。

④产毒霉菌产生毒素需要一定的条件，一般来说，霉菌在天然食品中比在人工培养基上容易繁殖产毒。

(4)中毒特点　霉菌毒素中毒与人群的饮食习惯、食物种类和生活环境条件有关，所以霉菌毒素中毒常常表现出明显的地方性和季节性，甚至有些还具有地方疾病的特征。当霉菌毒素污染到食品，虽无传染性，但被人体摄入后便会对人造成急性中毒，而长期摄入含少量霉菌毒素的食物则会造成慢性中毒、致癌、致畸和致突变作用等危害。霉菌毒素还具有耐高温、无抗原性、减少细胞分裂，抑制蛋白质合成和 DNA 的复制，抑制 DNA 和组蛋白形成复合物，影响核酸合成，降低免疫应答等特点。根据霉菌毒素作用的靶器官，可将其分为肝脏毒、肾脏毒、神经毒、光过敏性皮炎等。

2. 常见的致病性真菌毒素

(1)黄曲霉毒素

①性质。是黄曲霉和寄生曲霉产生的一系列代谢产物。基本化学结构是一个双氢呋喃和一个氧杂萘邻酮(即香豆素)，在紫外线下发荧光，具有耐热的特点，裂解温度为 280 ℃，在水中溶解度很低，易溶于油脂和有机溶剂，是毒性最强、致癌性最强的真菌毒素。

②产毒条件。生长的温度范围是 12～42 ℃，最适产毒温度为 33 ℃，最适水分活度值为 0.93～0.98。花生和玉米等谷物是黄曲霉毒素菌株适宜生长并产生黄曲霉毒素的基质。黄曲霉在水分为 18.5%的玉米、稻谷、小麦上生长时，第 3 天开始产生黄曲霉毒素，第 10 天产毒量达到最高峰，此后便逐渐减少。黄曲霉毒素污染可发生在多种食品上，尤其是粮食油脂类食品中最常见，如粮食、油料、水果、干果、调味品、乳和乳制品、蔬菜、肉类等。

③中毒症状。导致一种典型的肝脏中毒，主要表现为急性和亚急性中毒(短时间内摄入黄曲霉毒素量较大，迅速造成肝细胞变性、坏死、出血以及胆管增生，在几天或几十天后死亡)。慢性中毒，持续摄入一定量的黄曲霉毒素，使肝脏出现慢性损伤，生长缓慢，体重减轻，肝功能降低，出现肝硬化。在几周或几十周后死亡。致癌性，实验证明许多动物小剂量反复摄入或大剂量一次摄入黄曲霉毒素皆能引起肝癌。

(2)黄变米毒素　黄变米是 20 世纪 40 年代日本在大米中发现的。这种米由于被真菌污染而呈黄色，故称黄变米。这些真菌主要是青霉属中的一些菌种，因这些菌种污染大米后产生的具有毒性的代谢产物被统称为黄变米毒素，根据其特点可分为三大类。

①黄绿青霉毒素。该毒素不溶于水，加热至 270 ℃失去毒性；为神经毒，毒性强，中毒特征为中枢神经麻痹进而心脏及全身麻痹，最后呼吸停止而死亡。大米水分 14.6%可感染黄绿青霉，在 12～13 ℃便可形成黄变米，米粒上有淡黄色病斑，同时产生黄绿青霉毒素。

②橘青霉毒素。橘青霉污染大米后形成橘青霉黄变米，米粒呈黄绿色。精白米易污染橘青霉形成该种黄变米。橘青霉可产生橘青霉毒素，暗蓝青霉、黄绿青霉、扩展青霉、点青霉、变灰青霉、土曲霉等霉菌也能产生这种毒素。该毒素难溶于水，为一种肾脏毒，可导致实验动物肾脏肿大、肾小管扩张和上皮细胞变性坏死。

③岛青霉毒素。岛青霉污染大米后形成岛青霉黄变米，米粒呈黄褐色溃疡性病斑，同时含有岛青霉产生的毒素，包括黄天精、环氯肽、岛青霉素、红天精。前两种毒素都是肝脏毒，急性中毒可造成动物发生肝萎缩现象；慢性中毒发生肝纤维化、肝硬化或肝肿瘤，可导致大白鼠肝癌。

(3)杂色曲霉毒素　杂色曲霉毒素是由杂色曲霉和构巢曲霉等产生的，基本结构为一个双呋喃环和一个氧杂蒽酮。其中的杂色曲霉毒素 IVa 是毒性最强的一种，不溶于水，可以导致动物的肝癌、肾癌、皮肤癌和肺癌，其致癌性仅次于黄曲霉毒素。由于杂色曲霉和构巢曲霉经常污染粮食和食品，而且有 80%以上的菌株产毒，所以杂色曲霉毒素在肝癌病因学研究上很重要。糙米易污染杂色曲霉毒素，糙米经加工成标准二等级米后，毒素含量可以减少 90%。

(4)镰刀菌毒素　根据联合国粮农组织(FAO)和世界卫生组织(WHO)联合召开的第三次食品添加剂和污染物会议资料，镰刀菌毒素问题同黄曲霉毒素一样被看作是自然发生的最危险的食品污染物。镰刀菌毒素是由镰刀菌产生的，镰刀菌分布在自然界中，侵染多种作物，有多种镰刀菌可产生对人畜健康威胁极大的镰刀菌毒素。按其化学结构可分为单端孢霉烯族化合物、玉米赤霉烯酮、伏马菌素和丁烯酸内酯等。

单端孢霉烯族化合物主要污染麦类、玉米、稻谷、蚕豆及其制品，是引起人畜中毒最常见的一类镰刀菌毒素，易在潮湿、阴冷的环境下生长繁殖，易溶于水，热稳定性高，人误食后会出现恶心、头晕、腹痛、呕吐等症状，严重时表现为较强的细胞毒性、免疫抑制及致畸作用。

玉米赤霉烯酮主要污染玉米，其次是小麦、大麦、大米等粮食作物，是一种雌性发情毒素，不溶于水，易溶于碱性水溶液，动物误食了这种毒素的饲料易导致生殖系统产生毒性，出现雌性发情综合症状。

伏马菌素主要污染玉米及其制品，危害神经系统也可引起肾脏的慢性病变，同时具有致癌和促癌作用，可引起动物原发性肝癌。

丁烯酸内酯存在于牧草中，易溶于水，易溶于碱性水溶液，牛误食带毒素牧草易导致烂蹄病。

(5)展青霉毒素　展青霉毒素是一种由扩展青霉、荨麻青霉、细小青霉、棒曲霉、土曲霉、巨大曲霉及丝衣霉等多种霉菌产生的有毒代谢产物，主要是以扩展青霉为主。这种毒素易溶于水、乙醇，在碱性溶液中不稳定，易被破坏。扩展青霉在麦秆上产毒量很大，牛因误食被其污染的饲料可造成中毒，对小白鼠的毒性表现为严重水肿。此外，扩展青霉是苹果贮藏期的重要霉腐菌，它可使苹果腐烂，以这种腐烂苹果为原料生产出的苹果汁、苹果酒中都会含有展青霉毒素。展青霉毒素还可存在于霉变的面包、香肠以及香蕉、梨、菠萝等水果中。

(6)赭曲霉毒素　赭曲霉毒素是一组结构类似的真菌毒素，有 A、B、C、D 四种化合物，主要危及人和动物肾脏，其中毒性最大、与人类健康关系最密切、产毒量最高、对农作物的污染最重、分布最广的是赭曲霉毒素 A(OTA)。OTA 极易溶于有机溶剂；毒素极为稳定；甚至 250 ℃ 下也不能完全破坏，发酵大约可以降解 70%的毒素。赭曲霉毒素 A 是被国际癌症研究机构确定为ⅡB 类致癌物的一种真菌毒素，它能致癌、致畸、破坏免疫系统，对肝、肾脏造成损害，还可以导致神经中毒。粮谷类、水果、葡萄酒、啤酒、咖啡、可可和巧克力、中草药、调味料等多种植物产品和食品均可被 OTA 污染。

3. 预防措施

食物要完全避免霉菌污染是比较困难的，但要保证食品安全，就必须将食物中霉菌毒素的含量控制在允许的范围内，目前国内外采取的预防和去除霉菌毒素污染的措施如下。

①加强田间管理，利用合理耕作、灌溉和施肥、适时收获来降低霉菌的侵染和毒素的产生。

②采取减少粮食及饲料的水分含量，降低储存温度和改进贮藏、加工方式等措施来减少霉菌毒素的污染。

③通过抗性育种培养抗霉菌的作物品种。

④减少粮食损伤，防止霉菌侵入。

⑤利用挑选法、碾压水洗法、碱炼法、活性炭和白陶土吸附法、紫外线照射法、熏蒸法等化学、物理学方法去毒。

⑥加强污染的检测，严格执行食品安全规范标准，禁止生产、销售和食用霉菌毒素超标的食品，禁止出口和进口霉菌毒素超标的粮食和饲料。

引导问题

食品中的致病性病毒主要有哪些？

二、食品中致病性病毒污染及预防

病毒是一种非细胞生命形态，由一个核酸长链和蛋白质外壳构成，它没有自己的代谢机构和免疫酶系统。因此当病毒离开了宿主细胞，就成了没有任何生命活动，也不能独立自我繁殖的化学物质。无论哪种食品上残存的病毒，一旦进入宿主细胞后，它就可以利用细胞中的物质和能量以及复制、转录和转译的能力，大量生长繁殖具有自身特点的新病毒。食品中致病性病毒具有典型的宿主细胞和不同的传播途径，通常以肠道为载体，直接和间接污染食品及水源，人经过口、粪便感染可引起肠道及其他器官传染病的发生或导致人畜共患性传染病的流行，还能通过血液直接进入毛细血管壁进入中枢神经系统传播而影响人体健康。例如，食品被污染后引起腹泻或胃肠炎的病毒包括轮状病毒、诺瓦克病毒、肠道腺病毒、冠状病毒、疯牛病病毒及禽流感病毒等，这些病毒在一段时期内严重威胁了人类的健康与生存安全，也造成了巨大的经济损失，引起了全世界的高度关注。

1. 轮状病毒

(1)病原体　轮状病毒是一种双链核糖核酸病毒，属于呼肠孤病毒科，呈球形，有双层衣壳，从内向外呈放射状排列，形似车轮，共有 A，B，C，D，E，F 与 G 七种病毒株，它们会对猪、牛、羊、鸡等动物及其食品造成不同程度的危害，人类感染主要是 A 种、B 种与 C 种，其中 A 种感染是最常见的。轮状病毒每年在夏秋冬季流行，通过粪—口传播，主要感染动物和人的小肠上皮细胞，从而造成细胞损伤，引起急性胃肠炎，伴随有腹泻、呕吐、脱水等症状，病程一般为 3～9 d，发热持续 1～2 d，呕吐 2～3 d，腹泻 5 d，婴幼儿、中老年人是主要的易感人群，严重时会脱水甚至死亡。

轮状病毒在人和动物间存在交叉感染性，人或动物感染后，在粪便中可存活数天或数周，在室温中可存活 7 个月，且该病毒在外界环境中比较稳定，耐酸、耐碱、耐乙醚，随粪便排出体外，就会污染周围环境，并在自然界中长期传播。但用 95%的乙醇、漂白粉、56 ℃ 30 min 等方法也可以灭活该病毒。

(2)病原特征　轮状病毒是一种肠道病毒，是引起婴幼儿腹泻的主要病因之一。人感染后，从无症状、轻微发病到严重发病，症状由发烧、呕吐、腹痛到无血色水样腹泻，严重时发生致命性胃肠炎、脱水及电解质紊乱。轮状病毒感染多为自限性疾病，尚无特效的抗病毒药物进行治疗，主要的治疗是对症治疗、给予补液、纠正酸中毒、防止水电解质失衡，绝大多数患者经过对症治疗后，可以达到临床痊愈，个别年老体弱的患者，可能出现严重的并发症，甚至死亡。

(3)传染途径　一是轮状病毒直接损害小肠绒毛上皮细胞，引发病理改变；二是轮状病毒在复制过程中的代谢产物作用于小肠内皮细胞，损坏肠内细胞的正常生理功能，引起腹泻。

(4)预防措施

①注意卫生。养成良好的卫生习惯，厨房、卧室、儿童场所应定期消毒杀菌，不吃生冷、未熟、餐饮环境不达标的食物。

②注意季节变化。起居、办公环境要干燥、通风，及时增减衣服，避免肠胃着凉。

③做好预防及隔离措施。轮状病毒肠炎的传染性强，若发现有相似症状应立即就医治疗；公共环境如有流行，应做好消毒隔离工作，防止交叉感染。

④接种轮状病毒疫苗。人、养殖户、动物都需要接种疫苗，避免交叉感染。

2. 禽流感病毒

(1)病原体　禽流感病毒能引起禽类的病毒性流行性感冒，是一种可从呼吸系统发展到全身败血症等多种症状的传染病，一年四季均可发生，多发于冬季和春季。最早发现是在鸡身上，也就是“鸡瘟”。流感病毒分甲、乙、丙 3 个型，甲型流感病毒多发于禽类，一些亚型也可感染猪、马、海豹和鲸等各种哺乳动物及人类，某些禽流感亚型毒株能引起人的急性呼吸道传染病，因此禽流感属于甲型流感病毒；乙型和丙型流感病毒则分别见于海豹和猪的感染。

禽流感病毒在一定条件下可以存活较长时间。它在粪便中能够存活 1 周，在水中可存活 1 个月，在羽毛中能存活 18 d，在 $pH<4.1$ 的条件下也具有存活能力，人感染后，可以潜伏 3～5 d。目前，被发现能直接感染人的禽流感病毒亚型有：H_5N_1、H_7N_1、H_7N_2、H_7N_3、H_7N_7、H_9N_2 和 H_7N_9 亚型，其中感染 H_5N_1 的患者病情重，病死率高。

高致病性禽流感病毒不仅存在于受感染禽鸟的呼吸道和胃肠道中，也可存在于禽肉和禽蛋内，冷藏或冷冻不能杀死高致病性禽流感病毒，传统烹调方法可将病毒灭活。除此之外，养殖过程中使用有机溶剂(乙醚、氯仿、丙酮)、消毒剂(如氧化剂、稀酸、漂白粉和碘剂)、高温加热(65 ℃ 30 min 或 100 ℃ 2 min 以上)、阳光直射 40～48 h、紫外线直接照射等物理化学的方法都可迅速破坏其传染性，将其灭活。

(2)病原特征　流感的症状随受感染禽类的品种、年龄、性别、并发感染程度、病毒毒力和环境因素等不同而有所不同，主要表现为呼吸道、消化道、生殖系统或神经系统的异常。当病毒传播给人引起发病，感染后发病迅速，早期表现与流感非常相似，最常见的临床表现是眼结膜炎和持续高热，体温大多持续在 39 ℃以上，时长 1～7 d，其间伴有呼吸不畅，呼吸道分泌物增加、流涕、鼻塞、咳嗽、眼结膜炎、咽痛、头痛、肌肉酸痛和全身不适，部分患者会有恶心、腹痛、腹泻、稀水样便等消化道症状；该病毒可通过血液进入全身组织器官，严重者可引起内脏出血、坏死，还会出现肺炎、急性呼吸窘迫综合征、肺出血、肾功能衰竭、败血症等多种并发症，造成机体功能降低，甚至引起死亡。

(3)传染途径　禽流感病毒多数感染者是从事禽类的饲养、屠宰、加工和实验室工作的相关人员，直接或者间接接触患有禽流感或携带禽流感病毒的家禽、野禽或猪等动物，通过病禽的身体组织、体液、粪便、肉、蛋等被感染，人感染后经过消化道、呼吸道、皮肤损伤和眼结膜等传染到身体各部位引发疾病。

(4)预防措施

①加强禽类防疫工作。从事此类工作的人员,严格按照动物防疫部门有关要求,接种禽流感疫苗预防,防止禽类感染禽流感病毒。

②加强人员和动物的监测。一旦发现禽流感疫情,应将病禽及时捕杀,对疫区采取封锁和消毒等措施。

③切断传染源。对可能感染和携带禽类的分泌物、野生禽类、污染的饲料、设备和人,通过高温杀毒等物理、化学的方法采取适当措施切断这些传染源。

④要加强检测标本和实验室禽流感病毒毒株的管理。严格执行操作规范,防止医院感染和实验室的感染及传播。

⑤加强培训教育。从事此项工作的人员或者易感染禽流感患者在工作中应采取相应防护措施,以防发生感染,如及时佩戴口罩、手套、穿隔离衣,接触后应洗手,注意饮食卫生,不喝生水,不吃未熟的肉类及蛋类等食品,对可疑餐具要彻底消毒,避免交叉污染。

⑥加强健康保健意识。养成早晚洗鼻的良好卫生习惯,保持呼吸道健康,增强呼吸道抵抗力;养成良好的个人卫生习惯;对密切接触者必要时可试用抗流感病毒药物或按中医药辨证施防。

3. 肝炎病毒

(1)病原体　肝炎病毒是引起以肝脏病变为主的一种传染病,即病毒性肝炎。人类肝炎病毒有甲、乙、丙、丁、戊、庚共六型病毒,其中甲型和乙型肝炎最为常见。除乙型肝炎病毒遗传物质为双链 DNA 外,其他类型病毒均为单链 RNA;除了甲型和戊型病毒通过肠道感染外,其他类型病毒均通过密切接触、血液和注射方式传播。目前,甲型肝炎病毒是引起食品污染的重要因素之一。甲型肝炎病毒主要污染的食品有凉拌菜、水果及水果汁、乳及乳制品、冰激淋饮料、生的或未煮透的肉制品、水生贝壳类等,其中来源于污染水域的水生贝壳类食品是最常见的载毒食品。甲型肝炎病毒可在贝类中存活 2 个月以上。通常加热 100 ℃ 5 min,用甲醛溶液、氯等处理可使之灭活。

(2)病原特征　甲型肝炎病毒多侵害儿童及青年,发病率随年龄增长而递减,潜伏期为 15～45 d,病毒常在患者转氨酸升高前的 5～6 d 就存在于患者的血液和粪便中,发病 2～3 周后,随着血清中特异性抗体的产生,血液和粪便的传染性也逐渐消失,长期携带病毒者极为少见。人感染肝炎病毒后发病突然,轻者无症状,重者有畏寒、发热、食欲减退、恶心、疲乏、上腹部不适、黄疸、肝区痛、肝大及肝功能异常等现象,更加严重者可发展成肝硬化、肝癌。

(3)传染途径　甲型肝炎病毒经粪—口途径传播,传染源多为病人,通过污染水源、食物、食具、海产品等方式可造成疾病散发性流行或大流行的传播。病毒先是在肠黏膜和局部淋巴结增殖,继而进入血流,形成病毒血症,最终侵入靶器官肝脏,在肝细胞内增殖。由于在组织培养细胞中增殖缓慢并不直接引起细胞损害,故推测其致病机理,除病毒的直接作用外,机体的免疫应答可能在引起肝组织损害上起一定的作用。

(4)预防措施

①加强传染源的管理,对从事餐饮、食品加工、养殖等从业人员至少每年进行一次健康体检并办理健康证。日常要进行定期健康体检,做到早发现、早隔离。

②粪便无害化处理,防止污染食物和饮水,切断传播途径。

③接种甲肝、乙肝等有传播病毒风险的肝炎疫苗,提高人群的免疫力。

④建立健全卫生控制程序，加强餐饮行业卫生管理。

4. 口蹄疫病毒

(1)病原体　口蹄疫俗名"口疮"，是由口蹄疫病毒感染引起的偶蹄类动物共患的急性、热性、接触性传染病，在牛、猪、骆驼、羊等动物之间极易传播，也是高度接触性人畜共患传染病，属于一类传染病。患口蹄疫的动物发病表现为体温升高，并在口腔黏膜、牙龈、舌面、鼻翼边缘、皮肤与皮肤黏膜糜烂处、蹄冠、蹄叉、蹄上皮部等身体多处部位出现典型泡状斑疹，有时还伴有口角线状流涎，经唾液、粪便、乳、尿、精液和呼出的气体向外界排出病毒。

口蹄疫病毒对外界的抵抗力很强，在含病毒的组织和污染的饲料、皮毛及土壤中可保持传染性达数周至数月，在腌肉中可存活 3 个月，骨髓中的病毒可存活半年以上。动物感染口蹄疫病毒，可导致乳制品、肉制品携带病毒，也会侵害人。人食用未经正确处理过的动物性食物后即可感染，但又因口蹄疫病毒对脂溶剂不敏感、对酸或碱较敏感、耐热性差等特点，直射阳光 60 min、加热 60 ℃ 15 min、70 ℃ 10 min、80 ℃ 1 min 均可将其杀死，高温加热 100 ℃以上可将病畜中的病毒全部杀死，因此，正确的饮食、烹饪、养殖、生产加工尤为重要。

(2)病原特征　动物感染口蹄疫病毒后，在动物体内潜伏 2～5 d，最初症状表现为体温升高、食欲减退、精神不振。此时最具有传染性，逐渐在鼻腔、口腔、舌面、蹄部和乳房等部位出现大小不一的水疱或水疱破烂后形成的烂斑，严重者蹄壳脱落流血、跛行或卧地不起而瘦弱死亡。幼畜常发生无水疱型口蹄疫，引起胃肠炎、急性心肌炎、心搏骤停而突然死亡，死亡率高达 50%以上。

人通过接触或饮食而发生感染，潜伏期为 2～18 d，发病突然，表现为发热、头痛、呕吐或腹泻，2～3 d 后口腔内有干燥和灼烧感，唇、舌、齿龈、面、鼻翼、咽部以及手指、足趾等身体多处出现水疱，水疱破裂后形成结痂，逐渐愈合，有的形成溃疡，愈合快不留疤痕。严重的患者有咽喉痛、吞咽困难、血压低、神经炎、心肌炎以及肺部继发感染甚至死亡的现象。

(3)传染途径　口蹄疫病毒具有传染途径多、传播速度快的特点。发病初期和处于潜伏期的动物是主要的传染源。病畜和带病毒的畜产品及其分泌物、排泄物污染的空气、饲料等都可传给易感动物。其主要传播途径是消化道和呼吸道、损伤的皮肤及皮肤黏膜等身体组织，还可通过空气、灰尘、病畜的水疱、唾液、乳汁、粪便、尿液、精液等分泌物和排泄物以及被污染的饲料、褥草以及接触过病畜的人员的衣物进行传播。口蹄疫病毒通常在人与人之间无传染性，人与动物之间可交互传染，即把病毒传染给牲畜动物，再度引起牲畜间口蹄疫流行。

(4)预防措施

①做好消杀工作。口蹄疫病毒对热、酸和碱敏感，可以使用这些方法对可能受到污染的车、船等运输工具或饲槽等用具进行消毒。保持圈舍清洁卫生，每半个月用石灰水消毒一次。

②加强动物的检验检疫工作。防止食品中有病毒的污染和食品加工过程中造成的交叉污染。患病动物性食品应立即销毁，不得流入市场，禁止进出口不合格并携带病毒的畜产品。

③加强疫苗接种工作。我国对口蹄疫的防治主要通过注射接种有效疫苗，发生感染口蹄疫的牲畜应以无出血方法捕杀，对病畜生活过的环境进行无害化处理，如消毒、封锁隔离、深埋、焚烧等措施。

④加强员工管理。做好日常培训和引导工作，对参与捕杀的工作人员、密切接触感染牲畜的人员，应当配备合适的防护工作服，提供员工清洗消毒专用场所，配备无腐蚀性的消毒液、肥皂液等洗涤剂，正确浸泡手及衣物，做到充分的清洗和消杀。

5. 疯牛病病毒

(1)病原体　疯牛病病毒是一种朊病毒，主要分布在病牛的脑、颈部脊髓、脊髓末端，侵犯牛中枢神经系统而引起牛海绵状脑病变。其症状类似羊瘙痒病，易传播，病死率可达100%。这类病毒不含核酸，没有病毒形态，能够抵抗蛋白酶，破坏免疫反应，却能在动物体内复制，传染性强，危害性大，对人类和动物的健康产生巨大危害。疯牛病病毒经2%～5%的次氯酸钠、紫外线、离子辐射、超声波、非离子型去污剂、蛋白酶等一般的物理、化学方法不能彻底杀灭。

(2)病原特征　牛因食用被疯牛病病毒感染的肉和骨髓制成的饲料，经胃肠消化吸收，经过血液到大脑，导致大脑被破坏并失去功能意识，使得病牛出现中枢神经系统紊乱，表现为行为反常、烦躁不安、步态不稳、易摔倒、头部和肩部肌肉震颤和抽搐、对声音和触摸极度敏感，常由于恐惧、狂躁产生攻击性，致死率极高。

人食用被疯牛病病毒污染的牛肉、牛脑髓，会出现睡眠紊乱、个性改变、共济失调、失语症、肌肉痉挛萎缩和进行性痴呆等症状，还有患克雅氏病的风险，严重者会在发病的一年内死亡。

(3)传染途径　疯牛病病毒可感染多个器官，感染途径多，主要为脑髓。此外，消化道、血液、脾、淋巴结、肌肉等其他组织器官均可感染，预防难度大。

病毒可以通过受孕母牛经胎盘传染给犊牛，或者可经患病动物的骨肉粉加工的饲料传播给其他的牛。

人是通过食用携带有疯牛病病毒的牛肉及其制品导致感染，或者是使用了携带疯牛病病毒的某些含有动物原料成分的化妆品(如胎盘素、胶原蛋白)引发感染。

(4)预防措施

①禁止进口有疯牛病病毒的牛羊及其加工制品，包括牛血清、血清蛋白、动物饲料、内脏、脂肪、骨及激素类等。

②一旦发现有牛感染了疯牛病，应对所有病畜及同群易感畜以无出血方法扑杀，坚决予以宰杀并进行焚化后深埋处理；并对可能污染了朊病毒的物品应尽可能焚烧处理。

③规范化生产动物饲料。做好日常检验检疫，及时发现可疑病的动物，禁止使用有可疑病的动物作为原料。

④建立高标准监测系统。与世界卫生组织和有关国家建立情报交换网，防止疯牛病在中国的出现。严格监测与朊病毒有关的各类疾病(如克雅氏病)，确保人民的身体健康。

⑤加强人员防护。从事养殖、生产加工、科研以及检验检疫人员，应当加强个人防护意识，企业应配备有效防护措施，避免影响人的健康。

⑥定期消毒杀菌。对环境中可能存有病毒的地方可以用蒸汽高温、高压消毒，5.25%次氯酸钠、2 mol/L或更高浓度的氢氧化钠进行定期消杀，日常做好防范。

引导问题

食品中的寄生虫主要有哪些种类？

三、食品中寄生虫污染及预防

寄生是指一种生物寄生在另一种生物体(即宿主)上,从宿主体中获得营养,生长繁殖并分解宿主体内营养,使宿主受到危害甚至死亡。寄生物和宿主可以是动物、植物或微生物。动物性寄生物称为寄生虫。寄生虫在宿主体内的发育分为两个阶段:一是寄生虫的幼虫和无性生殖阶段即为中间宿主,二是寄生虫在其体内能发育到成虫或有性生殖阶段即为终宿主,有的寄生虫可有多个宿主。食品中的寄生虫通过多种途径污染食品和饮水,经口进入人体后首先寄生在中间宿主上,被作为终宿主的人和动物食用后变成成虫而引起人的食源性寄生虫病、人畜共患寄生虫病的发生和流行,对人体健康产生巨大危害。因此,预防食品中寄生虫的污染对食品安全具有重要的意义。常见的污染食品的寄生虫有蛔虫、旋毛虫、肝吸虫、姜片虫等。

1. 蛔虫病

(1)病原体　蛔虫是人体内最常见的寄生虫,我国蛔虫感染率曾高达70%～90%。蛔虫具有产卵量大,虫卵抵抗力强,能直接感染人体而不需要中间宿主等特点。蛔虫成虫为长圆柱形,似蚯蚓,新鲜时为淡红色,死亡后为黄白色。雌雄异体,体形向头尾两端逐渐变细,尾部呈钝圆锥形,两侧有明显的白色侧线。未受精卵无发育能力,也无传染性,蛔虫卵对外界有较强的抵抗力。蛔虫卵在5～10 ℃条件下能存活约2年,在缺氧情况下可存活3个月左右,在22 ℃干燥环境能耐受2～3周。在潮湿、疏松、砂质土壤中能生存6年左右,在粪坑中能存活1年以上。虫卵能耐受一般化学消毒剂,在30 ℃环境下,2%磺胺、氨水等均不影响虫卵发育。虫卵不能被酱油、醋及辣椒等调味品杀灭,但对温度较敏感,日光直射或温度超过40 ℃均可被杀灭。在高温、干燥环境或暴雨冲刷下,虫卵存活时间短。

(2)病原特征　含有蛔虫虫卵的食物一旦进入人体后,卵壳在肠道内溶解,幼虫钻入肠壁,在小肠内发育为成虫,寄生数量由几条至几十条。蛔虫无中间宿主,雌虫产受精卵随粪便排出人体外,自人体感染到雌虫开始产卵需用时60～75 d。一般情况下,成虫在小肠内生存1年左右,长者可超过4年。成虫排出体外后,生存时间很短。幼虫和成虫均可对宿主造成损害,表现为机械性损伤、超敏反应、营养不良以及导致宿主肠道功能障碍。

①蛔幼性肺炎。少量蛔虫幼虫在肺部移行时,可无任何症状。如短期内进食含大量感染期蛔虫卵的蔬菜或其他食品,潜伏期7～10 d,可出现全身与肺部症状,表现为咳嗽、咳痰、咯血、发热、畏寒、乏力、伴胸闷、气促等类似急性上呼吸道感染症状,重症者可出现哮喘样发作,表现为胸痛、咽部异物感,吼喘、端坐呼吸,少数可出现痰中带血,鼻出血、声嘶、腹痛及腹泻等现象。病程持续7～10 d后,上述症状逐渐消失。

②肠蛔虫病。成人肠蛔虫病多无特殊表现,也可出现情绪不稳定、易怒、头昏、工作能力下降等。肠内大量蛔虫者可出现不同程度的消化道症状,如多食或厌食、偏食,甚至异食癖等。婴幼儿及低龄儿童患者常有消化不良、食欲减退与恶心、肚脐周围突发隐痛或绞痛、消化性溃疡症状,经过驱虫治疗后症状立即消失。严重感染者还可引起发育迟钝、智能低下、皮肤瘙痒、磨牙或惊厥、神经性呕吐、顽固性皮疹、肌肉麻痹、皮肤血管神经性水肿等。

③过敏反应。蛔虫的变应原可引起宿主皮肤、结膜、肠黏膜的过敏反应,表现为荨麻疹、腹

胀痛及结膜炎等。

(3)预防措施

①控制传染源。定期查治病人及带虫者，在感染高峰后 2～3 个月(如冬季或秋季)，针对幼儿园、小学及农村居民区等易感人群进行抽样调查，发现感染者超过半数时可进行普治，如集体服用驱虫药物。驱出的虫和粪便应及时处理，避免其污染环境。

②开展健康教育。养成良好个人卫生习惯，饭前便后洗手；不饮生水，不食不清洁的瓜果、勤剪指甲、不随地大便等。对餐馆及饮食店等应定期进行卫生标准化检查，禁止生水制作饮料等。不用手直接接触病死动物肉；不吃生的或半生的肉、蛋、乳类及其制品；屠宰、肉类加工和炊事人员工作后，一定要用肥皂或消毒液彻底消毒，清洗接触食物的部位。

③加强粪便管理。搞好环境卫生，消灭蝇、蛆、蟑螂等。建立无害化粪池，对粪便进行无害化处理，通过厌氧发酵和粪水中游离氨的作用，可杀灭虫卵，不用生粪便施肥等。

2. 旋毛虫病

(1)病原体　旋毛虫是一种很细小的线虫，成虫和幼虫多寄生于人、猪、狗、猫、鼠等几十种哺乳动物。成虫主要寄生在宿主的十二指肠和空肠上段，幼虫则寄生在同一宿主的横纹肌细胞内，在肌肉内形成具有感染性的幼虫囊包。旋毛虫的主要致病虫是幼虫，其抵抗力较强，耐低温，数量大，寿命长达 10～20 年，在 −15 ℃下可存活 20 d，腐肉中可存活 2～3 个月，一般熏、烤、腌制和暴晒等方式不能杀死幼虫，具有较强的致病力和危害性。

(2)病原特征　人吃了未彻底煮熟煮透并带有旋毛虫的病畜肉后，其幼虫可在人体内发育为成虫，在肠黏膜内寄生并产生大量新的幼虫，在移动时感染者会出现恶心、呕吐、头痛、头晕、腹泻、高烧、肌肉疼痛，甚至使肌肉运动受限等症状，潜伏期为 2～46 d，多数在 14 d 以内。轻感染者可无症状或有轻微胃肠道症状和肌痛，重感染者临床表现复杂多样，若不及时治疗，可在发病后 3～7 周内死亡，对人体可造成严重危害。根据幼虫在体内的发育阶段、侵入部位和病变程度的不同，临床表现可分为小肠侵入期、幼虫移行期和包囊形成期。

①小肠侵入期。属早期，自感染开始至幼虫在小肠内发育为成虫。由于幼虫与成虫钻入肠黏膜，以肠绒毛为食，造成黏膜充血、水肿、出血和浅表溃疡，故早期出现胃肠道症状，约半数患者有恶心、呕吐、腹泻、腹痛、便秘、厌食等，约 1 周后减退，但大多数仍感疲乏、畏寒及低热。

②幼虫移行期。属急性期，主要是幼虫移行过程中所引起的炎症反应，如急性动脉内膜炎、全身性血管炎。水肿、肌痛和发热为主要特征。发热多在感染后 1 周，呈不规则或稽留热型。热度一般在 38～40 ℃，也可高达 41 ℃，发热可持续 2 周至 2 个月或以上，多伴头痛、出汗和各种过敏性皮疹。肌痛多由幼虫到达骨骼肌开始形成包囊所致。肌肉肿胀和硬结感，有明显触痛，常为全身性，但以腓肠肌为最重，稍加触动即疼痛难忍，几乎呈瘫痪状态。重症者还可有咀嚼、吞咽说话困难、声音嘶哑、呼吸和动眼时都感疼痛。肌痛可持续 3～4 周至 2 个月以上。

③包囊形成期。即恢复期，随着肌肉中包囊形成，急性炎症消退，全身性症状如发热、水肿和肌痛逐渐减轻。患者消瘦明显、乏力，肌痛和硬结仍可持续数月。最终因包囊壁钙化及幼虫死亡而症状完全消失。严重病例呈恶病质状态，因虚脱、毒血症或心肌炎而死亡。

(3)预防措施

①加强卫生宣传教育，改变饮食习惯，不生食或食未煮熟煮透的肉类及其制品，不吃狗肉、

野猪肉等动物肉。

②改善养殖方法，合理建猪圈，提倡圈养，隔离染病动物，加强卫生和饲料管理，不用含有旋毛虫的动物碎肉和内脏喂猪，以防动物感染。

③鼠类是本病的保虫宿主，尽力灭鼠，勿使其污染食物和猪食。

④加强肉制品检验检疫，未经卫生许可的肉制品不准上市，针对个体摊贩的肉制品加大监督力度，防止病肉流入市场，须检验合格后方可出厂。

3. 肝吸虫病

（1）病原体　肝吸虫病即华支睾吸虫病，是因肝吸虫成虫寄生于人和肉食类哺乳动物的肝胆管或胆囊内致病而得名。成虫寄生于人或哺乳动物的胆管内，产生的虫卵随胆汁进入肠道内，随粪便排出体外后污染水源，在水中被第一中间宿主淡水螺吞食进入消化道内孵出毛蚴，经过一系列的发育和繁殖，最后形成许多尾蚴而逸出，再被第二中间宿主淡水鱼虾等吞食形成具有感染性的囊蚴，人因食用含活囊蚴的鱼虾而感染，在十二指肠中脱囊形成后尾蚴，沿着胆汁逆流进入肝胆管，也可经血管或穿过肠壁经腹腔进入肝胆管，经一个月后即可发育为成虫，以此往复循环感染。一般成虫可在人体内生存 20～30 年。

一般情况下，囊坳在条件为 90 ℃ 1 s 的热水中立即死亡，75 ℃ 3 s、70 ℃ 6 s 及 60 ℃ 15 s 时均能全部死亡；在含有 3.36％醋酸的食醋中可存活 2 h，在含有 19.3％ NaCl 的酱油中可存活 5 h。但有时因烧、烤、烫或蒸的烹饪方式会出现温度不够、时间不足或肉质过厚等原因而不能杀死全部囊坳。

（2）病原特征　肝吸虫病在人体内潜伏期为 1 个月左右，轻度感染常无明显症状，在病人粪便中发现虫卵，少数有轻度上腹部不适、腹泻等。重度感染会导致胆管局部性扩张，管壁增厚，大量虫体可阻塞胆管，在急性期会出现过敏反应和消化道不适，如心悸、失眠、眩晕、疲乏、消化不良、食欲缺乏、消瘦、浮肿、贫血、腹痛、腹泻、肝区隐痛、肝大、肝硬化、肝腹水、发育障碍、死亡等严重危害。

（3）预防措施

①加强食品安全宣传教育工作，提高群众对疾病传播途径的认识，不吃生或半生的鱼虾，将与食物接触的器具生熟分开，水果蔬菜与生肉、熟肉分开存放。

②积极治疗病人和感染者是保护人民健康减少传染源的积极措施。

③加强粪便管理，改变养鱼的习惯，处所远离养殖区、宰杀区，防止粪便污染水源、鱼塘；并结合生产的需要清理塘泥、消毒鱼塘，对杀灭宿主螺类有一定效果。

④严禁出售未经检验检疫合格的鱼、虾等水产品，严禁使用不合格的水产品制作食物售卖，或者做成饲料喂养猫狗等动物。

4. 姜片虫病

（1）病原体　姜片虫病，简称姜片虫，是由布氏姜片吸虫寄生于人、猪肠内引起的一种人畜共患寄生虫病。这种虫体肥厚、宽大，为肉红色，呈长卵圆形，形似姜片故得名，也是寄生于人体内最大的吸虫。雌雄同体，虫卵呈淡黄色，椭圆形，成虫每日可排卵 1.5 万～2.5 万个，由于姜片虫吸盘发达，吸附力强，吸附在小肠壁，虫卵随终宿主的粪便进入水体，在适宜条件下，经 3～7 周孵出毛蚴，毛蚴在水中运动，遇到中间宿主扁卷螺钻进其体内，发育成尾蚴并逸出，吸附在菱角、茭白、荸荠、藕等水生植物的外皮上，形成囊蚴。囊蚴在潮湿情况下生命力较强，但对干燥及高湿抵抗力较弱，经 1～3 个月即可发育成成虫。成虫在人体内可存活 4～4.5 年，在猪体内约可存活 1 年。

(2)病原特征　人、猪感染姜片吸虫有季节性，一般夏、秋季是虫卵及幼虫在水中发育繁殖的关键时期，此时期温度、湿度均适宜，人们在采摘或者生食菱角、茭白等水生植物时都易感染，猪不小心食用了含有活囊蚴的青饲料如水浮莲、水萍莲、萝菜、菱叶、浮萍等也会感染。

人类因生吃菱角、荸荠、茭白等水生植物易感染姜片虫，姜片虫潜伏期为 1～3 个月，症状轻重与感染者粪便中的虫数多少、人体的健康状态及对感染的反应有关，临床上根据症状轻重可分为轻、中和重型。轻型患者没有明显症状和体征，部分可表现为食欲缺乏、上腹偶发轻微疼痛，无其他自觉症状。中型患者以消化道症状为主，常有间歇性腹痛、腹泻、恶心、呕吐、消瘦、贫血、水肿等症状。重型患者表现为全身无力、精神萎靡、营养不良、睡眠不安、咬牙、抽搐、发育障碍、脏器衰竭等，严重者会有死亡风险。

(3)预防措施

①加强人、猪粪便管理。定期开展健康体检及粪便普查，发现病人需及时治疗；规范化管理猪圈、猪饲料，进行无害化处理粪便，隔离病猪，定期给猪打疫苗。

②切断传播途径。在种植菱角、荸荠等食用水生植物的池塘或水田不使用未经无害化处理的粪便。积极开展灭螺工作，可进行水生植物与其他作物的轮种，使用化学药品如生石灰等以杀灭扁卷螺。

③预防人、猪感染。加强卫生宣传教育，普及防病知识。提倡不食生果品、不喝生水。菱角、荸荠、茭白等应熟食，或充分洗净后削去皮壳。含有囊蚴的水生饲料应经发酵、加热等方式处理后再喂猪。

5. 猪囊尾蚴病

(1)病原体　囊尾蚴病俗称囊虫病，是由牛、羊、猪带绦虫的幼虫囊尾蚴寄生于肌肉及其他组织器官引起的一种人畜共患性寄生虫病，病原体在牛体内为无钩绦虫，在猪体内为有钩绦虫。猪囊尾蚴是猪肉绦虫的幼虫，幼虫主要感染猪、野猪、犬、猫，人也可感染，成虫则寄生在人的小肠内。

猪囊尾蚴分散于猪肉中似米粒，又称“米猪肉”或“豆肉”，主要寄生在猪肌肉中，常见于舌肌、咬肌、肩腰部肌、股内侧肌及心肌等，其外形椭圆，约黄豆大小，囊壁为一层薄膜并有一个圆形黍粒大的乳白色小结，囊内充满透明的液体，外形像石榴。寄生多时，会严重影响猪的生长发育，抗病力降低，生产母猪因囊尾蚴寄生于盆腔子宫附近，会压迫子宫影响排卵受胎。

人是猪绦虫唯一的终宿主，也可成为中间宿主，而猪和野猪是主要的中间宿主。猪肉绦虫在人体寄生部位广，主要寄生在皮下组织、肌肉、脑和眼等部位，通常只寄生 1 条，偶有寄生 2～4 条；寄生在人的小肠内，以头节上的吸盘和顶突上的小钩吸附在肠壁黏膜上，孕卵节片从虫体脱落后从人的粪便排出，节片破裂后散布虫卵，虫卵被猪或人进食而感染，患者粪便中排出的虫卵对本人及其周围人群均有传染性。

人通常是生食或半生食带活囊尾蚴的肉，又或者未经高温无害化处理的猪肉后，猪囊尾蚴就会进入消化道吸取营养，经 5～12 周发育为成虫并长期寄生于肠道内引发感染，之后随粪便排出孕节和虫卵。

(2)病原特征　猪体感染轻微时一般无明显症状，当猪体抵抗力较弱、感染大量虫体或是某个器官受损害时才可见到症状。主要表现为消瘦、营养不良、生长迟缓、贫血、前肢僵硬、声音嘶哑、咳嗽、呼吸困难、吞咽困难、器官衰竭等症状。

猪囊尾蚴寄生在人体内，人体被感染时，出现肌肉酸痛、僵硬、抽搐、癫痫、瘫痪、失明、感觉障碍、脑膜刺激、共济失调、昏迷、脊髓压迫、弥漫性脑水肿等症状，严重的导致死亡。

(3)预防措施

①加强屠宰检疫工作。凡检出的病尸，需采用冷冻和高压等方法规范进行无害化处理；禁止出售或购买病肉。

②加强卫生工作。发现病人应及时进行药物驱虫，清除感染源。养殖场应将人、畜粪便分开管理，避免交叉污染。

③加强宣传教育工作。不吃生或未熟透的肉制品，器具要分类使用。

④采取高温堆肥，消灭粪便中一切寄生虫卵。一旦患有绦虫病，应尽快彻底治疗并消灭传染源。

实践训练

填写食品加工的生物性危害分析工作单

分析灭菌乳加工过程的生物性危害并填写危害分析工作单(表 3-1)。

表 3-1 ________ 生物性危害分析工作单

企业名称： 产品名称： 企业地址：			预期用途和消费者： 贮藏和销售方法： 包装方式：	
加工步骤	危害因子	潜在危害是否显著	危害显著的理由	预防措施
例：原料处理(牛乳)	细菌：大肠杆菌、沙门氏菌等 病毒：口蹄疫病毒、疯牛病病毒 寄生虫：弓形虫、蛔虫、绦虫等	是	牛的生长环境一般在养殖场或天然牧场，环境较为复杂，易感染各种微生物等因素，牛乳头不易清理，新鲜牛乳会携带大量病菌	做好环境消杀，给牛接种疫苗，做健康体检，对牛乳头进行消毒和清理后再挤奶，鲜牛奶经过巴氏杀菌或者高温灭菌再进行加工、灌装等工序

拓展资源

1. 食品微生物学检验标准(GB 4789 系列)
2. 国家微生物资源平台
3.《冷链食品生产经营新冠病毒防控技术指南》

项目测试

一、单选题

1. 下列哪项不属于人畜共患传染病?(　　)

A. 禽流感　　B. 口蹄疫　　C. 疯牛病　　D. 麻风病

2. 花生最易受到(　　)污染而出现食品安全问题。

A. 大肠杆菌　　B. 黄曲霉菌　　C. 酵母菌　　D. 金黄色葡萄球菌

二、多选题

1. 下列哪项属于食品中生物污染的因素?(　　)

A. 病毒　　B. 寄生虫　　C. 细菌　　D. 真菌

2. 食品中哪些生物污染能引起胃肠道疾病(　　)。

A. 沙门氏菌　　B. 副溶血性弧菌　　C. 轮状病毒　　D. 姜片虫

3. 肉毒素引起的食物中毒症状有(　　)。

A. 言语障碍　　B. 眼球震颤　　C. 四肢麻痹　　D. 全身无力

三、判断题

1. 食品的生物性污染中以病毒污染的范围最广,危害最大。(　　)
2. 所有寄生虫污染都可以导致腹泻。(　　)
3. 所有的霉菌都可以产生毒素,并使人致病甚至死亡。(　　)
4. 毒蕈中毒是非细菌性食品污染,也是中国最常见的食物中毒。(　)
5. 牛误食了展青霉毒素污染的饲料造成中毒。(　　)

项目四

化学性危害与控制

学习目标

知识与技能目标

1. 了解食品中化学性危害的种类及特点；
2. 掌握食品中化学性危害的污染途径及预防措施；
3. 能够正确填写化学性危害分析工作单。

素养目标

1. 培养学生环境和生态保护意识，可持续发展的理念，高度的社会责任感；
2. 培养学生法治意识、规则意识。

预习导图

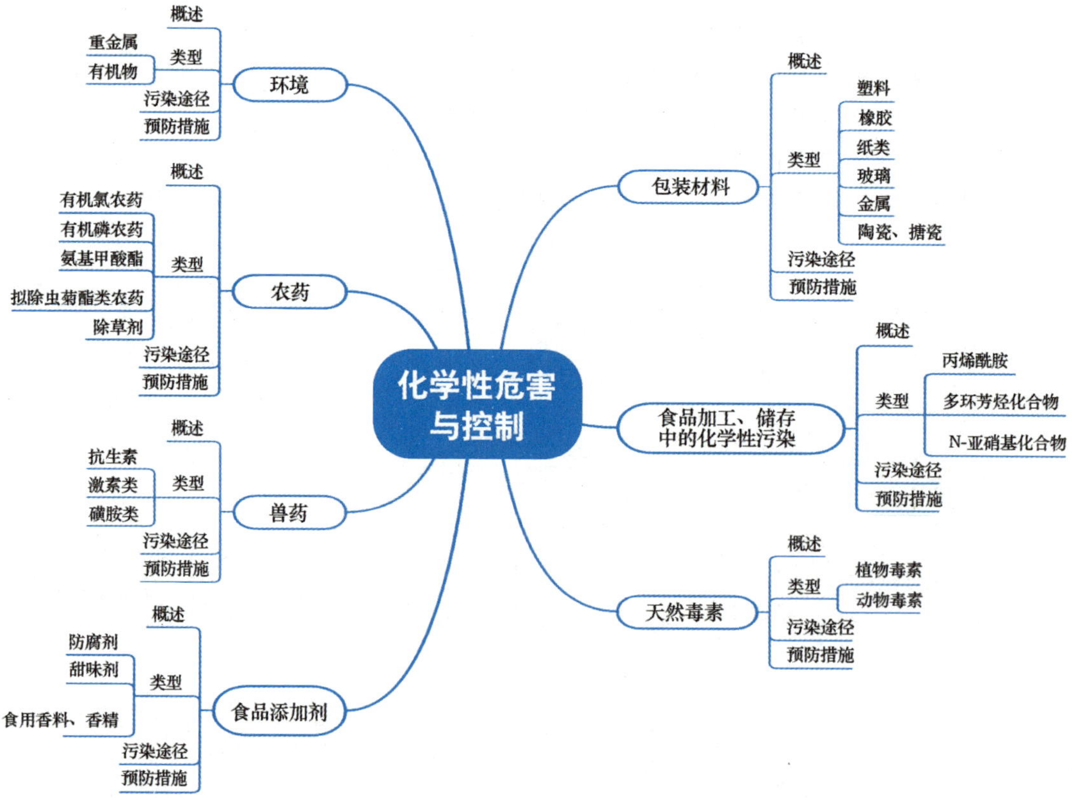

基础知识

引导问题

食品生产中可能存在的环境导致的化学性危害有哪些？

一、环境

（一）概述

随着工业化的发展，环境中化学污染物的种类和数量日益增多，工业生产产生的废气、废渣、废水经过水、土壤、大气等方式进入人类生活的环境中，其有害成分被植物吸收且残留，通过食物、水、空气再次进入动物体内，在食物链中循环，最终影响人类的健康。例如，某些金属元素如铅、汞、镉、砷进入人体后能产生中毒反应，某些人体必需的微量元素如铬、锰、锌、铜等摄入过量也会对人体产生不同程度的毒性作用，还有些仪器设备中产生的有机物如多氯联苯、二噁英对食品和饲料造成直接污染。环境中化学污染物对人体健康的影响，环境中化学污染物普遍存在，煤油、木材、煤炭、污浊的空气、被污染的食品等，这些有害且具有较强蓄积毒性的化学污染物进入人体后排出缓慢，通过食物链的生物富集作用在人体内达到很高的浓度，干扰人体内分泌和代谢系统，易引起人体急性、亚急性和慢性中毒，严重时会对人体生殖系统、神经系统、内分泌系统造成巨大危害。因此，根据环境污染物的类型，我们将其分为无机污染物和有机污染物，无机污染物又分为非金属污染物和重金属污染物，其中重金属污染物和有机污染物对人体健康产生的危害尤其突出。

（二）类型

1. 重金属

环境中的金属物质可以通过饮食与饮水进入人体，并能产生一定的作用，如钾、钙、钠、镁、铁、锌、铜等人体的必需元素能够维持人体正常生理功能；而汞、镉、铅、砷等一些有毒重金属少量摄入就会对人体产生毒性作用，还会造成人体神经系统损坏、生殖生育能力降低、胎儿畸形死亡等严重危害。食品中重金属除汞以外，其他基本上是以气溶胶的形态进入大气中，它们在自然界中不易被生物降解，通过人为的环境破坏、滥用农业兽用化学品、人类生活污水排放以及不规范的食品加工等因素，经过自然沉降和降水进入土壤，农作物通过根系从土壤中吸收，也可通过叶片从大气中吸收气态或尘态的铅和汞等重金属元素，经食物链的生物富集作用进行循环累积，还能影响体内酶的抑制作用，引起细胞膜通透性改变，最终影响人体的健康。常见的重金属污染有：

（1）铅　对人体各系统均有毒害作用，但人体从食品中摄入的铅只有 5%～10%被消化道吸收，大部分从尿和粪便中排出。通过食物摄入的铅在体内长期蓄积可对造血系统、神经系统、免疫系统、内分泌系统、肾脏功能及骨代谢产生慢性损害，表现为贫血、厌食、癫痫、神经衰弱、神经炎和消化系统的症状，儿童表现为生长发育迟缓、智力低下等。

（2）砷　在环境中由于受到化学作用和微生物作用，大都以无机砷和烷基砷的形态存在。不同形态的砷，其毒性相差很大。三价砷化合物的毒性大于五价砷化合物，砷化氢和三氧化二砷（俗称砒霜）毒性最大。长期接触砷，会引起细胞中毒、恶性肿瘤、胎盘损害、四肢痉挛、呼吸麻痹等危害。

（3）汞　主要在动物体内有较强的蓄积作用，主要对人体的神经系统、肾脏、肝脏等造成不可逆的损害，导致视力模糊、说话震颤、尿毒症、过敏休克等症状。

（4）镉　可导致组织缺血，干扰铜、钴、锌等微量元素的代谢，阻碍肠道吸收铁，抑制血红蛋白合成，抑制肺泡巨噬细胞的氧化磷酰化的代谢过程，对肺、肾、肝、脑、骨骼及血液系统均可造成损害，具有致癌、致畸和致突变作用，还能引起“痛痛病”的发生。

2. 有机物

（1）二噁英　国际上已明确二噁英是一类致癌物，主要来源于工业废气、汽车尾气、家庭燃煤、垃圾焚烧和纸浆的氯漂白等产物中，是一种在环境中广泛分布的持久性有机污染物。二噁英在环境中非常稳定，难以降解，亲脂性高，具有生物累积性，没有遗传毒性，主要危害人体的免疫系统，干扰内分泌平衡，具有致癌、免疫及生理毒性，是目前世界上已知毒性最强的化合物，被称为“世纪之毒”。二噁英家族共200余种化合物，其中2,3,7,8-四氯二苯二噁英毒性最强。食品中的污染形式包括空气沉积和淤泥传播，易发生在种植和养殖过程。最易受二噁英污染的食品为亲脂性的动物性食品，例如某些塑料饲料袋，尤其是聚氯乙烯袋、经漂白的纸张或含油墨的旧报纸包装材料等都会将二噁英转移至饲料或含油脂的食品中，从被二噁英污染的纸制包装袋向牛奶的转移仅需几天的时间。人体内95%的二噁英是通过呼吸和食物链富集进入，可长期蓄积在体内，极难排出，微量的污染可造成人体许多复杂的疾病，如前列腺癌、乳腺癌、睾丸癌、肝中毒、生殖毒性、发育毒性、致畸性和免疫力低下等。

（2）多氯联苯　多氯联苯是一种性质稳定的人工合成有机物，易在脂肪中富集，其挥发性低、耐热不燃、导热性好、工业用途广泛，常作为绝缘剂、润滑剂、塑料增塑剂、冷却剂、油漆、油墨和无碳复写纸的配料，因此其污染也较为广泛。环境、食品和人体组织中的多氯联苯降解速度非常缓慢，极易严重污染水生生物及水产品且有残留，某些食品包装材料中含有的多氯联苯也可直接污染食品。对人的危害主要表现为眼皮肿胀、视力障碍、指甲和黏膜有色素沉着、恶心、呕吐、腹痛和肝功能紊乱等。

（三）污染途径

食品中有毒金属污染主要是通过在食品加工、运输、储存过程中，由包装物、容器、管道、添加剂等含有的毒金属元素对食品造成的污染；由于农药、特殊地质环境、人为因素引起的环境污染而导致动、植物体内的重金属含量超标，进入食物链后造成的食品污染。

有机物污染主要是通过动物源性食品将其从环境带入人体，尤其是具有高脂肪成分的食品以及工业事故造成对食品和饲料的直接污染。

（四）预防措施

（1）加强对有毒有害物质的危险性评估和危险性管理方面的研究，妥善保管有毒、有害物质，防止误食误用及人为污染食品。

(2)加强对食品从原料到产品的检测，严格限制食品加工设备、管道、包装材料和容器等有毒物质的含量，不得超过国家卫生标准，严格按照国家限量标准和检测方法执行。

(3)消除污染源，严格监管工业“三废”和城市生活垃圾的排放，禁止焚烧固体垃圾和作物秸秆，加强对垃圾填埋场的监管，减少对农业环境的污染。

(4)利用生物降解作用对已有的环境中化学污染物处理及修复，对已经污染的食品进行及时处理。

(5)开展流行病学研究、食品卫生学调查和实验室检验工作，严格执行各类食品中有毒、有害金属的最高允许限量标准，限用或禁止使用含有毒金属的农药，加强食品安全监督与检验，强化质量管理，完善食品安全检验检测体系。

(6)加强食品安全教育，提高公众环保意识，加强群众监督，共同保护自然生态环境，维护人体健康。

引导问题

食品中农药的污染途径和预防措施？

二、农药

(一)概述

农药是指用于预防、消灭或控制危害农业、林业的病、虫、草和其他有害生物，以及有目的地调节植物、昆虫生长的化学合成，或来源于生物、其他天然物质的一种物质或几种物质的混合物及其制剂。农药的使用可以有效防治作物虫害、杂草、疾病、鼠害，保证农业稳产、高产，满足人们对农副产品需求，但是过多、过滥地使用农药，对生态环境和身体健康都会产生较大危害。目前世界上使用的农药原药多达 1 500 种，我国目前使用的农药也有 200 余种原药和近 1 000 种制剂。按其主要用途分为杀虫剂、杀菌剂、杀螨剂、熏蒸剂、植物生长调节剂或除草剂等；按化学结构分为有机磷、有机氮、有机硫、氨基甲酸酯、拟除虫菊酯、有机氯、有机砷及有机汞等；按来源分为矿物源农药(无机化合物)、生物源农药(天然有机物、抗生素、微生物)及化学合成农药；按毒性分为剧毒类、高毒类、中等毒类和低毒类。

农药残留是指在农业生产中，农药施用后在一段时期内没有被分解，由于日晒、雨淋、风吹、高温挥发和植物代谢等作用，部分农药的有效成分逐渐分解、减少，但又不能全部消失，残存农药附着在农作物上并残留于生物体、收获物、土壤、水源、大气中，通过植物果实、水和大气到达人畜体内，或者通过环境、食物链最终传递给人畜。农药残留的数量称为残留量，表示单位是 mg/kg。

农药及农药残留对人体的危害包括急性中毒、慢性中毒，有些还具有致癌、致畸、致突变作用。急性中毒多见于职业性中毒或误食，中毒轻者感觉头痛、头晕、无力、恶心；中度中毒者出现乏力、呕吐、肌肉震颤、心慌；中毒严重者出现全身抽搐、昏迷、心力衰竭至死亡等。长期食用或接触带有农药残留的农产品，对人体会产生慢性毒害作用，农药在人体内会产生蓄积，损害人体的神经系统、内分泌系统、生殖系统、肝脏和肾脏，引起结膜炎、皮肤病、不育、贫血等疾病。

（二）类型

1. 有机氯农药

有机氯农药是一类应用最早的高效广谱杀虫剂，具有高度的化学、物理和生物学的稳定性，在高温及酸性环境中都较稳定，易溶于脂肪和多种有机溶剂（如乙醇、汽油等），挥发性小，难以分解，容易在农作物、土壤及生物体内蓄积，尤其在含脂肪的组织和含脂质的谷物外壳中蓄积最多，残留期长，能持续造成环境、食品污染以及人体危害。

常见的有机氯农药主要分为以苯为原料和以环戊二烯为原料两大类，包括双对氯苯基三氯乙烷（DDT ）、六六六（BHC ），以及杀螨剂三氯杀螨砜和三氯杀螨醇等、杀菌剂五氯硝基苯和百菌清等。我国于 1984 年已停止使用有机氯农药。

由于有机氯农药的脂溶性强，在脂肪中蓄积最多，动物性食品的残留高于植物性食品，含脂肪多的食品高于含脂肪少的食品，猪肉高于牛、羊、兔肉，淡水产品高于海洋产品，植物性食品中的污染趋势是按植物油、粮食、蔬菜、水果的顺序递减，因此有机氯农药在食品加工过程中经单纯的洗涤不能去除。有机氯农药中毒表现主要是刺激神经中枢，损伤肝脏、肾脏，影响机体酶的活性，引起代谢紊乱，干扰内分泌功能，降低白细胞的吞噬功能与抗体的形成，损害生殖系统，使胚胎发育受阻，导致孕妇流产、早产和死产，还具有致畸、致癌作用。轻度中毒表现为四肢无力、头痛头晕、食欲缺乏，体重减轻、小脑失调、造血器官障碍等；重度中毒则出现呼吸、心跳停止、抽搐、麻痹至死。

2. 有机磷农药

有机磷农药是指用于防治植物病虫害的含有有机磷的有机化合物，是人类最早合成而且仍在广泛使用的一类杀虫剂。有机磷农药化学性质不稳定，在自然界极易分解而失去毒性，污染食品后残留时间较短，在生物体内蓄积性也较低，主要在植物性食品中残留，尤其是水果和蔬菜最易吸收有机磷，且残留量高。

目前生产使用的有机磷农药有 60 余种，使用的多为高效低毒低残留的品种，如乐果、敌百虫、杀螟松、倍硫磷，还有毒性极低的马拉硫磷、双硫磷、氯硫磷、锌硫磷、碘硫磷、地亚农、灭蜈松等。

有机磷属于神经毒剂，急性中毒表现为抑制血液和组织中胆碱酯酶的活性，引起乙酰胆碱在体内大量积聚而出现一系列神经中毒症状，如出汗、震颤、共济失调、精神错乱、语言失常等；慢性中毒表现为神经系统、血液系统和视觉损伤；多数有机磷农药无明显的致癌、致畸、致突变作用。人们常说的农药中毒和死亡主要由有机磷农药引起。

3. 氨基甲酸酯

氨基甲酸酯农药具有高效、低毒、低残留的特点，无特殊气味，易溶于有机溶剂，在酸性环境下稳定，遇碱分解，易被土壤微生物分解，且不易在生物体内蓄积，毒性比有机磷农药轻，但属于 2A 类致癌物，广泛用于杀虫、杀螨、杀线虫、杀菌和除草等方面，对虫害选择性强，药效快，对温血动物、鱼类和人的毒性较低。

氨基甲酸酯农药中毒机理和症状基本与有机磷农药类似，属可逆性胆碱酯酶抑制剂，还可经呼吸道、消化道、皮肤黏膜进入人体，在体内经水解、氧化和结合迅速代谢，并随尿排出。急性中毒时患者出现流泪、肌肉无力、震颤、痉挛、低血压、瞳孔缩小，甚至呼吸困难等胆碱酯酶抑制症状，重者出现心功能障碍，甚至死亡。目前使用较多的氨基甲酸酯类农药有速灭威、西维因、涕灭威、克百威等。

4. 拟除虫菊酯类农药

拟除虫菊酯农药是一类模拟天然除虫菊酯的化学结构而合成的杀虫剂和杀螨剂，有效成分是天然菊素，具有高效、广谱、低毒、低残留的特点，不溶于水或难溶于水，易溶于多种有机溶剂，对光、热和酸稳定，遇碱时易分解，脂溶性小，易降解，广泛用于杀灭和防治蔬菜、水果、粮食、茶叶、棉花和烟草等农作物的害虫。

拟除虫菊酯类农药的毒性作用机制是通过改变神经细胞膜的钠离子通道功能，引起神经细胞传导阻滞或重复放电而阻断神经传导，表现出神经系统损害的症状，如痉挛；对人和哺乳动物的毒性均较低，进入体内后进行氧化和水解等反应而生成酸、醇的水溶性代谢产物而排出体外，因此由于该农药蓄积性弱，不易引起慢性中毒，若误服或生产性接触会造成急性中毒。急性中毒时主要表现为流涎、多汗、意识障碍、言语不清、反应迟钝、视物模糊、肌肉震颤、呼吸困难等，重者可致昏迷、抽搐、心动过速、瞳孔缩小、对光反射消失、大小便失禁、心衰和呼吸困难而死亡。目前，有近 20 种拟除虫菊酯农药投入使用，主要品种有氯氰菊酯、氰戊菊酯、溴氰菊酯和甲氰菊酯等。

5. 除草剂

除草剂是一种可使杂草彻底地或选择性地发生枯死的药剂，使用较为广泛，品种也逐渐增多，具有高效、低毒、广谱、低用量、污染小的特点，一般在农作物生长的早期使用。除草剂主要通过植物吸收，并进行降解和蓄积，进而对食品造成污染。

多数除草剂对人畜的急性毒性较低，但某些除草剂会使动物产生甲状腺肿瘤和其他肿瘤，有些还含有亚硝胺类物质，甚至会导致致癌、致畸、致突变。目前，常用的除草剂有苯氧羧酸类、二苯醚类、酰胺类、二硝基苯胺类、均三氮苯类。

（三）污染途径

（1）农药在生产和使用中，可经消化道、呼吸道和皮肤黏膜进入人体，而通过食物进入人体的农药，占进入人体总量的 90%左右。

（2）食品在原料采购和预处理、加工、运输、贮存及销售过程中，使用被农药污染的容器、运输工器具，间接污染食物。

（3）动物和植物从污染的环境中吸收农药施用后，一部分会散落在土壤、大气和水等环境中，成为环境污染物。植物、水生动植物可从被污染的土壤或水中吸收农药，畜禽类则可通过被污染的植物或水吸收农药，最终引起农药的残留。

（4）农药污染环境后经食物链传递，使农药的轻微污染造成食品中农药的高度残留和对健康的危害。

（5）食品在储存和运输中与农药混放、混装均可造成污染。

(6)故意或者不小心误食含有毒性的农药。

(四)预防措施

(1)加强对农产品中农药残留量的监督管理和检测工作,并严格按国家标准使用农药。

(2)限制农药在食物中的残留量,严格按照农药的使用范围、用药量、用药次数施药,在规定的安全期采收农产品。

(3)加强对农户的教育培训和指导,防止由于工作失误而导致农药污染食品。

(4)改进食品清洗、烹调及食用方法,确保农药残留量达到安全标准以下。

(5)消除残留于食品中的农药,农药主要残留于粮食的糠麸、蔬菜的表面和水果的表皮,可用机械或热处理的方法予以去除或减少含量。

(6)制定和执行农药残留限量标准,积极研制和推广使用低毒、低残留、高效的农药新品种,尤其是开发和利用生物农药,逐步取代高毒、高残留的化学农药。

引导问题

食品中兽药的污染途径和预防措施?

三、兽药

(一)概述

兽药是指用于预防、治疗、诊断畜禽等动物疾病,有目的地调节其生理机能,并规定作用、用途、用法、用量的物质(含饲料药物添加剂),主要包括血清制品、疫苗、诊断制品、微生态制品、中药材、中成药、化学药品、抗生素、生化药品、放射性药品及外用杀虫剂、消毒剂等,在我国包括用于家畜、家禽、宠物、野生动物、水产动物和蚕、蜂等的各种药物。

兽药残留是指动物在应用兽药(包括药物添加剂)后,蓄积或储存在细胞、组织或器官内,或进入泌乳动物的乳或产蛋家禽的蛋中的药物原型以及有毒理学意义的代谢物和药物杂质。兽药残留既包括原药,也包括药物在动物体内的代谢产物和兽药代谢产物中所伴生的有害杂质。

由于在养殖过程中易出现使用有质量问题的兽药、非法添加违禁或淘汰药物、某些有效成分无法检出、不遵守休药期规定、乱用和滥用药物、屠宰前用药等现象,导致这些残留的兽药在人体和环境中产生毒性作用、细菌耐药性、菌群失调、激素副作用、内分泌紊乱、过敏反应、变态反应、"三致"作用和生态环境毒性等危害。兽药残留不仅对人体健康造成直接危害,而且对畜牧业和生态环境也造成很大威胁,最终将影响人类的生存安全,同时也影响经济的可持续发展和对外贸易。常见的残留兽药有抗生素类、磺胺药类、呋喃药类、抗球虫药、激素药类和驱虫药类。

(二)类型

1. 抗生素

我国抗生素使用广泛，抗生素的总产量和品种数居世界前列。抗生素可防治疾病，具有促进动物生长、改善动物产品品质等作用，但会在动物性食品中残留，在养殖业应用很普遍。按照在畜牧业上应用的目标和方法，将抗生素分为两类，治疗动物临床疾病的抗生素和用于预防和治疗亚临床疾病的抗生素。尽管使用抗生素作为饲料添加剂有许多副作用，但是由于抗生素饲料添加剂除防病、治病外，还具有促进动物生长、提高饲料转化率、提高动物产品的品质、减轻动物的粪臭、改善饲养环境等功效，因此抗生素作为饲料添加剂使用已经很普遍。

常用饲料药物添加剂的抗生素有盐霉素、马杜霉素、黄霉素、土霉素、金霉素、潮霉素、伊维菌素、庆大霉素和泰乐菌素等。其中，由革兰氏阳性菌引起的疾病，如猪丹毒、破伤风、炭疽、马腺疫、气肿疽、牛放线菌病、葡萄球菌性、链球菌性炎症、败血症等，可选用青霉素类、头孢菌素类、四环素类、大环内酯类、林可霉素等；由革兰氏阴性菌引起的疾病，如巴氏杆菌病、大肠杆菌病、沙门氏菌病、肠炎、泌尿道炎症等，可选用氨基糖苷类、氟喹诺酮类等；由耐青霉素、金黄色葡萄球菌所致呼吸道感染、败血症等，可选用耐青霉素酶的半合成青霉素，如苯唑西林、氯唑西林，也可选用大环内酯类和头孢菌素类抗生素；由绿脓杆菌引起的创面及尿路感染、败血症、肺炎等，可选用庆大霉素、多黏菌素等；由支原体引起的猪喘气病和鸡慢性呼吸道病，则应首选氟喹诺酮类药，如恩诺沙星、红霉素、泰乐菌素、泰妙菌素等。

抗生素多为天然发酵产物，是临床应用最多的一类抗菌药物，使用过量易引发人体超敏反应，轻症表现为血压下降、皮疹、身体发热、血管神经性水肿、血清病样反应等，重症表现为过敏性休克甚至死亡。长期摄入抗生素残留超标的动物性食品，还能损害听力及肾脏功能。抗生素种类有很多，为控制动物食品药物残留，必须严格遵守休药期，控制用药剂量，选用残留低毒性小的药物，并注意用药方法与用药目的一致。

2. 激素类

激素是由内分泌腺或内分泌细胞分泌产生，在极微量的水平对机体生理过程起重要调节作用的物质。20 世纪人们发现激素类生长促进剂能够促进动物生长并在畜牧业中得到广泛应用。但由于激素残留不利于人体健康，产生了许多负面影响，许多种类现已禁用。我国农业农村部规定，禁止将所有激素类及有激素类作用的物质作为动物促进生长剂使用，但在实际生产中违禁使用者还很多，这给动物性食品安全带来了很大威胁。

在畜禽饲养上应用激素制剂有许多显著的生理效应，如提高动物的繁殖和加快生长发育速度，加速催肥，提高胴体的瘦肉与脂肪的比例等。激素的种类很多，按化学结构可分为固醇和类固醇(主要有肾上腺皮质激素、雄性激素、雌性激素等)、多肽或多肽衍生物(主要有垂体激素、甲状腺素、甲状旁腺素、胰岛素、肾上腺素等)两类。按来源可分为天然激素和人工激素，天然激素是指动物体自身分泌的激素；人工激素是指用化学方法或其他生物学方法人工合成的一类激素。易产生残留的激素类药物主要是己烯雌酚、己烷雌酚、双烯雌酚和雌二酚，还有非法添加的盐酸克伦特罗，俗称“瘦肉精”，是一种高选择性的兴奋剂和激素。

摄入激素残留超标的动物性食品，会影响人体的正常生理机能，并具有一定的致癌性，可能导致儿童早熟、儿童发育异常、儿童异性趋向等。

3. 磺胺类

磺胺类药物是一类具有广谱抗菌活性、性质稳定、使用简便等优点的人工合成的抗菌药，广泛应用于兽医临床，自 20 世纪 30 年代后期开始用于治疗人的细菌性疾病，并于 1940 年开始用于家畜，1950 年起广泛应用于畜牧业生产，用以控制某些动物疾病的发生和促进动物生长。在兽医临床上应用磺胺药对大多数革兰阳性和阴性细菌都有抑制作用，在食源性动物的饲养中，磺胺类药物不仅作为兽药被广泛用于兽医临床对细菌感染性疾病的防治，有时也被用作饲料添加剂。磺胺类药物根据其应用情况可分为三类：用于全身感染的磺胺药，如磺胺嘧啶、磺胺甲基嘧啶、磺胺二甲嘧啶；用于肠道感染、内服难吸收的磺胺药物；用于局部的磺胺药，如磺胺醋酰。

磺胺类兽药主要通过输液、口服、创伤外用等用药方式或作为饲料添加剂残留在动物性食品中，易在肉、蛋、乳中残留。长期摄入含磺胺类药物残留的动物性食品后，药物可不断在人体内蓄积，经肾脏排出，在尿中浓度较高，溶解度低，当尿液偏酸性时，可在肾盂、输尿管或膀胱内析出结晶，产生刺激和阻塞，造成泌尿系统损伤，引起结晶尿、血尿、管型尿；还能引起人体过敏反应、抑制造血系统、细菌产生菌抗药等危害。

（三）污染途径

动物在食用兽药后，药物经各种途径分布到几乎全身各个器官，也可通过泌乳和产蛋过程残留在奶和蛋中，药物以原型或代谢产物的方式通过粪便、尿液等排泄物排出体外，进入生态环境，造成环境土壤、表层水体、植物和动物等的兽药蓄积或残留，最终对人和环境造成危害。进入体内兽药的量随着时间推移而逐渐减少，经一定时间内残留量可在安全标准范围内，即可屠宰动物或允许动物产品（奶、蛋）上市，这一段时间称之为休药期。休药期是依照在动物体内的消除规律确定的，药物在动物体内的消除规律就是按最大剂量、最长用期给药，停药后在不同的时间点屠宰，采集各个组织进行残留量的检测，直至在最后时间点采集的所有组织中均检测不出药物为止。

（四）预防措施

（1）按照《兽药管理条例》加强兽药的生产经营管理，严厉打击制售假劣兽药行为，禁止所有激素类及有激素样作用的物质作为动物促生长剂使用。

（2）牢固树立质量安全意识，严格建立农产品生产过程兽药使用记录，制订实施兽药使用培训计划，普及法律、法规和养殖技术，指导农产品生产经营者对症选药、科学用药，规范兽药使用行为。

（3）加强监督监测的安全性，减少因消费动物性食品而致健康损害的危险性。

（4）制定和严格执行食品中兽药残留限量标准，逐步解决兽药残留含量过高等问题，严格规定休药期。

引导问题

怎样预防食品添加剂造成化学性污染？

四、食品添加剂

（一）概述

食品添加剂具有改善风味、调节营养成分、防止食品腐败变质、提高食品的加工效率、防止水分散失，保持新鲜度、改善和提高食品的营养价值等特点，对食品产业的发展起着重要的作用，可以说没有食品添加剂就没有现代食品工业。但近几年食品添加剂使用的安全性引起了人们的关注。在食品加工业中，因超范围使用、超限量使用、滥用非食品加工化学添加剂、使用质量不合标准的食品添加剂等问题成为我国食品添加剂在使用和规范化管理上的一大难题。通过医学和食品毒理学的大量研究发现，有些食品添加剂能引起人体内分泌失调、过敏反应，与致畸、致突变、致癌和毒性有关。为进一步打击在食品生产、流通、餐饮服务中违法添加非食用物质和滥用食品添加剂的行为，保障消费者健康，国家加大了对违法行为的打击力度，科普宣讲正确认识食品添加剂的使用剂量和受众人群，切实维护广大人民群众的健康权益。

我国《食品安全国家标准　食品添加剂使用标准》(GB 2760—2014)规定的食品添加剂分为22类，主要有酸度调节剂、抗结剂、消泡剂、抗氧化剂、漂白剂、膨松剂、胶基糖果中基础剂物质、着色剂、护色剂、乳化剂、酶制剂、增味剂、面粉处理剂、被膜剂、水分保持剂、营养强化剂、防腐剂、稳定剂和凝固剂、甜味剂、增稠剂、食品用香料和食品工业用加工助剂。下面我们就简单介绍几种人们关注较多的食品添加剂。

（二）类型

1. 防腐剂

防腐剂是为防止食品腐败变质，延长储存期和保鲜期，通过作用于微生物的细胞壁和细胞膜系统、细胞原生质、酶或功能蛋白，破坏微生物的细胞结构和功能，从而延缓或抑制食品中的微生物。

防腐剂按照来源可分为化学合成防腐剂和天然防腐剂，化学合成防腐剂包括酸型、酯型和无机盐型，天然防腐剂包括动物源防腐剂、植物源防腐剂和微生物源防腐剂。常用的酸型防腐剂有苯甲酸、山梨酸和丙酸（及其盐类）；酯型防腐剂有对羟基苯甲酸酯类、尼泊金酯类及抗坏血酸棕榈酸酯；无机盐型防腐剂有二氧化硫、亚硫酸盐、焦亚硫酸盐等；动物源防腐剂有蜂胶、鱼精蛋白、抗菌肽和壳聚糖等；植物源防腐剂有果胶分解物、香精油、茶多酚等；微生物源防腐剂有纳他霉素、细菌素、乳酸链球菌素等。

一般情况下，防腐剂进入人体内后，参与到正常的代谢活动，不在体内蓄积，随尿排出，几乎是没有毒性的。但若违规操作，导致人体过量食用，也会造成皮肤、眼睛、黏膜及肠胃的损伤，因此使用时应当严格按照标准用量执行。

2. 甜味剂

甜味剂的种类很多，一般具有甜味的食用原料都应属甜味剂的范畴，对于蔗糖、葡萄糖、果糖等物质因其除了有甜味外，能供给人体能量，被视作食品原料，因此未列入我国有关甜味剂的标准中。甜味剂的分类方法也较多，按照不同的分类方法又可分为不同的种类。按来源分为天然甜味剂和人工合成甜味剂，天然甜味剂有木糖醇、山梨糖醇、甘露醇、麦芽糖醇、甜菊糖苷、甘草、奇异果素、罗汉果素等；人工合成甜味剂有糖精钠、环己基氨基磺酸钠、乙酰磺胺酸钾、三氯蔗糖、甜蜜素等。按营养价值分为营养型和非营养型甜味剂，它们都是指与蔗糖甜度相等时的含量，当热值相当于蔗糖热值2%以上的甜味剂称为营养型，低于其2%的甜味剂称为非营养型，我们也可以将不参与代谢的甜味剂称为非营养型甜味剂。

通常所说的甜味剂是指人工合成的非糖甜味剂、糖醇类甜味剂和天然非糖甜味剂3类。人工甜味剂虽然化学性质稳定，耐热耐酸耐碱，不易分解，但相对于天然甜味剂，其甜味不够纯正，带有后苦味和金属异味，且不是食物的天然成分，从食品安全角度还是有一定的隐患。例如糖精钠、甜蜜素是目前国际上争论最多的两种甜味剂，它们除了在味觉上引起甜的感觉外，对人体无任何营养价值，过量食用会引发食品安全事件，轻者会影响人的味觉器官、肠胃消化功能、食欲，重者会引起血小板减少而造成急性大出血、器官损害及致癌等恶性中毒事件。

3. 食用香料、香精

食品在加工过程中，常常要添加少量香料，以改善或增强食品的香气和香味，这些香料被称为食品用香料。香料工业生产出来的天然香料和人造香料，由于香气品质不能满足人们的需求，除个别品种外，一般不单独使用。通常将数种乃至数十种香料，按照一定的比例调和成具有某种香气或香型和一定用途的调和香料，这种调和香料称为香精。香精主要包括食用香精、日化香精、熏香类香精等，其中食用香精就是以大自然的含香食物为模仿对象，用各种安全性高的香料及辅助剂调和而成，并用于食品的香味剂。在香型方面，大多数是模仿各种果香而调和的果香型香精，其中使用最广泛的是橘子、柠檬、香蕉、菠萝、杨梅5大类果香型香精，大多用于饮料产品中；酒香型香精主要为柑橘酒香、朗姆酒香、松香酒香、白兰地酒香及威士忌酒香等；在糕点、糖果中主要为杏仁香、胡桃香、香草香、可可香、咖啡香、奶油香、奶油太妃香、焦糖香等；在方便食品中各种肉味香精则比较常见。

由于香料品种多，目前经过安全性评价的香料数量比较少，香料属于"自我限量"的食品添加剂，用量很小，并且经过稀释后，每种香料在香精中所占的比例就更小。不少天然香料已有上千年的食用史，一般情况下在正常使用范围内无毒性问题；天然香料的安全性要高于人工香料。

(三)污染途径

食品添加剂在食品生产加工前后得以应用，通过食物进入人体后，经过代谢形成低级的酸、醛以及其他中间产物等物质，通常情况下是可以完全代谢和利用的，不易在人体蓄积，被分解后从尿中排出体外，因此在一定的浓度范围内不会对人体造成显著伤害。

（四）预防措施

（1）加强市场监督管理，食品生产经营应严格按照《食品安全国家标准　食品添加剂使用标准》（GB 2760—2014）、《食品添加剂卫生管理办法》《食品添加剂质量规格标准》的要求执行。

（2）宣传和普及食品安全知识，引导广大群体正确认识食品添加剂，在食品的生产、加工和储存等过程中，严格按照使用范围及使用剂量，选用符合质量指标、无毒无害、易被检测出的食品添加剂。

（3）规范市场经营渠道，严禁使用非定点生产厂家生产的、无生产许可证及过期或污染、变质的食品添加剂。食品添加剂不能用来掩盖食品腐败变质等缺陷，也不能用来对食品进行伪造、掺假等违法活动。

（4）强化企业的法律意识，积极推行食品国家标准、法律法规条件等方面的学习和培训，建立和完善相应的质量控制体系，提高全体员工防患于未然的食品质量安全决心。

引导问题

塑料包装材料有哪些安全问题？

五、包装材料

（一）概述

食品包装是指用合适的材料、容器、工艺、装潢、结构设计等手段将食品包裹和装饰，以便在食品的加工、运输、储存、销售过程中保持食品品质或增加其商品价值；食品容器、包装材料则是指包装、盛放食品用的纸、竹、木、金属、搪瓷、陶瓷、塑料、橡胶、天然纤维、化学纤维、玻璃等制品和接触食品的涂料，具有无毒无害、耐高温耐油脂、抗酸碱、防水保湿保温、防虫鼠、耐水耐油耐腐蚀、避光防热抗寒性、抗折抗冲击抗摩擦、便于携带、回收、生产、运输和储存等特点。现代包装技术可大大延长食品的保存期，保持食品的新鲜度，提高食品的美观和商品价值。

随着化学工业与食品工业的发展，新的包装材料越来越多，包装材料直接和食物接触，很多材料成分可迁移到食品中，造成食品的化学性污染，给人体带来危害。所以应该严格注意它们的卫生质量，防止产生有害物质向食品迁移以保证人体健康。我国《食品包装容器及材料分类》（GB/T 23509—2009）规定了食品包装容器及材料的类别，有塑料包装容器及材料、纸包装容器及材料、玻璃包装容器、陶瓷包装容器、金属包装容器及材料、复合包装容器及材料、其他包装容器（木质、竹材、搪瓷、纤维）7 大类。

(二)类型

1. 塑料

塑料是以一种高分子聚合物树脂为基本成分，再加入一些用来改善性能的各种添加剂制成的高分子材料，具有原料来源丰富，成本低廉，质量轻，运输方便，化学稳定性好，易于加工，装饰效果好，以及良好的保护作用等特点，被广泛应用于食品包装业。塑料因在生产时所用的原材料树脂及其残留的单体、裂解物及老化易产生有毒物质，在制作过程中添加的稳定剂、增塑剂、着色剂，回收再利用时附着的一些污染物和添加的色素等可对食品和环境造成严重的污染，并能引起人体四肢血管的收缩而产生痛感，损害神经系统、骨髓系统和肝脏，具有致癌性和致畸性。

按照加热及冷却时呈现的性质不同，把塑料分为热塑性和热固性两类。热塑性塑料主要具有链状的线形结构，在特定温度范围内能反复受热软化和冷却硬化成型，常用的有聚乙烯、聚丙烯、聚氯乙烯、聚苯乙烯、聚碳酸酯等；热固性塑料耐热性好、刚硬较脆、不熔，易分解，不能反复塑制，常用的有脲醛树脂、三聚氰胺以及氨基塑料、酚醛塑料等。下面介绍食品生产中常见的几种塑料制品。

(1)聚乙烯(PE)　为半透明和不透明的固体物质，是乙烯的聚合物，其性质稳定，耐腐蚀耐热但不耐高温、吸水率小，有一定的伸缩性和抗冲击性，无毒或低毒，被认为是最安全的塑料。一般分为低密度聚乙烯和高密度聚乙烯两种，低密度聚乙烯易溶于油脂，主要用于制造食品塑料袋、保鲜膜等；高密度聚乙烯主要用于制造食品塑料容器、管等。

(2)聚丙烯(PP)　是由丙烯聚合而成的一类高分子化合物，防潮耐高温，透气透光，可制成薄膜、食品塑料袋、保鲜盒、饮料瓶、编织袋或食品周转箱等；聚乙烯和聚丙烯的单体沸点均较低且易于挥发，一般无残留，但其回收再生品不能再次用于制作食品的包装容器。

(3)聚苯乙烯(PS)　燃烧时冒黑烟，耐寒耐腐蚀不耐热，耐酸碱，无色透明、无弹性，易着色、对油脂不稳定，应用于快餐饭盒或食品包装袋用覆盖薄膜等，具有一定的毒性，使用时尽量避免用快餐盒装滚烫的食物，以防苯乙烯融入食物中。

(4)聚氯乙烯(PVC)　是氯乙烯的聚合物，容易残留氯乙烯单体，在塑料制品中添加增塑剂如邻苯二甲酸酯类、磷酸酯类、柠檬酸酯类、脂肪酸酯类及脂肪族二元酸酯类等以增加可塑性，对人体产生毒性和致癌作用。其透明度较高，易老化和分解，接触食品后可使铅、钙、镉、锌、锡等硬脂酸盐溶于饮料类食品，一般用于制作雨衣、建材、工业用薄膜、盛装液体用瓶、管道等。

(5)聚碳酸酯(PC)　具有无毒、无味、耐油脂的特点，用于制造食品的模具、婴儿奶瓶等，可接触多种食品。聚碳酸酯树脂本身无毒，但其以双酚 A 与碳酸二苯酯为原料，原料之间进行交换时产生有毒的中间体苯酚具有异味和毒性，影响食品安全。

(6)三聚氰胺甲醛(蜜胺)和脲醛　三聚氰胺甲醛由三聚氰胺与甲醛缩合热固而成；脲醛塑料即电玉，由尿素与甲醛缩合热固而成；二者均可制作食具，广泛用于餐具、杯子以及食品包装材料等，可耐 120 ℃高温，一般情况下，性质较稳定，但经过光照、加热、遇酸或反复使用后，残留的单体及其衍生物会溶于食品中，危害人体健康。

(7)聚对苯二甲酸乙二醇酯　可制成直接或间接接触食品的容器和薄膜，但其含有的锑、锗、钴和锰的催化剂易残留，一般用于制作复合薄膜。

2020 年 1 月，国家发展改革委、生态环境部印发《关于进一步加强塑料污染治理的意见》

提出要求：自2021年1月1日起，全国禁止生产和销售一次性发泡塑料餐具；全国餐饮业禁止使用不可降解的一次性塑料吸管，暂不禁止牛奶、饮料等食品外包装自带的吸管；在直辖市、省会城市和计划单列城市的商场、超市、药店、书店等场所，餐饮打包外卖服务，各类展会活动中禁止使用不可降解塑料购物袋，暂不禁止连卷袋、保鲜袋和垃圾袋；在地级以上城市建成区、景区景点的餐饮堂食服务中禁止使用不可降解的一次性刀、叉、勺。

2. 橡胶

橡胶是一种高分子聚合物，分为天然橡胶和合成橡胶两类。天然橡胶是从橡胶树、橡胶草等植物中提取胶质后加工制成，是以异戊二烯为主要成分的不饱和态的直链高分子化合物，在体内不被酶分解，也不被吸收，因此可被认为是无毒的；合成橡胶品种较多，是由各种单体经聚合反应而得，因此可能存在着未聚合的单体及添加剂的安全问题，食品工业中规定使用红、白两种色泽的橡胶，黑色橡胶为非食品工业用。

合成橡胶产生的危害主要表现为以下几个方面：丁基橡胶的单体为异丁二烯、异戊二烯，有麻醉作用；丁腈橡胶的单体丙烯腈耐热性和耐油性较好，但毒性较大可引起流血并有致畸作用；氯丁二烯橡胶的二烯单体局部接触有致癌作用；硅橡胶的毒性较小，可用于食品工业，也可作为人体内脏器使用。此外，橡胶添加剂也会对人体产生一定的危害，如硫化促进剂可促进橡胶硫化作用，以提高其硬度、耐热度和耐浸泡性，分为无机促进剂和有机促进剂，前者对人体较为安全，后者中的乌洛托品加温时可分解出甲醛，亚乙基硫脲对动物有致癌性；防老剂可提高橡胶的耐曲折性和耐热性，但其成分中含有的苯基β-萘胺、联苯胺对动物均有致癌性，尤其是β-萘胺可致膀胱癌，已禁止在食品用橡胶中使用；填充剂中白色的为氧化锌、黑色的为炭黑。炭黑在燃烧时易产生苯并[a]芘等有害物质。

3. 纸类

食品包装纸是以纸浆和纸板为主要原料的包装制品，应当满足无毒、抗油、防水防潮，密封性高等要求，且符合食品包装安全要求的用于包装食品的纸。纸类包装材料具有加工性能良好、印刷性能优良、便于复合加工、卫生安全性好、原料来源广泛、品种多样、成本低廉、质量较轻、便于运输、废弃物可回收利用以及无白色污染等特点，它在现代化的工业体系中占有重要的地位。常用的食品包装用纸有牛皮纸、羊皮纸和防潮纸等，其中牛皮纸主要用于外包装；羊皮纸可用于奶油、糖果、茶叶等食品的包装；防潮纸又称涂蜡纸，有良好的抗油脂性和热封性，主要用于新鲜蔬菜等食品的包装。常用的纸板有黄纸板、箱纸板、瓦楞纸板、白纸板等。造纸的原料包括纸浆和助剂。

一般情况下，纯净的纸浆是无毒的，但由于农作物在种植过程中使用农药、化肥等物质，导致稻草、麦秆、甘蔗渣等天然的制纸原料受到残留农药及重金属污染；或回收含有铅、镉、多氯联苯等有危害的油墨、颜料的废旧纸作为原料；或者残留的加工助剂如硫酸铝、氢氧化钠、亚硫酸钠、次氯酸钠、荧光增白剂等产生毒性；或经过加工处理，纸和纸板中通常会有一些杂质、细菌和化学残留物，都会影响包装食品的安全性。

4. 玻璃

玻璃是一种惰性材料，主要成分为二氧化硅和其他氧化物，具有无毒无味、化学性能稳定、阻隔性好、不透气、价格便宜、成型性好、加工方便及可重复使用等特点，是一种比较安全的包装材料，常用于各种饮料、罐头、酒、果酱、调味料、粉体等食品的包装。但一些带有颜色的有色玻璃在生产时需要用金属盐作为着色剂，如蓝色玻璃需添加氧化钴，茶色玻璃需添加石墨，淡白色和深褐色玻璃需用氧化铜和重铬酸钾，无色玻璃需用硒等，因此在使用时需要严格控制金属盐的添加量及杂质含量。玻璃包装材料一般都可循环使用，新购买的玻璃容器在使用前一定要用洗涤剂清洗后再使用，避免加工时残留的化学物质产生危害性。

5. 金属

金属包装材料及其制品性质不稳定，不耐酸碱，容易腐蚀，食品与金属制品直接接触会造成砷、镉、铅、铬、镍等金属物质的溶出，并产生异味，树脂和油类作为涂层有一定的危害性，主要表现为对神经系统、骨髓系统、造血系统及器官病变等。如白铁皮镀有的锌层、铝制容器主要含有的铅和锌、不锈钢材料中的镍元素等，这些物质在使用中都会与食物中不稳定物质如色素、氨基酸、挥发物质、淀粉等发生糊化、变性等化学反应，还可能会析出或生成有害物质，影响食物成型后的感官性质和食品安全性。

6. 陶瓷、搪瓷

陶瓷是陶器与瓷器的统称，流传于我国远古时期，以陶土或者瓷土为原材料，将瓷釉覆在用黏土、长石和石英等混合物烧结成的坯胎材料上，通过混炼、成型、干燥、焙烧等步骤制成的产品，烧结温度高达 1 000～1 500 ℃，安全无毒，具有绝缘、耐腐蚀、耐高温、高熔点、高硬度、高耐磨性、耐氧化、密度低、耐辐射等特点，广泛用于碗、盘、筷子、茶具、厨房用具、瓷砖等方面。

搪瓷又称珐琅，最早流传于古埃及时期，以金属为原料，是将瓷釉涂覆在金属坯胎上，经过涂搪、干燥、焙烧、检验等步骤制成的产品，烧结温度为 800～900 ℃，安全无毒。搪瓷可以防止金属生锈，使金属在受热时不至于在表面形成氧化层并且能抵抗各种液体的侵蚀，具有高硬度、耐高温、耐磨以及绝缘，装饰点缀，易于洗涤洁净等特点，可见搪瓷制品兼备了金属的强度和瓷釉华丽的外表以及耐化学侵蚀的性能，因此被广泛用于脸盆、茶缸、精美餐具、花瓶、墙砖等方面。

陶瓷和搪瓷容器本身无毒，但在制作过程中其坯体上涂的彩釉、瓷釉、陶釉等是由铅、锌、镉、钡、钛、铜、铬、钴等多种金属氧化物及其盐类组成的，若过量加入或者使用不当可能会产生有害物质进而对人体产生危害，比如用它们盛装酸性食品（如醋、果汁）时，易将铅和镉等金属元素溶出而迁入食品，甚至引起中毒，带来安全问题。

（三）污染途径

食品包装材料上有一些可溶解、降解、分解、软化、脱落、残留或相互利用引起化学反应等现象的有毒物质，随着食品原材料进入食品加工过程中，其中一部分残留在食品中，人们误食了被污染的食品后，经过消化道被吸收，这些有毒物质部分随尿排出，还有一部分残留在人体内，阻碍细胞的新陈代谢，诱发细胞毒性作用，从而对人体造成危害。

（四）预防措施

（1）加强食品包装容器、包装材料的卫生管理，按照我国有关法律、法规、卫生标准和管理办法，针对食品包装用纸的原材料、加工助剂、配方、生产工艺、新品种审批、抽样及检验、运输、储存、销售以及卫生监督等方面进行严格监管。

（2）严格执行质量标准，生产的食品包装容器、包装材料和食品用工具、设备必须符合相应的国家标准和其他有关的卫生标准，并按照卫生标准和卫生管理办法检验，合格后方可出厂和销售，在生产、运输、储存的过程中应防止受到污染。

（3）加强生产审批程序管理，建立健全规范化生产制度，提高产品质量，产品必须有清晰、完整的生产厂名、厂址、批号、生产日期和产品卫生质量合格证。

引导问题

食品加工、储存中的化学性污染有哪些？

六、食品加工、储存中的化学性污染

（一）概述

生活中很多美食都离不开烧烤、煎制、烟熏、油炸、烘烤、腌制等加工技术，他们能够改善食品的外观和质地、增加风味、延长保存期和提高食品的可食用度，被广泛应用于餐饮、企业、小作坊、地摊等经营场所，但加工中可能会产生一些有毒有害的物质如丙烯酰胺、N-亚硝基化合物、多环芳烃和杂环胺等影响我们的健康，从而导致食品出现新的安全问题。

食品加工、储存中的化学性污染

（二）类型

1. 丙烯酰胺

丙烯酰胺易溶于水、乙醇、丙醇，稍溶于乙酸乙酯、氯仿，微溶于苯，是制造塑料的化工原料，广泛用于生产化工产品，是国际已确定的致癌物。在食品工业中，高碳水化合物、低蛋白质的植物性食物如马铃薯制品、咖啡及其类似制品、烘烤谷物类食品在煎、炸、烤等 120 ℃以上高温加工处理时易产生丙烯酰胺。

丙烯酰胺进入人体之后，所产生的代谢产物环氧丙酰胺是主要的致突变活性物质，此化合物能与细胞中的 RNA 发生反应，并破坏染色体结构，从而导致细胞死亡或病变，在人体消化道中吸收很快，在各组织中分布广泛，90%可被代谢，少量以原型经尿液排出。丙烯酰胺需积累到一定剂量才发病为迟发性中毒，轻者表现为头痛、嗜睡、麻木感、手掌脱屑、手足多汗、刺激眼睛等症状，重者表现为小脑功能障碍、瘫痪、神经损伤、基因突变、染色体异常生殖发育障碍、致畸、致癌等。

2. 多环芳烃化合物

多环芳烃化合物是一类由两个以上苯环组成的化合物，不溶于水，易溶于有机溶剂，在碱性介质中较为稳定，在酸性介质中不稳定，是一类非常重要的环境污染物和化学致癌物，其中苯并[a]芘对人类危害最大。各种有机物，如煤、柴油或汽油等的不完全燃烧、食品加工中营养成分如油脂受高温发生裂解与热聚合等反应、机械上的润滑油污染食品、铺沥青的柏油马路上晾晒粮食都能产生苯并[a]芘。

苯并[a]芘可侵入人体不同部位及脏器，如肺、肝、食道、胃肠等，主要在肝脏代谢，经肠道吸收后迅速分布于各组织器官和造血系统，最后从粪便排出，排泄物中绝大部分为代谢产物，多数脏器在摄入后几小时就可检出苯[a]并芘及其代谢物。长期接触这类物质可能诱发皮肤癌、阴囊癌、肺癌等，还具有致畸性和遗传毒性。

3. N-亚硝基化合物

N-亚硝基化合物是一大类具有═N—N═O基本结构的有机化合物，按其分子结构可分为N-亚硝胺和N-亚硝酸胺两大类，其中N-亚硝胺在中性和碱性环境中较稳定，但在酸性溶液中及紫外线的照射下可缓慢分解，发生去亚硝基作用，是间接致癌物，以二甲基亚硝胺的致癌作用最强；N-亚硝酸胺化学性质活泼，在酸性或碱性条件下均不稳定，是直接致癌物。亚硝酸盐在酸性环境下形成 N_2O_2，与胺类化合物反应，受到pH、微生物、硫氰酸根离子(SCN^-)等因素的影响，形成具有致畸作用和致突变作用的N-亚硝基化合物。在加工和干燥过程中形成N-亚硝基化合物，也可以在体内合成。

许多食物中都存在硝酸盐、亚硝酸盐，如土壤中含有的氮肥使植物中含有较多的硝酸盐和亚硝酸盐。在一定条件下硝酸盐可转变为亚硝酸盐，天然动物性和植物性食品中的蛋白质、氨基酸、磷脂、肽类、肌酸、肌酐等含有的胺类化合物，经过腌制、烘烤、煎炸、熏制、高温加热、发酵和不当贮藏、长期保存或腐败变质，产生亚硝基化反应，合成亚硝胺。与此同时，在食品工业中，亚硝酸盐作为防腐剂和发色剂，用于腌制食品如腊肠、肉肠、灌肠、火腿和午餐肉等加工肉制品，过量使用会造成对食品的污染。

(三)污染途径

有些食物经过高温、熏烤等方法加工时产生的有毒有害物质，过量食用后与人体中蛋白质、脂肪、碳水化合物等营养成分发生化学反应，通过酶系统作用进行代谢，一部分残留在体内，损害人体器官和血液循环，一部分随尿排出。

(四)预防措施

(1)严格执行我国现行的《食品安全国家标准　食品中污染物限量》(GB 2762—2022)中规定的改进食品加工方法，加强危险源的监测，开展人群风险评估，改变饮食习惯，防止食品霉变和污染。

(2)改进食品生产加工方法，尽量食用新鲜的食物原料，尽量不使用熏制、烘烤、高温油炸等烹饪方法加工食物，不用有危害的材料生产或包装食品；防止润滑油污染食品，或改用食用油作润滑剂等。

(3)加强环境治理，减少环境对食品的污染。防止工业生产对水域、土壤、空气的污染；用活性炭吸附去毒；利用日照或紫外线照射破坏有害物质的结构，降低其含量。

引导问题

天然的植物毒素和动物毒素有哪些？

七、天然毒素

(一)概述

天然毒素

动植物天然毒素是指一些动植物中存在的某种对人体健康有害的非营养性天然物质成分，或因储存方法不当在一定条件下产生的某种有毒成分。由于含天然毒素的动植物外形、色泽与无毒的品种相似，易引起食物中毒的发生，造成巨大的经济损失，因此在食品加工和日常生活中应引起人们的足够重视。天然毒素的结构复杂，种类繁多，与人类关系密切相关的天然毒素主要存在于动物和植物中，包括苷类、生物碱、酶类、酚类及其衍生物、毒蛋白和肽、非蛋白类神经毒素等。

(二)类型

1. 植物毒素

植物是人类和动物赖以生存的重要食物来源，世界上有30多万种植物，但因部分植物体内含有有毒物质，而能够供给人类食用的不过数百种，比如粮食作物、油料作物、蔬菜、水果等食用植物也会含有一些有毒物质。植物的毒性主要取决于其所含的有害化学成分，如毒素或致癌的化学物质，它们虽然含量少，却严重影响了食品的安全性。常见的植物毒素有以下几种。

(1)苷类　豆角、芸豆、四季豆等菜豆含有皂苷，没有完全煮熟时会导致腹痛、腹泻、呕吐、头晕、心慌、胸闷、冷汗、四肢发麻等中毒反应；生的苦杏仁、桃仁、李子仁、樱桃仁含有氰苷，食用后在胃肠道中分解产生氰氢酸，导致口苦、流口水、头晕、头痛、恶心、呕吐、心前区不适、身体乏力等中毒反应；芦荟的全汁或叶汁及其干燥品中含有有毒的芦荟苷会损坏肠黏膜引起腹痛及盆腔充血，严重时造成肾脏损害。

(2)生物碱　烟草的茎、叶中含有的烟碱可以引起头痛、失眠、咽炎甚至癌症等危害；发芽的马铃薯含有的龙葵素能引起呕吐、脱水、意识障碍，严重者可引起脑水肿、呼吸麻痹、致畸等中毒反应；除此之外，还有茄碱、颠茄碱、吗啡碱、秋水仙碱、黄连碱等生物碱都会引起不同程度的中毒反应，但因其独特的药理活性常被用于进行镇痛、镇痉、镇静、镇咳、收缩血管等医学治疗。

(3)毒蛋白和肽　蓖麻籽中含有一种有剧毒的蓖麻毒素，能损害肾脏、肝脏，对红细胞产生凝集和溶解作用，麻痹呼吸中枢、血管运动中枢等；蘑菇中含有毒蕈能造成肝肾损害、精神错乱、出现幻觉、恶心、剧烈呕吐、腹痛、腹泻、头晕、全身乏力等。

2. 动物毒素

动物及其制品是人们饮食和身体所需营养物质的主要来源，过度摄入或误食动物体内的腺体、脏器和分泌物等可干扰人体正常代谢，并引起食物中毒。例如肝脏作为重要的解毒器官，也是毒素聚集地，各种毒素大多经过肝脏处理、转化或结合，还易生长、繁殖细菌、寄生虫，易患肝炎、肝硬化、肝癌等疾病，对食品安全和人体健康造成极大的威胁；肾上腺皮质激素能够分泌脂溶性类固醇(类甾醇)激素而干扰人体正常的肾上腺皮质激素的分泌活动，甲状腺激素会扰乱人体正常的内分泌活动，高温烹饪难以去毒，他们都能引起中毒反应；贝类毒素、河豚毒素能阻碍神经和肌肉的传导，使骨骼肌、横膈肌及呼吸神经中枢麻痹，引起呼吸停止；肉毒素能抑制胆碱酯酶的释放，引起神经麻痹、恶心、呕吐和心脏衰竭等；蜂毒素能损害肝脏、肾脏功能，引起心率减慢、心律失常，甚至导致中枢和呼吸神经麻痹而死亡；雪卡毒素、鱼卵毒素能引起肌肉无力、肠道痉挛、口腔有金属味等症状。

（三）污染途径

食物中的有毒物质经消化道、呼吸道或皮肤黏膜进入人体，然后进入血液循环，经肝脏解毒后部分从尿中排出，其余分别进入全身组织和器官对人体造成不同程度的伤害。

（四）预防措施

（1）加强食品安全监督，强化检验检疫，食用动物内脏器官前必须彻底清除内脏毒物，屠宰家畜时去除腺体，以防误食。

（2）加强宣传教育，让人们了解食物毒性，学会识别有毒的部位、特征等，普及婴幼儿、中老年、体弱多病、重症病患食物的正确管理和使用指导，避免食入对身体有危害的物质引发中毒。

（3）食物加工时要煮熟煮透，保证加热时间，特殊食物要提前预处理，食用前可先查阅资料，避免因烹饪方法不当引起中毒。

实践训练

填写食品加工的化学性危害分析工作单

分析灭菌乳加工过程的化学性危害并填写危害分析工作单（表 4-1）。

表 4-1 ________化学性危害分析工作单

企业名称： 产品名称： 企业地址：			预期用途和消费者： 贮藏和销售方法： 包装方式：	
加工步骤	危害因子	潜在危害是否显著	危害显著的理由	预防措施
例：原料处理（牛乳）	环境、农药、兽药、包装材料、食品添加剂、食品加工、天然毒素	是	牛乳因牛的生长环境、加工过程中产生的一些有危害的物质，未被检测出，导致人食用后神经系统、生殖系统、消化系统、内分泌系统等多方面产生中毒反应	规范化管理养殖环境，生产加工应当严格按照国家标准执行，购买正规厂家、产地、放心品牌，经过检验的合格原料

拓展资源

1.《农药管理条例》
2.《农药登记管理办法》
3.《农药生产许可管理办法》
4.《农药经营许可管理办法》
5.《农药登记试验管理办法》
6.《农药标签和说明书管理办法》
7.《农药合理使用准则》(GB/T 8321.10—2018)
8.《兽药管理条例(2018 年修订)》
9.《兽药生产质量管理规范(2020 年修订)》
10.《食品动物禁用的兽药及其他化合物清单》
11.《食品安全国家标准　食品添加剂使用标准》(GB 2760—2014)
12.《中华人民共和国食品安全法》
13.《食品安全国家标准　食品接触用纸和纸板材料及制品》(GB 4806.8—2016)
14.《食品安全国家标准　食品接触用金属材料及制品》(GB 4806.9—2016)
15.《食品安全国家标准　搪瓷制品》(GB 4806.3—2016)
16.《食品安全国家标准　陶瓷制品》(GB 4806.4—2016)

项目测试

一、单选题

1. 广泛用于食品包装的材料有(　　)。
A. 聚氯乙烯　B. 聚乙烯　C. 聚碳酸酯　D. 聚苯乙烯
2. 下列不属于动物毒素的有(　　)。
A. 重金属　B. 河豚毒素　C. 鱼类毒素　D. 蜂毒素

二、多选题

1. 下列哪项属于兽药残留问题(　　)?
A. 土霉素　B. 甲状腺素　C. 烧烤　D. 烟熏
2. 下列哪项能引起丙烯酰胺的产生(　　)。
A. 高温　B. 油炸　C. 轮状病毒　D. 姜片虫
3. 烹饪过程中可能产生的有害物质有(　　)。
A. 苯并[a]芘　B. 亚硝胺　C. 丙烯醛　D. 环聚化合物

三、判断题

1. 腌制的蔬菜至少在 15 d 后方可食用,以防止亚硝酸盐中毒。(　　)
2. 炒过的苦杏仁中不含有苦杏仁苷,可食用。(　　)
3. 烧烤不仅使维生素受到相当大的损失,而且也使脂肪受到损失。(　　)
4. 如用明火直接烧烤,还会使食物含有苯并[a]芘致癌物质。(　　)
5. 预防有机磷中毒措施中,喷洒农药防治果树害虫必须在收获前 30 d 使用。(　　)
6. 汞和砷的有机化合物的毒性都大于其无机化合物的毒性。(　　)

项目五

物理性危害与控制

学习目标

知识与技能目标

1. 了解食品中物理性危害的种类及特点；
2. 掌握食品中物理性危害的预防及控制措施；
3. 能够填写物理性危害分析工作单。

素养目标

1. 提高安全意识，培养学生对生命、对自然的敬畏之心；
2. 培养学生实事求是，精益求精的工作作风。

预习导图

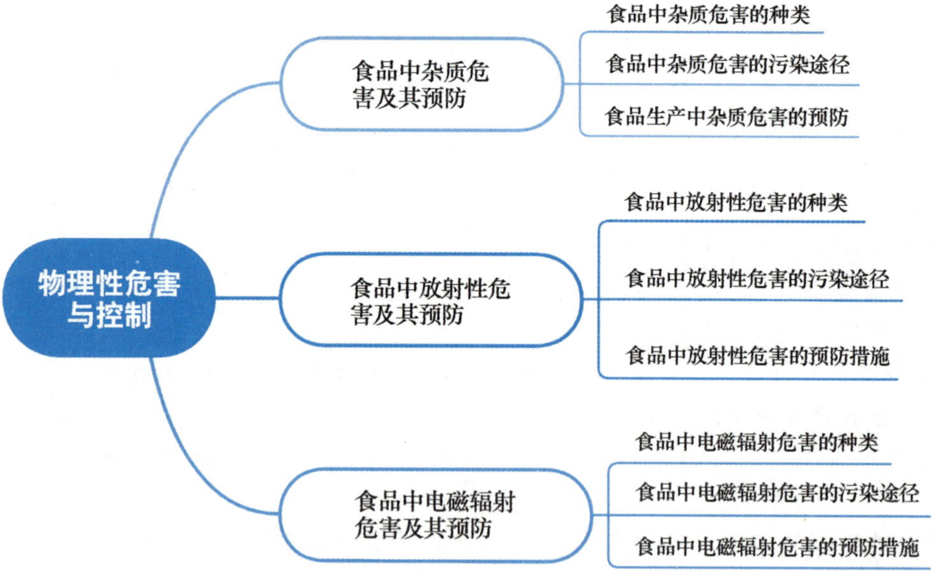

基础知识

引导问题 1

食品中杂质危害的污染途径有哪些？请用关键词制作简明易懂的污染途径分析图。

引导问题 2

食品中杂质危害的预防措施是怎样的？请用关键词制作简明易懂的预防措施分析图。

一、食品中杂质危害及其预防

（一）食品中杂质危害的种类

食品中杂质危害
及其预防

食品中杂质危害通常是指食品生产加工过程中（生产、储存、运输、消费等）由于外来物体或异物，使人产生身体疾病、心理创伤的任何非正常的有潜在危害的物质。一般情况下，食品中杂质危害易发生在从生产到消费整个食物链的各个环节，因偶然的或不规范的食品加工处理而产生。食品中杂质危害的种类主要包括：

（1）金属物　如食品生产中因切割、搅拌等操作不当的情况下，机器设备零件、订书钉、电线、挂钩、金属设备的腐蚀脆片、螺丝、铁屑等物质的脱落，可能会割伤口腔、划伤喉部、不能及时排出等产生危害。

（2）玻璃物　如食品生产、运输、储存中使用的灯具、仪表盘、温度计和包装瓶等含有玻璃材料的物品，不小心误食了因生产疏忽或人为故意破碎或损坏形成的细小的碎玻璃，造成的身体割伤、流血等危害。

（3）沙石、木屑和塑料　如来自原料或包装材料的杂质而造成的危害。

(4)头发、指甲和饰品　主要是由于员工未按照生产规范要求，让人产生恶心、呕吐等症状，造成身体的不适。

(5)昆虫及其残体　除影响食品外观外，如食品加工、运输过程中因昆虫残体可携带致病因子导致的危害，从而造成对消费者心理和身体的伤害。

(6)动物毛发、皮渣、骨头　如火腿肠等纯肉类食品中因未完全去除碎骨头、毛发、皮渣等残留对消费者的身心健康造成伤害。

(二)食品中杂质危害的污染途径

食品的杂质危害按性质分为动物性杂质、植物性杂质、矿物性杂质和外来水溶液等；按来源分为来自食品生产、储存、运输、销售的危害物和来自食品掺杂、掺假的危害物。

食品杂质的主要危害途径有以下几个：

(1)原料外来物质危害食品。

(2)加工过程中操作失误。

(3)包装材料中携带的物质。

(4)食品储存过程中的危害。

(5)食品运输过程中的危害。

(6)意外的危害。

(7)食品的掺杂、掺假，人为故意向食品中加入杂质的过程。

(三)食品生产中杂质危害的预防

食品中杂质危害是可以通过提高员工的意识，加强现场管理，全面执行先进的质量管理等方法来预防和杜绝的。食品生产中产生的杂质危害的预防关键就是防止其进入食品加工过程。预防措施包括：

(1)控制原辅材料及包装材料中可能出现的杂质危害。

(2)检查包装材料的处理和制造步骤，对玻璃包装物的检查要特别注意。

(3)优化和改进生产工艺，维护好仪器设备，加强生产过程的监控管理。例如产品经过金属探测仪、X光探测仪、强磁力棒、工业滤网、自动剔除装置等，防止金属碎屑等危害。

(4)严格规章制度，加强加工过程的监督管理和设备维护，严格按照GMP、SSOP、HACCP等控制手段强化员工培训，做好生产、卫生、管理等工作。

(5)建立完善的设施设备定检、巡检制度，确保设备正常运转，避免非食源性物质的出现；定期维护硬件设备，创造良好的生产加工环境。

(6)建立并完善食品安全计划，从原料采购、验收、储存、加工的每个环节制定完善的、可操作的制度，并且培训员工以熟知这些制度，杜绝危害源头的引入。

(7)提高员工的职业素质，养成良好的工作习惯和职业道德，爱岗敬业，不携带不必要的东西(如零食、首饰等)进入操作间，避免因员工的不慎而造成危害。

(8)加强员工的职业素质培训和安全教育，如各种杂质危害的知识和预防措施，提高员工的食品安全卫生意识。

引导问题

食品中放射性危害的种类？

二、食品中放射性危害及其预防

（一）食品中放射性危害的种类

放射性物质的危害主要是指由于人类活动排放出的放射性危害物，或从自然环境中释放出的天然放射物质，通过水及土壤危害农作物、水产品、饲料等，经过生物圈进入食品，并且可通过食物链转移，最终造成环境危害和人体危害。放射性物质危害包括天然放射性危害和人为放射性危害。

1. 天然放射性危害

天然放射性物质在自然界中的分布很广，因此天然食品中都有微量的放射性物质，通过食物链进入生物圈，成为动植物组织的成分之一。一般认为，除非食品中的天然放射性物质的核素含量很高，否则基本不会影响食品的安全，对人也是无害或者影响很小。但在特殊情况下，放射性元素可能通过动物或植物富集而危害食品，对人类产生危害。

天然放射性物质分成两类：一是为宇宙射线的粒子与大气中的物质相互作用产生，如 ^{14}C，^{3}H 等；二是地球在形成过程中存在的核素及衰变产物，如 ^{238}U，^{235}U，^{232}Th，^{40}K，^{87}Rb 等。

2. 人为放射性危害

人为放射性危害是指通过人工核反应、电子加速器和放射性核素发生器等生成的放射性核素，如 ^{137}Cs，^{90}Sr，^{60}Co 等。

（1）核试验使地球表面明显地增加了人为放射性物质。核爆炸时会产生大量的放射性裂变产物，随同高温气流被带到不同的高度，大部分在爆点的附近沉降下来，较小的粒子能进入对流层甚至平流层，绕地球运行，经数天、数月或数年缓慢地沉降到地面，因此核试验的危害带有全球性，且为放射性环境危害的主要来源。它们对食品的危害特点是：放射性物质种类多，有的半衰期长，被人类摄入机会多，有的在人体还可以长期积蓄，其中 ^{131}I，^{89}Sr，^{90}Sr，^{137}Cs，^{40}K，^{226}Ra 对食品的危害影响巨大，如 ^{131}I 是核爆炸早期裂变产物，可污染牧草，进入牛体污染牛奶后，通过消化道进入人体，造成甲状腺组织损伤；^{89}Sr，^{90}Sr 随着核爆炸产生大量的全球性沉降灰，污染食品后进入人体，大部分沉积于骨骼内，引起骨骼坏死和骨瘤；^{137}Cs 进入人体后，参与钾代谢过程，随血液分布于全身后，出现在肌肉等软组织内，主要通过尿液排出；^{40}K 通过食物进入人体，储存于软组织中，少量存在于骨组织中；^{226}Ra 通过植物性食物进入人体内的较多，大多沉积于骨组织中。

（2）原子能工业在核燃料的生产、使用与回收的核燃料循环过程中均会产生“三废”，对周围环境带来危害，以上各阶段对环境影响大致如下：核燃料的生产过程产生的放射性废物包括铀矿开采、铀水法冶炼、核燃料精制与加工过程;核反应堆运行过程产生的放射性废物包括生产性反应堆、核电站与其他核动力装置的运行过程;核燃料处理过程产生的放射性废物,包括废燃料元件的切割、脱壳、酸溶与燃料的分离与净化过程。

(3)意外事故导致核试验泄漏造成环境的危害,是危害食品的一条重要途径。如核素废物由于处理或排放不当,可随废气排入大气,小部分倾入地下或密封、深埋于地下,大部分以废水排入江、河、海等水域中,可对水产品及灌溉农田造成污染。

(4)医疗照射的射线,如治疗肺癌等疾病时,也用射线照射病灶来达到治病的目的。

(5)其他来源,如某些分析测试设备使用了放射性物质,某些消费品(如手机、电脑等)使用了放射性物质等。

(二)食品中放射性危害的污染途径

放射性物质主要经消化道进入人体,通过呼吸道和皮肤进入的较少。而在核试验和核工业泄漏事故中,放射性物质经消化道、呼吸道和皮肤这三条途径均可进入人体而对人体造成危害。

放射性物质向食品转移环境中的放射性物质可通过食物链向食品中转移,其主要的转移途径有以下三种。

(1)向水生生物体内转移　放射性物质危害水域,一部分被水吸收后消除,另一部分被水生生物组织吸收,成为水继发性危害的因素,并不断向人体转移。水中不论是溶解的或悬浮的放射性物质均可以进入水生生物体中。水生生物体积越小,相对表面积越大,吸附的放射性物质就越多,产生明显的富集作用。鱼类和水生生物可从食饵摄入,也可直接吸收水中的放射性物质。

(2)向植物组织内转移　通过灰尘、雨水和污水将放射性物质带到农田植株,可形成放射性物质的直接危害。土壤中的放射性物质通过植物根系吸收可形成放射性物质间接危害,放射性物质在植物表面聚集和向内部转移的量与放射性物质理化性质、土壤性质、植物种类和农业生产技术等因素有关。雨水的冲刷作用可降低植物表面危害量。叶类植物的表面积大,承受放射性核量也大;带纤维或带壳的籽实危害量较低。

(3)向动物体内转移　环境中的放射性物质通过牧草、饲料和饮水等途径进入畜禽体内,不仅在组织或器官中潴留,也可以从乳中排出。环境中的放射性物质通过食物链进入人体蓄积产生的潜在危害,主要是小剂量的内照射。

(三)食品中放射性危害及预防措施

放射性核素释放出能使物质发生电离的射线称为电离辐射,包括 α 射线、β 射线、γ 射线、X 射线等。食品中的放射性对人体的危害主要来源于 α 射线或 β 射线的内照射损伤。食品的放射性危害主要来源于使用放射性物质的科研、医疗及生产单位排放到环境中的放射性废物和核爆炸以及意外事故造成的核泄漏。

环境中的放射性物质,大部分会沉降或直接排放到地面,导致地面土壤和水源的危害,然后通过作物、水产品、饲料、牧草等进入食品,当其经过食物链进入人体的转移过程会受到放射性物质的性质、环境条件、动植物的代谢情况和人的膳食习惯等因素的影响,累计产生的有毒物质最终摄入人体内,从而对人体健康和生命特征产生危害。人工放射性物质也会通过大气、水源、食品等进入人体，放射性物质滞留在人体的肾、肝、骨髓、肺部等引起病变。

食品中的天然放射性物质含量很低，一般在动植物食品中会不同程度地含有天然放射性物质，进入人体的放射性物质，大部分不被人体吸收而排出体外，基本不会构成对人体的危害。食品中的放射性物质对人体产生的危害来自两个方面：

（1）外照射　即体外辐射源对人体的照射。

（2）内照射　即进入人体的放射性物质，在人体内继续发射多种射线引起内照射，当放射性物质达到一定浓度时，便能对人体产生损害，其危害性因放射性物质的种类、人体差异、浓集量等因素而有所不同，它们会损坏其他器官，出现头痛、头晕、食欲下降、睡眠障碍等神经系统和消化系统的症状，严重时引起恶性肿瘤、白血病和遗传障碍等疾病，对人体健康造成严重危害。

预防食品中放射性物质危害，以减少其对人体危害的主要措施有以下几个方面。

（1）辐射防护　可以采用屏蔽的方法，即在放射源与人体之间放置能吸收放射线的屏蔽材料，另外人应尽量减少受照射的时间和增加放射源的距离，以减少放射线对人体的照射危害。

（2）放射性废物治理　对于放射性废液，可按规定稀释排放、浓缩储存或回收利用。对于放射性固体废物，可采用焚烧、填埋等处理方法。对于放射性废气，一般要经过适当处理后由高烟囱稀释排放。

（3）加强对放射性物质危害源的卫生防护和经常性监督。

（4）规范放射源的管理和放射性废弃物的处理与净化，严格遵守操作规程，重点是防止事故的发生和对其产生的废物、废水和废气进行管理和监测，防止环境危害，这是预防环境和食品放射性物质危害的根本措施。

（5）定期进行食品安全监测，严格执行食品安全国家标准，使食品中放射性物质的含量控制在允许的浓度范围内。

引导问题

食品中电磁辐射危害主要有哪些方面？

三、食品中电磁辐射危害及其预防

（一）食品中电磁辐射危害的种类

电磁波是由同相振荡且互相垂直的电场和磁场周期性变化产生波动，通过空间传播的一种能量，其传播方向垂直于电场与磁场构成的平面，也称作电磁辐射。电磁辐射危害是指天然的和人为的各种大功率电磁辐射干扰，以及对人体的电磁辐射。按照来源将其分为两大类。

(1)天然的电磁危害源　由大气中的某种自然现象引起的，包括雷电、火山喷发、地震和太阳黑子活动引起的磁暴等，它们所产生的电磁干扰对短波通信的影响特别严重。

(2)人为的电磁危害源　人工制造的各种系统、电气和电子设备产生的电磁波，包括放电型危害源(如切断大电流电路时，产生的火花放电会产生很强的电磁干扰)、工频辐射场源(如大功率电机、变压器和输电线等附近的电磁场)、射频辐射场源(如无线电广播、电视、微波通信等各种射频设备产生的辐射，能危害近场区的工作人员)。

(二)食品中电磁辐射危害的污染途径

电磁辐射的载体为光子，不需要依靠介质传播，在真空中的传播速度为光速。电磁辐射可按照频率分类，从低频率到高频率，主要包括无线电波、微波、红外线、可见光、紫外线、X 射线和 γ 射线。人们周边所有的物体时刻都在进行电磁辐射，当电磁波在人肉眼可接收到可见光(波长为 380～780 nm)频域内时，可以被人们肉眼看到。电磁波对人体所产生的生物反应和频率、波长、功率、距离有关，其在介质中的传递路径有以下几个方面：

(1)空间辐射　通过空间直接辐射。各种电气装置和电子设备在工作过程中，不断地向其周围空间辐射电磁能量，每个装置或设备本身都相当于一个发射天线。

(2)线路传导　借助电磁耦合由线路传导。当射频设备与其他设备共用同一电磁时或它们之间有电气连接时，电磁能量可通过导线传播。

(3)复合传播　通过空间辐射和线路传导均可使电磁能量传播给受体，造成电磁辐射危害。

(三)食品中电磁辐射危害及预防措施

一般来说，食品厂在办公、生产加工时常常需要用到一些射频感应及介质加热设备、各种电加工设备、输变电设备和高压及超高压输电线等，这些都是可以产生各种形式、不同频率、不同强度的电磁辐射源。因此，电磁辐射会对人体造成不同程度的危害，各种电子设备在正常工作时，因自身产生的电磁辐射，严重的也会导致电子仪器、设备的破坏。

在高频电磁场的作用下，人体可以吸收一定的辐射能量，并因此产生生物效应——热效应。当射频电磁场的辐射强度控制在一定范围时，对人体产生良好的作用。但是超过一定范围时，则会破坏人体的热平衡，对人体产生危害。射频辐射还有非致热作用。长期在非致热强度的射频电磁辐射作用下，会引起人体神经衰弱症候和自主神经功能失调，出现乏力、记忆力减退为主的神经衰弱综合征；心悸、心前区疼痛、胸闷、易激动、脱发、月经紊乱等症状；同时也会引起眼睛的白内障和角膜损害以及破坏脑细胞和血细胞等。电磁辐射危害的防治应从产品设计、屏蔽和吸收入手，采取标本兼治的方法。

(1)从国家标准出发，对产生电磁波的各种工业和家用电器设备、产品提出较严格的设计指标，尽量减少电磁能量的泄漏。

(2)采用各种主动屏蔽和被动屏蔽的技术方法，将电磁波的影响控制在一定的范围内。

(3)将屏蔽体在电磁波作用下感应生成射频电流导入大地(射频接地)，以避免屏蔽体本身成为射频电磁波的二次危害。

(4)利用某些物质构成电磁波的吸收部件，进行吸收防护。

(5)加强城市电磁辐射的规划管理，进行区域控制。

(6)加强对电磁波产生与应用设备的技术管理和治理。

实践训练

填写食品加工的物理性危害分析工作单

分析灭菌乳加工过程的物理性危害并填写危害分析工作单(表 5-1)。

表 5-1 ______ 物理性危害分析工作单

企业名称：　　　　　　　　预期用途和消费者：
产品名称：　　　　　　　　贮藏和销售方法：
企业地址：　　　　　　　　包装方式：

加工步骤	危害因子	潜在危害是否显著	危害显著的理由	预防措施
例：原料处理(牛乳)	动物毛发	是	牛乳头未清理干净带入牛乳	严格按照国家有关的卫生标准要求执行，SSOP 控制

拓展资源

食品企业异物来源与控制方法

食品企业异物来源与控制方法

项目测试

一、单选题

1. 下列哪项不是食品中物理性危害(　　)?

A. 放射性　　B. 电磁辐射　　C. 尿素　　D. 玻璃

2. 食品中杂质危害不包括下列哪一项(　　)?

A. 碎骨头　　B. 毛发　　C. 塑料袋　　D. 大肠杆菌

二、多选题

1. 下列属于食品中杂质危害的有(　　)。

A. 金属网　　B. 螺丝　　C. 纸屑　　D. 钢丝球

2. 下列属于食品中放射性危害的有(　　)。

A. ^{89}Sr　　B. 原子能　　C. 核元素　　D. 射线

3. 食品中与电磁波辐射有关的仪器有(　　)。

A. 烤箱　　B. 变压器　　C. 微波炉　　D. 紫外灯

三、判断题

1. 消费者在购买食品时，吃到一个没有加工完全的带有碎骨头的纯肉火腿肠，只要消费者本人不追究，就不存在食品安全问题。(　　)

2. 放射性核素释放出能使物质发生电离的射线称为电离辐射。(　　)

3. 放射性物质的危害主要可通过食物链转移，对人体造成危害。(　　)

4. 电磁辐射危害通过空间辐射和线路传导均可使电磁能量传播给受体。(　　)

5. 意外事故导致核试验泄漏造成环境的危害不属于物理性危害。(　　)

项目六

各类食品的卫生管理

学习目标

知识与技能目标

1. 熟悉各类食品的主要卫生问题；
2. 掌握各类食品的卫生管理措施；
3. 能够合理运用食品安全、卫生管理知识进行食品卫生评价与管理。

素养目标

1. 培养学生遵纪守法，依法依规办事，实事求是的职业素养；
2. 提高食品安全卫生意识，增强责任感和使命感。

预习导图

基础知识

引导问题 1

粮豆类食品存在的主要卫生问题有哪些？

引导问题 2

蔬菜、水果存在的主要卫生问题有哪些？

一、植物性食品的卫生及管理

(一)粮豆类食品

粮豆类食品主要由粮谷类食品和豆类食品组成，是我国居民传统食品的主体。粮谷类食品包括以稻米、小麦、玉米、高粱、大麦、燕麦、小米和荞麦为原料经过一系列加工工序制成的符合一定标准的食品。豆类食品主要包括各种豆科栽培植物的可食种子，其中以大豆最为重要，也包括以红豆、绿豆、豌豆、蚕豆等各种杂豆为主要原料，经发酵和非发酵加工制成的豆制品。粮豆类食品在种植、收获、原材料的采购、生产、加工、运输、贮藏和销售所有环节都可能存在安全隐患，为了保证消费者的身体健康，需要对每个环节进行严格的安全控制。

1. 粮豆的主要卫生问题

影响粮豆卫生质量变化的主要因素有温度，水分，氧气，地理位置，仓库结构，粮堆的物理、化学和生物特性，以及微生物，农药，有害物质，仓虫和其他因素。

(1)霉菌和霉菌毒素的污染　粮豆在农田生长期、收获及储存过程中的各个环节均可受到霉菌的污染。当环境湿度较大、温度增高时，霉菌易在粮豆中生长繁殖并分解其营养成分，产酸产气，使粮豆发生霉变。这不仅改变了粮豆的感官性状，使其降低和失去营养价值，而且还可能产生相应的霉菌毒素，对人体健康造成危害。常见的污染粮豆的霉菌有曲霉、青霉、毛霉、根霉和镰刀菌等。

(2)农药残留　粮豆中的农药残留可来自防治病虫害和除草时直接施用的农药；农药的施用对环境会造成一定的污染，环境中的农药又通过水、空气、土壤等途径进入粮豆作物。残留在粮豆中的农药可转移到人体而损害机体健康。

(3)其他有毒有害物质的污染　我国用工业废水或生活污水灌溉农田现象十分普遍。粮豆中的汞、镉、砷、铅、铬、酚和氰化物等主要来自未经处理或处理不彻底的工业废水和生活污水对农田、菜地的灌溉。一般情况下，污水中的有害有机成分经过生物、物理及化学方法处理后可减少甚至消除，但以金属毒物为主的无机有害成分或中间产物的生物半衰期长，不易被降解，可通过富集作用严重污染农作物。

(4)仓储害虫　我国常见的仓储害虫有甲虫(大谷盗、米象、谷蠹和黑粉虫等)、螨虫(粉螨)及蛾类(螟蛾)等50余种。当仓库温度在18～21 ℃、相对湿度在65%以上时，适于虫卵孵化及害虫繁殖；当仓库温度在10 ℃以下时，害虫活动减少。仓储害虫在原粮、半成品粮豆上都能生长并使其发生变质，失去或降低食用价值。每年因病虫害造成的世界粮谷损失为5%～30%，因此，应予以积极防治。

(5)其他污染及掺杂掺假　泥土、砂石和金属是粮豆中的主要无机夹杂物，可来自田园、晒场、农具和加工机械，不但影响粮豆的感官性状，而且可能损伤牙齿和胃肠道组织。麦角、毒麦、麦仙翁籽、槐籽、毛果洋茉莉籽、曼陀罗籽、苍耳子等均是粮豆在农田生长过程中和收割时易混杂的有毒植物种子。销售过程中也可在粮豆中掺入其他杂质，如在新米中掺入霉变米、陈米的情况，在米粉和粉丝中加入有毒的荧光增白剂、滑石粉、吊白块等。

2. 粮豆的卫生管理

《食品安全国家标准　食品经营过程卫生规范》(GB 31621—2014)规定了食品采购、运输、验收、储存、分装与包装、销售等经营过程中的食品安全要求，粮豆的质量安全管理应符合该标准的相关规定，并重点做好以下工作。

(1)控制粮豆的水分和环境的相对湿度　粮豆所含的水分和环境的相对湿度是真菌生长繁殖和产毒的重要条件，因此可以采用晾干、烘干、定期翻晾等各种干燥方法来降低粮豆所含的水分含量，并采用自然通风、机械通风、全仓密闭等手段控制粮仓的相对湿度，这是保障粮豆安全储存的有效措施。一般来说，相对湿度在65%～70%时可以有效地抑制真菌、细菌和仓储害虫的生长繁殖。粮谷的安全水分含量为12%～14%，豆类的安全水分含量为10%～13%。要定期监测粮豆中的黄曲霉毒素B_1、脱氧雪腐镰刀菌烯醇、赭曲霉毒素A、玉米赤霉烯酮等真菌毒素是否符合《食品安全国家标准　食品中真菌毒素限量》(GB 2761—2017)，以保证粮豆产品的质量和食用安全。

(2)安全仓储的卫生要求　为使粮豆在贮藏期不受霉菌和昆虫的侵害，保持原有的质量，应严格执行粮库的卫生管理要求：①加强粮豆入库前的质量检查，优质粮粒应颗粒完整、大小均匀、坚实丰满、表面光滑，具有各种粮粒固有的色泽和气味；无异味、无霉变、无虫蛀、无杂质等，各项理化指标应符合食品安全国家标准；籽粒饱满、成熟度高、外壳完整、晒干扬净的粮豆贮藏性更好。②仓库建筑应坚固、不漏、不潮，能防鼠防雀。③粮库保持清洁卫生，定期清扫消毒。④控制仓库内的温度、湿度，按时翻仓、晾晒，降低粮温，掌握顺应气象条件的门窗启闭规律。⑤监测粮豆温度和水分含量的变化，加强粮豆的质量检查，发现问题立即采取措施。此外，仓库使用熏蒸剂防治虫害时，要注意使用范围和使用量，熏蒸后粮食中的药剂残留量必须符合食品安全国家标准才能出库、加工和销售。

(3)运输、销售过程的卫生要求　粮豆运输时，铁路、交通和粮食部门要认真执行安全运输的各项规章制度，做好粮豆运输和包装的卫生管理。运粮应用清洁卫生的专用车以防止粮豆受到意外污染。对装过有毒物品、农药或有异味的车船，未经彻底清洗消毒，不准装运粮豆。粮豆包装必须专用，并在包装上标明“食品包装用”字样。包装袋使用的原材料应符合卫生要求，袋上油墨应无毒或低毒，油墨不得向内容物渗透。销售单位应按食品卫生经营企业的要求设置各种经营房舍，做好环境卫生。加强成品粮卫生管理，做到不加工、不销售不符合食品安全国家标准的粮豆。

(4)控制农药及有害金属的污染　为控制粮豆中的农药残留，必须合理使用农药，严格遵守《农药合理使用准则》(GB/T 8321.10—2018)，采取的措施是：①针对农药毒性和在人体内的蓄积性，不同作物及环境条件应选用不同的农药和剂量；②确定农药的安全使用期；③确定合适的施药方式；④制定农药在粮豆中的最大残留限量标准。

控制污水灌溉应采用的措施是：①污水应经活性炭吸附、化学沉淀、离子交换等方法处理，必须使灌溉水质符合《农田灌溉水质标准》(GB 5084—2021)，并根据作物品种掌握灌溉时期及灌溉量；②定期检测农田污染程度及农作物的毒物残留量，防止污水中有害化学物质对粮豆的污染。

为防止各种贮粮害虫，常使用化学熏蒸剂、杀虫剂和灭菌剂，如甲基溴、氰氢酸等，使用时应注意其质量和剂量，使其在粮豆中的残留量不超过国家限量标准。

(5)防止无机夹杂物及有毒种子的污染　粮豆中混入的泥土、砂石、金属屑及有毒种子对粮豆的保管、加工和食用均有很大的影响。为此，在粮豆加工过程中安装过筛、吸铁和风车筛选等设备可有效去除有毒种子和无机夹杂物。有条件时，逐步推广无夹杂物、无污染物的小包装粮豆产品。为防止有毒种子的污染，应做好以下工作：①加强选种、种植及收获后的管理，尽量减少有毒种子含量或完全将其清除；②制定粮豆中各种有毒种子的限量标准并进行监督。我国规定，按质量计麦角不得大于0.01%，毒麦不得大于0.1%。

3. 粮豆制品的卫生管理

(1)粮豆制品含水分高，营养成分丰富，若有微生物污染，易引起腐败变质。而目前不少豆制品生产以手工加工为主，卫生条件比较差，污染机会大，应严格控制粮豆制品的水分含量，使其符合安全水分含量要求，延长保质期。

(2)生产加工过程应满足良好生产规范(GMP)和危害分析与关键控制点(HACCP)的要求，以保证粮食的卫生安全。

(3)储存粮食的场地环境卫生应符合《食品安全国家标准　食品经营过程卫生规范》(GB 31621—2014)要求。在销售和贮藏时最好采用冷藏车运输、小包装销售，注意防尘、防蝇、防晒。不得与其他食品混放，以免造成交叉污染。一切用于粮食的包装材料都应符合有关卫生或安全标准和相关规定，不能影响产品的感官、特性，不能向产品转移对人体健康有害的物质，其强度应足以充分保护产品。

(4)粮豆制品在感官上的变化可灵敏地反映出产品的新鲜度，如新鲜的豆腐块形整齐、软硬适宜、质地细嫩、有弹性，随着鲜度下降，颜色开始发暗，质地溃散，有黄色液体析出，产品发黏、变酸并有异味。严禁出售变质的粮豆制品。

(二)蔬菜、水果

1. 蔬菜、水果的主要卫生问题

我国蔬菜、水果在栽培过程中容易受到工业废水、生活污水、农药等有毒有害物质的污染。

(1)有害化学物质的污染

①农药污染。蔬菜和水果施用农药较多,其农药残留较严重。甲胺磷为高毒杀虫剂,应禁止在蔬菜、水果上使用,但有调查结果显示甲胺磷不仅广泛存在于各类蔬菜、水果中,且含量也较检出的其他有机磷农药含量高。近年来,由于蔬菜、水果中残留剧毒、高毒农药而引发的食品安全事件时有发生。

②工业废水中有害化学物质的污染。工业废水中含有许多有害物质,如酚、镉、铬等,若不经处理直接灌溉菜地,毒物可通过蔬菜进入人体产生危害。不同的蔬菜对有害金属的富集能力差别较大,一般规律是叶菜类>根茎类>瓜类>茄果类>豆类。

③其他有害化学物质的污染。一般情况下蔬菜、水果中硝酸盐与亚硝酸盐含量很少,但在生长时遇到干旱或收获后采取不恰当的存放、贮藏和腌制方式,会使硝酸盐和亚硝酸盐含量增加,对人体产生不利影响。近年来,蔬菜、水果在生产、运输、储存和销售的过程中受到激素类药物、“催熟剂”及“保鲜剂”(属于农药的范畴)等的污染日益受到人们的关注。如瓜果在栽培的过程中利用激素催熟,在运输储存的过程中使用“保鲜剂”来维持鲜艳的色泽、防止腐败。若长期食用含这些残留药物的蔬菜、水果,会造成内分泌功能失调,影响机体的正常生理功能。

(2)细菌及寄生虫的污染　施用人畜粪便和生活污水灌溉菜地,使得蔬菜被肠道致病菌和寄生虫卵污染的情况较严重。据调查有的地区在蔬菜中的大肠埃希菌阳性检出率为67%～95%,蛔虫卵检出率为48%,钩虫检出率为22%。水生植物,如红菱、茭白、荸荠等都有可能被姜片虫囊蚴污染,如生吃可导致姜片虫病。水果采摘后在运输、储存或销售过程中也可受到肠道致病菌的污染,污染程度和表皮破损有关。

2. 蔬菜、水果的卫生管理

(1)防止肠道致病菌及寄生虫卵的污染　应采取的措施是:①人畜粪便应经无害化处理后再施用,如采用沼气池处理不仅可杀灭致病菌和寄生虫卵,还可增加能源途径并提高肥效;②用生活污水灌溉时应先沉淀去除寄生虫卵,禁止使用未经处理的生活污水灌溉;③水果和生食的蔬菜在食前应清洗干净,有的应消毒;④蔬菜、水果在运输、销售时应剔除残叶、烂根、破损及腐败变质部分,推荐清洗干净后小包装上市。

(2)施用农药的卫生要求　蔬菜的特点是生长期短,植株的大部分或全部均可食用而且无明显成熟期,有的蔬菜自幼苗期即可食用;一部分水果食前也无法去皮。因此应严格控制蔬菜、水果中的农药残留,具体措施如下:①应严格遵守并执行有关农药安全的使用规定,高毒农药不准用于蔬菜、水果,如甲胺磷、对硫磷等。②控制农药的使用剂量,根据农药的毒性和残效期来确定对作物使用的次数、剂量和安全间隔期(即最后一次施药距收获的天数)。此外,过量施用含氮化肥会使蔬菜受硝酸盐污染,如在茄果类蔬菜收获前的15～20 d,应少用或停用含氮化肥,且不应使用硝基氮化肥进行叶面喷肥。③制定和执行农药在蔬菜和水果中的最大残留限量标准,应严格依据《食品安全国家标准　食品中农药最大残留限量》(GB 2763—2021)的规定,如百草枯在香蕉、苹果、柑橘中的最大残留限量分别为0.02 mg/kg、0.05 mg/kg和

0.02 mg/kg，在蔬菜中的最大残留限量为 0.05 mg/kg；而百菌清在蔬菜中的最大残留限量为 5 mg/kg，在苹果、柑橘中的最大残留限量为 1 mg/kg。④应慎重使用激素类农药。

(3)工业废水灌溉的卫生要求　工业废水应经无害化处理，水质符合《城市污水再生利用 农田灌溉用水水质》(GB 20922—2007)的标准后方可灌溉菜地；应尽量采用地下灌溉方式，避免污水与瓜果蔬菜直接接触，并在收获前 3～4 周停止使用工业废水灌溉。根据《食品安全国家标准　食品中污染物限量》(GB 2762—2022)的要求监测污染物的残留。

(4)贮藏的卫生要求　蔬菜、水果含水分多、组织嫩脆、易损伤和腐败变质，因此贮藏的关键是保持蔬菜、水果的新鲜度。贮藏条件应根据蔬菜、水果的种类和品种特点而异。一般保存蔬菜、水果的适宜温度是 10 ℃左右，此温度既能抑制微生物生长繁殖，又能防止蔬菜、水果间隙中的水分结冰，避免在冰融时因水分溢出而造成蔬菜、水果的腐败。蔬菜、水果大量上市时可采用冷藏或速冻的方法。采用 ^{60}Co-γ 射线辐照洋葱、土豆、苹果、草莓等可延长其保藏期，效果比较理想，但应符合我国《辐照新鲜水果、蔬菜类卫生标准》(GB 14891.5—1997)的要求。防霉剂、杀虫剂、生长调节剂等化学制剂在蔬菜、水果贮藏中的应用越来越广泛，可延长贮藏期限并提高保藏效果，但同时也增加了污染食品的机会，应合理使用。

引导问题 1

畜肉的卫生问题有哪些？

引导问题 2

禽肉的卫生问题有哪些？

引导问题 3

水产品的卫生问题有哪些？

引导问题 4

生乳的卫生问题有哪些?

二、动物性食品的卫生及管理

(一)畜肉

畜肉食品包括牲畜的肌肉、内脏及其制品，能供给人体必需的蛋白质和多种营养素，且吸收好、饱腹作用强，故食用价值高。但肉品易受致病菌和寄生虫的污染，易腐败变质，食用后可导致人体出现食物中毒、肠道传染病和寄生虫病，因此必须加强和重视畜肉的卫生管理工作。

1. 畜肉的主要卫生问题及处理

(1)腐败变质　牲畜宰杀后，从新鲜至腐败变质要经僵直、后熟、自溶和腐败四个过程。处于僵直和后熟(排酸)阶段的畜肉为新鲜肉。

刚宰杀的畜肉呈弱碱性(pH 7.0～7.4)，肌肉中的糖原和含磷有机化合物在组织酶的作用下被分解为乳酸和游离磷酸，使肉的酸度增加。pH 为 5.4 时达到肌凝蛋白等电点，肌凝蛋白开始凝固并使肌纤维硬化出现僵直，此时肉味道差，肉汤浑浊。此后，肉内糖原分解，酶继续作用，pH 进一步下降，使肌肉结缔组织变软并具有一定弹性，此时肉松软多汁、味美芳香，表面因蛋白质凝固而形成了一层有光泽的膜，有阻止微生物侵入内部的作用，上述过程称为后熟，俗称排酸。后熟过程与畜肉中糖原含量和外界温度有关。疲劳牲畜的肌肉中糖原少，其后熟过程长。温度越高，后熟速度越快，一般在 4 ℃时 1～3 d 可完成后熟过程。

宰杀后的畜肉若在常温下存放，使畜肉原有温度维持较长时间，其组织酶在无菌条件下仍然可继续活动，分解蛋白质、脂肪而使畜肉发生自溶。此时，蛋白质分解产物硫化氢、硫醇与血红蛋白或肌红蛋白中的铁结合，在肌肉的表层和深层形成暗绿色的硫化血红蛋白，并使肌肉出现纤维松弛现象，影响肉的质量，其中内脏自溶较肌肉快。当变质程度不严重时，这种肉必须经高温处理后才可食用。为防止胴体发生自溶，宰后的肉尸应及时挂晾降温或冷藏。

自溶为细菌的侵入、繁殖创造了条件，细菌使蛋白质、含氮物质分解，使肉的 pH 上升，该过程即为腐败过程。腐败变质的主要表现为畜肉发黏、发绿、发臭。腐败肉含有的蛋白质和脂肪分解产物，如吲哚、硫化物、硫醇、粪臭素、尸胺、醛类、酮类和细菌毒素等，这些物质可使人中毒。

不适当的生产加工和保藏条件也会促进肉类腐败变质，其原因有：①健康牲畜在屠宰、加工运输、销售等环节中被微生物污染；②病畜宰前就有细菌侵入，并蔓延至全身各组织；③牲畜因疲劳过度，宰杀后肉的后熟力不强，产酸少，难以抑制细菌的生长繁殖，导致肉易腐败变质。

引起肉腐败变质的细菌最初为在肉表面出现的各种需氧球菌，之后为大肠埃希菌、普通变形杆菌、化脓性球菌、兼性厌氧菌(如产气荚膜梭菌、产气芽孢杆菌)，最后是厌氧菌。因此，根据菌相的变化可确定肉的腐败变质阶段。

(2)人畜共患传染病和寄生虫病　人畜共患的传染病主要有炭疽、鼻疽、口蹄疫、猪水疱病、猪瘟、猪丹毒、猪出血性败血症、结核病和布鲁氏菌病等；人畜共患的寄生虫病主要有囊虫病、旋毛虫病、蛔虫病、姜片虫病(牲畜饲以生的水生饲料引起)、猪弓形体病等。进食病死畜肉、接触病畜及其产品均是引起这些疾病传播的主要原因。这些人畜共患传染病和寄生虫病会对人体健康造成极大的危害，严重者甚至会引起死亡。因此，必须加强牲畜屠宰检验检疫工作，加强畜产品进入市场或者生产加工企业后的监督管理工作。

《关于进一步加强畜禽屠宰检验检疫和畜禽产品进入市场或者生产加工企业后监管工作的意见》(农医发〔2015〕18号)要求，地方各级畜牧兽医、市场监管部门要按照食品安全属地化管理原则，建立"地方政府负总责、监管部门各负其责、企业为第一责任人"的畜禽产品质量安全监管责任体系。地方各级畜牧兽医部门负责动物疫病防控和屠宰环节的质量安全监督管理。地方各级动物卫生监督机构负责对屠宰畜禽实施检疫，依法出具检疫证明，加施检疫标志；对检疫不合格的畜禽产品，监督货主应按照国家规定进行处理。同时要依法监督生猪屠宰企业按照《生猪屠宰管理条例》的规定对屠宰的生猪及其产品实施肉品品质检验，督促屠宰企业按照规定依法出具肉品品质检验合格证明。地方各级市场监管部门负责监督食品生产经营者在进行肉及肉制品生产经营活动中查验动物检疫合格证明和猪肉肉品品质检验合格证明，严禁食品生产经营者采购、销售、加工不合格的畜禽产品。畜禽屠宰企业要对其屠宰、销售的畜禽产品的质量安全负责，要建立畜禽进场检查登记制度，对进场屠宰的畜禽进行查验证明、临床健康检查和登记；要按照国家有关规定对病害畜禽及其产品实施无害化处理。采购畜禽产品的食品生产经营者要对其生产经营的肉及肉制品质量安全负责，要建立进货查验制度，严禁购入、加工和销售未按规定进行检验检疫或者检验检疫不合格的畜禽产品。

(3)兽药残留　为防治牲畜疫病及提高畜产品的生产效率，经常会使用各种药物，如抗生素、抗寄生虫药、生长促进剂、雌激素等，在畜肉、内脏都会有残留，残留过量会危害食用者健康。抗生素残留最大的潜在危害是产生细菌耐药性，使致病菌难以被有效控制。此外，雌激素如己烯雌酚也易在肉品中残留，对青少年的生长发育造成危害。《食品中兽药最大残留限量》(GB 31650—2019)，对兽药的合理使用和残留限量进行了严格的规定。

(4)情况不明死畜肉　死畜肉是指因外伤、中毒或生病而引起急性死亡的牲畜肉。死畜肉因未经放血或放血不全外观呈暗红色，肌肉间毛细血管淤血，切开后按压可见暗紫色淤血溢出，切面呈豆腐状，含水分较多。病死、毒死的畜肉对人体会产生危害。

死畜肉必须确定死亡原因后，再考虑采取相应的处理方法。如确定死亡原因为一般性疾病或外伤，且肉未腐败变质，可弃内脏后，将肉尸经高温处理后食用；如系中毒死亡，则应根据毒物的种类、性质、中毒症状及毒物在体内的分布情况等决定处理方式；确定为患人畜共患疾病的死畜肉不能食用；死因不明的死畜肉，一律不得食用。

2. 畜肉及其制品生产经营过程的卫生管理

(1)屠宰的卫生要求　《食品安全国家标准　畜禽屠宰加工卫生规范》(GB 12694—2016)规定，屠宰场、肉制品厂应建在地势较高、干燥、水源充足、交通方便、无有害气体及其他污染源、便于排放污水的地区，屠宰场的选址应当远离生活饮用水的地表水源保护区。厂房设计要符合流水作业，应按饲养、屠宰、分割、加工、冷藏的顺序合理设置。为了保证肉品的质量安全，必须规范畜禽屠宰检疫，落实肉品品质检验制度。

①规范畜禽屠宰检疫。各级动物卫生监督机构及其驻场官方兽医要按照《中华人民共和国动物防疫法》《动物检疫管理办法》等法律法规要求，严格执行畜禽屠宰检疫规程，认真履行屠宰检疫监管职责，有效保障出场畜禽产品质量安全。要全面落实屠宰检疫制度，严格查验入场畜禽产地检疫合格证明和畜禽标识，严格按照畜禽屠宰检疫规程实施检疫。经检疫合格的畜禽产品，出具动物产品检疫合格证明，并加盖检疫印章，加施检疫标志；对检疫不合格的畜禽产品，监督屠宰企业做好无害化处理。动物卫生监督机构的官方兽医要做好产地检疫证明查验、屠宰检疫等环节记录，并监督畜禽屠宰企业做好待宰、急宰、生物安全处理等环节记录，切实做到屠宰检疫各环节痕迹化管理。

②落实肉品品质检验制度。生猪屠宰企业要按照《生猪屠宰管理条例》的规定，配备与屠宰规模相适应的、经考核合格的肉品品质检验员，并定期组织开展业务培训，提高肉品品质检验员的业务素质和责任意识。要按照生猪屠宰产品品质检验规程要求，严格进行入场静养、宰前检验和宰后检验。

入场静养：凡是未经驻场官方兽医入场查验登记的生猪，不得屠宰。

宰前检验：要按照宰前健康检查、“瘦肉精”抽检等规定要求，做好待宰检验和送宰检验，对发现的病害猪和“瘦肉精”抽检不合格生猪要及时进行无害化处理。牲畜在屠宰前应禁食12 h，禁水3 h，以防屠宰时胃肠内容物污染胴体。猪的正常体温为38～40 ℃，牛的正常体温为37.8～39.8 ℃，发现体温异常者应予隔离。

宰后检验：对每头猪都要进行头部检验、体表检验、内脏检验、胴体初检和复检。对检验合格的胴体，应出具《肉品品质检验合格证》，加盖肉品品质检验合格印章；对检验不合格的生猪产品要按照检验规程要求，及时进行无害化处理。肉尸与内脏要统一编号，以便发现问题后及时检出。经检验合格的胴体要及时冷却入库，冻肉入冷冻库。

③建立台账管理制度。生猪屠宰企业要健全完善台账管理制度，如实记录生猪来源、肉品品质检验、无害化处理和猪肉销售等信息。

从事生猪以外其他畜禽屠宰的，要参照生猪屠宰肉品品质检验的做法，逐步推行肉品品质检验制度，确保肉品质量安全。

(2)运输的卫生要求　运输生鲜畜肉和冷冻畜肉应用专用的封闭冷藏车，车内应有防尘、防蝇、防晒设施。生鲜畜肉应倒挂，冷冻畜肉应堆放。还应注意合格肉与病畜肉、鲜肉与熟肉不得同车运输，胴体和内脏不得混放。短途运输时若使用敞车，应该上盖下垫，有防尘、防雨、防晒、防蝇设施，卸肉时应有铺垫。熟肉制品必须盒装，专车运输，包装盒不能落地。每次运输后必须对车辆、工具进行洗刷消毒。无专用车辆则要有专用的密闭包装容器，禁止用运输过化学药品或污染严重、不易清洗的车辆运输肉及肉制品。搬运工人应穿戴清洁消毒的工作衣帽、鞋和手套。搬运病畜肉、鲜肉、熟肉及其他肉制品的工人要分开，避免交叉污染。

(3)销售的卫生要求　销售部门只能销售有动物检疫合格证明和肉品品质检验合格证明的产品。要认真落实进货查验和查验记录制度，严把进货关、销售关和退市关，做到不进、不存，不销假冒、仿冒、劣质、过期变质等产品，确保畜禽产品可追溯。肉类零售店应有防尘、防蝇设备，刀、砧板要专用。肉馅应现绞制现卖，制作肉馅的原料肉要符合鲜肉的卫生质量要求，绞制过程中不得加入零星绞肉、血污肉、次质肉、变质肉和污染严重的肉。

销售熟肉制品，应有专用销售间、专人销售、专用工用具、专用冷藏设施、专用消毒设备及防蝇防尘设备，每次销售前后应彻底给设备清洗消毒。如无冷藏条件，熟肉制品销售时间超过6 h应再次彻底加热杀菌后出售，不允许销售腐败变质的熟肉制品。销售人员不得用手直接拿取熟肉制品，销售过程中人员、工具和容器必须生熟分开，实行工具售货制度，做到货款分开。未售完的熟肉制品要低温冷藏，隔日需进行质量检查，若无变质迹象，应回锅加热杀菌后再销售。用于熟肉制品的包装材料或容器必须符合卫生要求。

3. 鲜(冻)畜肉的卫生管理

屠宰前的活畜应来自非疫区，并经动物卫生监督机构检疫、检验合格；鲜(冻)畜的感官指标、理化指标等均应符合《食品安全国家标准　鲜(冻)畜、禽产品》(GB 2707—2016)的要求；污染物限量应符合《食品安全国家标准　食品中污染物限量》(GB 2762—2022)的要求；农药残留应符合《食品安全国家标准　食品中农药最大残留限量》(GB 2763—2021)的要求；兽药残留应符合《食品安全国家标准　食品中兽药最大残留限量》(GB 31650—2019)的要求；食品添加剂的使用应符合《食品安全国家标准　食品添加剂使用标准》(GB 2760—2014)的要求。

4. 肉制品的卫生管理

肉制品的品种繁多，常见的有干制品(如肉干、肉松等)、腌制品(如火腿、腊肉等)、灌肠制品(如香肠、粉肠等)、熟肉制品(如卤肉、肴肉、熟副产品等)及各种烤制品。加工肉制品过程中使用的原料的要求、感官指标、理化指标等均应符合《食品安全国家标准　腌腊肉制品》(GB 2730—2015)的要求，污染物限量应符合《食品安全国家标准　食品中污染物限量》(CB 2762—2022)的要求，食品添加剂的使用应符合《食品安全国家标准　食品添加剂使用标准》(GB 2760—2024)的要求。

禽肉的卫生问题及其管理

(二)禽肉及禽蛋

1. 禽肉的卫生问题及其管理

(1)禽肉的卫生问题

①微生物污染。污染禽肉的微生物主要是细菌，一类为食物中毒病原菌，如沙门氏菌、金黄色葡萄球菌、单核细胞增生李斯特氏菌、空肠弯曲菌、肠出血性大肠埃希菌等。当这些病原菌侵入禽类肌肉的深部时，如果食前未充分加热，便可引起食物中毒。某些病原菌，如单核细胞增生李斯特氏菌，能在5 ℃以下生长，这是冷藏禽肉时应予以关注的问题；另一类为非致病腐败菌，如假单胞菌属、微杆菌属、不动杆菌属、气单胞菌属、乳杆菌属和肠杆菌科等。假单胞菌也能在低温下生长繁殖，引起禽肉感官的改变，甚至腐败变质，可使禽肉表面产生各种色斑。

②滥用抗生素和激素。由于养殖环境差(特别是高密度饲养)，饲料原料品质不过关，导致动物容易得病，因此养殖户常使用抗生素；抗生素会使禽类的肠道菌群紊乱和免疫力低下，更容易生病，因此养殖户就更加大量地使用抗生素和激素。在这样的恶性循环中，抗生素和激素的使用剂量不断加大，给人类的健康带来严重的威胁。

③禽流感。是禽类流行性感冒的简称，是一种由甲型流感病毒的亚型(禽流感病毒)引起的传染性疾病，被“国际兽疫局”定为甲类传染病。按病原体类型的不同，禽流感分为高致病性、低致病性和非致病性禽流感三大类。非致病性禽流感不会引起明显的症状，仅使染病的禽

体内产生病毒抗体；低致病性禽流感可使禽类出现轻度呼吸道症状，食量减少，产蛋量下降，出现零星死亡；高致病性禽流感最为严重，其发病率和病死率均高。禽接种流感疫苗是预防禽流感最有效的措施。

(2)禽肉的卫生管理　鲜(冻)禽的感官指标、理化指标等均应符合《食品安全国家标准 鲜(冻)畜、禽产品》(GB 2707—2016)的要求。为了保证禽肉的质量安全，必须做到以下几点。

①加强屠宰检疫和品质检验。宰杀前及时发现并隔离、急宰病禽。宰后若发现病禽胴体，应根据情况及时进行无害化处理。

②合理宰杀。宰杀前 24 h 禁食，充分喂水以清洗肠道。宰杀过程为：吊挂、刺杀放血、浸烫(50～54 ℃或者 56～65 ℃)、褪羽、取内脏，要尽量减少内脏破裂造成的污染。

③宰后储存。对净膛后的胴体进行预冷。预冷是将净膛后的胴体置于 0～4 ℃的低温环境，经过一定的时间将胴体温度降至 7 ℃以下，以保证产品后期加工及冻品的品质。如需要长期储存，则应在－30～－25 ℃、相对湿度 80%～90%的条件下冷冻，储存期可达半年。

(3)鲜(冻)禽产品的卫生管理　鲜禽产品是指将健康活禽屠宰、加工后，经预冷处理的冰鲜产品，包括净膛后的整只禽、整只禽的分割部位(禽肉、禽翅、禽腿等)和禽的副产品[禽头、禽脖、禽内脏、禽脚(爪)等]。鲜禽的肌肉富有弹性，指压后凹陷部位立即恢复原状。

冻禽产品是指将健康活禽屠宰、加工后，经冻结处理的产品，包括净膛后的整只禽、整只禽的分割部位(禽肉、禽翅、禽腿等)和禽的副产品[禽头、禽脖、禽内脏、禽脚(爪)等]。储存温度在－18 ℃以下。冻禽产品解冻后，用手指按压后凹陷部位立即恢复原状。

冻禽产品解冻失水率≤6%，鲜(冻)禽产品的挥发性盐基总氮应≤15 mg/100 g；污染物、农药和兽药残留量、沙门氏菌和出血性大肠埃希菌的含量均应按照《食品安全国家标准 食品中污染物限量》(GB 2762—2022)及相关的规定执行。

2. 禽蛋的卫生问题及其管理

(1)禽蛋的主要卫生问题及其管理　污染蛋类的微生物一方面来自卵巢，另一方面来自生殖腔、不洁的产蛋场所及运输、储存等环节。

禽类(特别是水禽类)感染了传染病后，病原微生物通过血液进入卵巢，使在卵巢中形成的蛋黄即带有致病菌，如鸡伤寒是由鸡伤寒沙门氏菌引起的急性败血型或慢性传染病，鸡、鸭、火鸡、鹌鹑、野禽和野鸟均可感染。该病既可水平传播，也能垂直传播。患病母鸡所产的蛋黄中可带有鸡伤寒沙门氏菌。每克鸡粪便中约含大肠埃希菌 10 个，其中有 10%～15%属于有致病性的血清型。在母鸡感染大肠埃希菌后 21 日内所产的蛋中有 27%可分离出大肠埃希菌，而在正常母鸡所产的蛋中仅有 0.5%～6%含有该菌。经人工感染的母鸡所产的蛋中有 26.5%含有该菌。

在气温适宜的条件下，外界的微生物可通过蛋壳上的气孔进入蛋内并在其中迅速生长繁殖，使禽蛋腐败变质。如霉菌进入蛋内可形成黑斑，称"黑斑蛋"；微生物和蛋本身的酶使蛋白质分解，导致蛋黄移位、蛋黄膜破裂，形成"散黄蛋"；若条件继续恶化，蛋黄与蛋清混在一起，称"浑汤蛋"。由蛋白质分解生成的硫化氢、胺类、粪臭素可使腐败变质的蛋具有恶臭，称"黑腐蛋"。腐败变质的蛋不得食用，应予销毁。

新鲜蛋的蛋清中有溶菌酶，因此新鲜蛋中的微生物不多，约仅有 10%的鲜蛋能检出活菌。溶菌酶的这种杀菌作用在低温下可保持较长的时间，而在较高温度下会很快消失，以致微生物大量繁殖，引起蛋腐败变质。

为防止微生物对禽蛋的污染，提高鲜蛋的卫生质量，应加强对禽类饲养条件的管理，保持禽体及产蛋场所的清洁卫生。鲜蛋应储存在温度为 1～5 ℃、相对湿度为 87%～97%的环境中。禽蛋自冷库取出时应先在预暖室内放置一段时间，防止因产生冷凝水而造成微生物对禽蛋的污染。合理使用抗生素、禁止使用激素，从而避免对禽蛋造成污染。

(2)鲜蛋的卫生管理　鲜蛋是指各种家禽生产的、未经加工或仅用冷藏法、液浸法、涂膜法、消毒法、气调法、干藏法等贮藏方法处理的带壳蛋。鲜蛋的原料要求、感官要求(色泽、气味、状态)及污染物、农药残留和兽药残留、微生物限量等应符合《食品安全国家标准　蛋与蛋制品》(GB 2749—2015)的规定。

鲜蛋的蛋壳应完整，颜色正常，略有一点粗糙，蛋壳上有一层霜状物。如果蛋壳颜色变灰变黑，说明蛋内容物已腐败变质。如果蛋壳表面光滑，说明该蛋已孵化过一段时间。蛋放在手中若质量较轻则说明该蛋为陈蛋(存放过久而水分蒸发)，若质量较重则表明蛋为熟蛋或水泡蛋。将蛋放在手心翻转几次，若始终为一面朝下，为贴壳蛋。将蛋与蛋轻轻互相碰击，若发出清脆声为鲜蛋，出现哑声为裂纹蛋，发出空空声为水花蛋，发出嘎嘎声则为孵化蛋。用嘴对蛋壳哈一口热气，再用鼻子闻其味，若有臭味为黑腐蛋，若有酸味为散黄蛋，若有霉味为黑斑蛋，若有青草味或异味则说明蛋与青饲料放在过一起或在有散发特殊气味的环境中储存过。

(三)水产品

1. 水产品的主要卫生问题

(1)腐败变质　水产动物体内的酶活力高，含水分多，pH 比畜肉高，产销流通环节复杂，与异物接触频繁，比其他动物性食品更易发生腐败变质。鱼类离开水面后很快死亡。鱼死后的变化与畜肉相似，但其僵直持续的时间较短。随后，由于鱼类营养丰富，水分含量高，污染的微生物多，在体内酶的作用下，鱼体蛋白质很快发生分解，肌肉逐渐变软失去弹性，出现自溶。自溶时微生物易侵入鱼体，在鱼体酶和微生物的联合作用下，鱼鳞脱落、眼球凹陷、鳃呈暗褐色、腹部膨胀、肛门肛管突出、鱼肌肉碎裂并与鱼骨分离，发生严重的腐败变质，并有臭味。

(2)病原微生物污染　由于存在人畜粪便及生活污水对水域的污染，鱼类及其他水产动物都会受到病原微生物的污染。当人生食或食用未煮熟的水产品时，病原微生物就会进入人体并致病。水产动物体内携带的常见病原微生物有副溶血性弧菌、沙门氏菌、志贺氏菌、大肠埃希菌、霍乱弧菌及肠道病毒等。

(3)寄生虫感染　常见的寄生虫有华支睾吸虫(肝吸虫)、卫氏并殖吸虫(肺吸虫)及阔节裂头绦虫等。进食生鲜的(生鱼片、生鱼粥、生鱼佐酒、醉虾蟹)或未经彻底烧熟煮透(如涮锅、烧烤)的水产品，寄生虫就会进入人体内。

(4)农药和兽药污染　水产品中的农药主要来自其生活水域的污染。将田鱼鱼苗(鸭雏)与秧苗一同放进田里，使田鱼与水稻一同生长，在水稻生长期间喷施农药或者给鸭饲喂兽药则水体会被污染，鱼体内便会有富集。水产品的兽药残留限量应严格遵守《食品安全国家标准　鲜、冻动物性水产品》(GB 2733—2015)的规定。

(5)有毒金属污染　由于工业“三废”和生活污水的污染，使鱼类及其他水产品体内含有较多的有毒金属(如汞、镉、砷、铅等)。同时，由于鱼类对其有较强的耐受性，通过生物富集作用使其体内有毒金属的浓度远远高于环境中有毒金属的浓度。有时水产动物还可将某些有毒金属转变成毒性更强的物质，如将无机汞转变为甲基汞。如日本曾发生的“水俣病”“骨痛病”就是由工业污水中的有毒金属毒物（甲基汞、镉）引起的。

（6）饲料添加剂污染　随着水产养殖的发展，为了提高水产品的数量，饲料添加剂被广泛使用。滥用饲料添加剂或在饲料添加剂中非法添加违禁药物也会危害人体健康。使用渔用饲料添加剂应当符合《饲料和饲料添加剂管理条例》和《无公害食品　渔用配合饲料安全限量》（NY 5072—2002），鼓励使用复合饲料，禁止使用无产品质量标准、无质量检验合格证、无生产许可证和产品批准文号的饲料及饲料添加剂。

（7）含有自然毒素　水产品种类很多，有的本身具有毒性，人进食后会引起中毒，甚至导致死亡。有些水产动物体内含有的自然毒素几乎遍布于全身，例如，鱼类中的河豚含有河豚毒素，贝类含有贝类毒素，腔肠动物海葵（生长在水中的食肉动物）体内含有海葵毒素；有的存在于局部脏器内，例如，鲅鱼、旗鱼、鲨鱼必须去除肝；有的存在于腺体内，例如，两栖类中的蟾蜍耳后腺、皮肤腺分泌的白色有毒浆液蟾酥；有的存在于鱼卵内，例如，淡水鱼中的鲇鱼和山溪中的光唇鱼的鱼卵内含有"鱼卵毒素"；鲣鱼、鲐鱼等青皮红肉鱼易分解产生大量组胺，人食用后常会出现过敏反应。《食品安全国家标准　鲜、冻动物性水产品》（GB 2733—2015）规定了组胺和贝类毒素的限量。

2. 水产品的卫生管理

（1）水产品保鲜的卫生要求　鱼类保鲜的目的是抑制酶的活力和细菌的繁殖，延缓自溶和腐败的发生。有效的措施是低温、盐腌、防止微生物污染和减少鱼体破损。

低温保鲜有冷藏和冷冻两种。冷藏多采用机冰，使鱼体温度降至 10 ℃左右，可保存 5～14 d；冷冻是指选用鲜度较高的鱼类，在－25 ℃以下速冻，使鱼体内形成的冰块小而均匀，然后再在－18～－15 ℃的条件下保存，保鲜期可达 6～9 个月。含脂肪多的鱼不宜久藏，因鱼的脂肪酶在－23 ℃以下的低温下才被抑制。《食品安全国家标准　鲜、冻动物性水产品》（GB 2733—2015）规定，冷冻动物性水产品应储存在－18 ℃或更低的温度下，禁止与有毒、有害、有异味物品同库储存。

盐腌保藏简易可行，可广泛使用。用盐量视鱼的品种、储存时间及气温等因素而定。一般盐浓度为 150 g/L 左右的鱼制品贮藏性较好。

（2）运输、销售的卫生要求　捕捞船或运输船（车）应经常冲洗，保持清洁卫生，减少污染；外运供销的鱼类及其他水产品应符合该产品一二级鲜度的标准；尽量用冷冻调运和冷藏车、船装运。

鱼类在运输、销售时，应避免污水和化学毒物的污染，凡接触鱼类及水产品的设备、用具应用无毒无害的材料制成。提倡用桶、箱装运，尽量减少鱼体损伤。

供销各环节均应建立验收制度，不得出售和加工已死亡的黄鳝、甲鱼、河蟹及各种贝类；含有自然毒素的水产品，如鳇鱼、鲅鱼等必须除去肝，有剧毒的河豚不得流入市场，应将其剔出并集中妥善处理。常见于我国江浙一带餐桌的河豚，均为经过特殊的养殖过程使其无毒或减毒的品种。

3. 鱼类制品的卫生要求

选用的原料鱼应品质优良，食盐不得含沙门氏菌、副溶血性弧菌，氯化钠的含量应在 95% 以上。盐腌场所和咸鱼体内不得含有干酪蝇和鲣节甲虫幼虫；鱼干的晾晒场应选择向阳通风和干燥的地方，勤翻晒，以免局部温度过高、干燥过快，蛋白质凝固变性出现外干内潮的龟裂现象。制作鱼松的原料鱼质量必须得到保证，先冲洗清洁并干蒸后，用溶剂抽去脂肪再进行加工，其水分含量为12%～16%，色泽正常，无异味。

（四）乳及乳制品

乳制品营养价值高，是我国居民尤其是处于生长发育期的婴幼儿、儿童的理想食品。鉴于食用人群的特殊性，必须对乳制品的卫生质量加以严格监督与管理。在乳类中，牛乳及其制品的生产和消费量巨大，是有关部门实施监管的重点。

1. 生乳的卫生问题及其管理

生乳，又称生鲜乳，是未经杀菌、均质等工艺处理的原乳。生乳是从符合国家有关要求的健康乳畜乳房中挤出的无任何成分改变的常乳。感官要求为：呈白色或微黄色，具有乳固有的香味，无异味，均匀一致，无凝块、无沉淀、无可见异物。理化指标及污染物、真菌毒素、微生物、农药残留和兽药残留限量均应符合《食品安全国家标准　生乳》(GB 19301—2010)的要求。生乳主要用于乳制品生产，煮沸后也可饮用，但不宜直接饮用。

刚挤出的生乳中含有乳素（溶菌酶），能够抑制细菌生长。抑菌作用时间的长短与乳中存在的菌量和存放的温度有关。菌数越多，温度越高，抑菌作用时间就越短。例如，生乳在温度为0 ℃时可保持48 h，5 ℃时可保持36 h，10 ℃时可保持24 h，25 ℃时可保持6 h，30 ℃时可保持3 h，37 ℃ 时可保持2 h而不变质。因此，刚挤出的生乳应及时冷却。

由于生乳营养丰富，是微生物生长、繁殖的良好培养基，极易受到动物体及挤乳环境中微生物的污染，若没有经过任何消毒处理，容易变为劣质乳。因此，应加强对现制现售生乳的监管，防止不合格生乳的销售，乳品加工企业应在生乳的收购过程中加强对其质量的检查力度，全面监控，保证生乳的质量安全。

劣质乳至少存在下列现象之一：①带红色、绿色或明显的黄色；②有大量的杂质，如煤屑、豆渣、乳畜粪便、尘埃和昆虫等；③乳汁发黏或呈凝块。劣质乳应进行消毒处理后废弃，不得饮用。

生乳的卫生问题主要有以下几点。

(1)微生物污染　微生物污染分为一次污染和二次污染。一次污染是指生乳在挤出前就受到微生物污染的情况。乳畜的乳腺腔和乳头管中经常有少量的细菌，所以刚挤出的生乳中就有球菌、荧光杆菌、酵母菌和霉菌等存在。二次污染是指在挤乳过程中或乳挤出后被污染的情况，由于饲养条件或挤乳的卫生条件不佳，微生物通过空气、乳畜的体表、挤乳人员的手、工具和容器等对生乳造成污染。

污染生乳的微生物按照种类分为以下几种。

①腐败菌：主要有产乳酸细菌（链球菌属、乳杆菌属）、硝化细菌（芽孢杆菌属、假单胞菌属、变形杆菌属等）、脂肪分解菌（假单胞菌属、无色杆菌属、黄杆菌属、产碱杆菌属等）。

②致病菌：有可引起食物中毒的沙门氏菌、大肠埃希菌、金黄色葡萄球菌等，引起肠道传染病的伤寒杆菌、痢疾杆菌、霍乱弧菌等，引起人畜共患传染病的炭疽杆菌、布鲁氏杆菌、结核分枝杆菌等。

③真菌：包括霉菌和酵母菌。前者主要有曲霉属、青霉属、根霉属、毛霉属，后者主要有红酵母属、假丝酵母属、毕赤氏酵母属、汉逊氏酵母属。

(2)化学性污染　饲料中残留的农药、兽药（特别是抗生素和激素）、饲料霉变后产生的真菌毒素及有毒金属等有毒有害化学物质都会对乳造成污染。

(3)掺伪　除掺水以外，掺伪还指掺入明矾、石灰水、三聚氰胺、尿素、蔗糖、米汤、豆浆、洗衣粉、白硅粉、白陶土、硼酸、甲醛、苯甲酸、水杨酸、抗生素、污水和病牛乳等。

2. 乳的生产、储运过程的管理

(1)乳的生产　乳品厂的厂房设计与设施的卫生应符合《食品安全国家标准　乳制品良好生产规范》(GB 12693—2010)。乳品厂必须建在交通方便，水源充足，无有害气体、烟雾、灰沙及其他污染的地区。供水除应满足生产需要外，水质应符合《生活饮用水卫生标准》(GB 5749—2022)要求。乳品厂应有健全配套的卫生设施，如废水、废气及废弃物处理设施，清洗消毒设施和良好的排水系统等。乳品加工过程中，各生产工序必须连续生产，以防止原料和半成品积压变质而导致致病菌、腐败菌的繁殖和交叉污染。乳牛场及乳品厂应建立化验室，对投产前的原料、辅料和加工后的产品进行卫生质量检查，乳制品必须检验合格后方可出厂。

乳品加工厂的工作人员应保持良好的个人卫生，遵守有关卫生制度，定期进行健康检查，取得健康合格证后方可上岗。患传染病及皮肤病者应及时调离工作岗位。

乳牛应定期预防接种及检疫，如发现病牛应及时隔离饲养，工作人员及用具等均须严格分开。

挤乳应规范操作。挤乳前应做好充分准备工作，如挤乳前 1 h 停止喂干料并消毒乳房，保持乳畜清洁和挤乳环境的卫生，防止存在微生物的污染。挤乳的容器、用具应严格执行卫生要求，挤乳人员应穿戴好清洁的工作服，洗手至肘部。挤乳时注意每次开始挤出的第一、第二把乳应废弃，以防乳头处细菌污染乳汁。此外，兽药休药期内的乳汁及患乳腺炎的乳牛的乳汁等应废弃。

挤出的乳应立即进行净化处理，除去乳中的草屑、牛毛、乳块等非溶解性的杂质。净化可采用过滤净化或离心净化等方法。通过净化可降低乳中微生物的数量，有利于乳的消毒。净化后的乳应及时冷却。

乳常用的消毒方法有巴氏杀菌法、超高温瞬间灭菌法等。

①巴氏杀菌法。包括低温长时间巴氏杀菌法(将乳加热到 62～65 ℃，保持 30 min)和高温短时间巴氏杀菌法(将乳加热到 70～85 ℃，保持 15 s)。在有效的温度范围内，温度每升高 10 ℃，乳中细菌芽孢的破坏速度可增加约 10 倍，而乳褐变的反应速度仅增加约 2.5 倍，故牛乳的消毒一般采用高温短时间巴氏杀菌法，在保证消毒效果的同时也尽量保持了其营养成分。

②超高温瞬间灭菌法。即 UHT 灭菌法(ultra high temperature processing，ultra heat treated)，将乳加热到 120～150 ℃，保持 0.5～3 s。

(2)乳的储运　为防止微生物对乳的污染和乳的变质，挤下的乳必须尽快冷却或及时加工。储乳容器应清洗、消毒；生鲜乳要迅速冷却至 2～10 ℃，以抑制细菌生长繁殖，保持乳的新鲜度；生鲜乳冷却后应低温保存，一般的储存温度为 4～6 ℃；运送乳应有专用冷藏车辆；瓶装或袋装消毒乳夏天自冷库取出后，应在 6 h 内送到用户手中。牛乳在 4.4 ℃的低温下冷藏保存最佳，10 ℃以下稍差，超过 15 ℃时，乳的质量就会受到影响。

3. 病畜乳的处理

乳畜患有结核病、布鲁氏菌病及乳腺炎时，致病菌会通过乳腺导管污染乳。此外，在从挤乳到食用的各环节中，乳也可能被伤寒、副伤寒、痢疾杆菌和溶血性链球菌等污染。当人食用这种未经卫生处理的乳后，可感染疾病。因此，对各种病畜乳必须分别予以卫生处理。

(1)有明显结核病症状的乳畜的乳　应禁止食用，就地消毒后销毁，并对病畜进行处理；对结核菌素试验阳性而无临床症状的乳畜的乳，经巴氏杀菌(62 ℃维持 30 min)或煮沸 5 min 后，可制成乳制品。

(2)患有布鲁氏菌病乳牛的乳　经煮沸 5 min 后方可使用；对凝集反应阳性但无明显症状的乳牛，其乳经巴氏消毒后，允许用于食品工业，但不得制作干酪。阳性布鲁氏菌对人易感性强、威胁大，因此凡有症状的乳牛都应禁止挤乳并予以淘汰。

(3)患有口蹄疫的乳牛的乳　凡乳房出现口蹄疫病变(如水疱)，产出的乳禁止饮用，应就地严格消毒后废弃；体温正常的病畜产出的乳，在严格防止污染的情况下，煮沸 5 min 或经巴氏消毒后允许用于喂饲牛犊或其他禽畜。

(4)患有乳腺炎乳牛的乳　应消毒后废弃，不得使用。

(5)患炭疽病、牛瘟、传染性黄疸、恶性水肿、沙门氏菌病等的病畜产出的乳　严禁食用，应消毒后废弃。

4. 乳及乳制品的卫生要求

乳制品包括乳粉、炼乳、发酵乳、奶油、干酪、复合乳和含乳饮料等。各种乳制品均应符合相应的食品安全国家标准及相关的标准和要求。乳制品使用的添加剂应符合《食品安全国家标准　食品添加剂使用标准》(GB 2760—2024)，营养强化剂应符合《食品安全国家标准　食品营养强化剂使用标准》(GB 14880—2012)，真菌毒素含量要符合《食品安全国家标准　食品中真菌毒素限量》(GB 2761—2017)，铅、汞、砷、锡、铬、亚硝酸盐、硝酸盐等污染物的含量应符合《食品安全国家标准　食品中污染物限量》(GB 2762—2022)的要求。

(1)消毒牛乳的卫生要求　消毒牛乳应为乳白色或微黄色的均匀液体，无沉淀、无凝块、无杂质、无黏稠和浓厚现象，具有牛乳固有的纯香味，无异味。消毒乳要符合《食品安全国家标准　巴氏杀菌乳》(GB 19645—2010)和《食品安全国家标准　灭菌乳》(GB 25190—2010)的要求。禁止将生牛乳直接上市销售。

(2)乳制品的检验

①乳粉。是以生牛(羊)乳为原料，经加工制成的粉状产品，为干燥均匀的粉末。调制乳粉是以生牛(羊)乳或其加工制品为主要原料，添加其他原料，添加或不添加食品添加剂和营养强化剂，经加工制成的乳固体含量不低于 70%的粉状产品。乳粉和调制乳粉的感官性状、理化及微生物指标应达到《食品安全国家标准　乳粉》(GB 19644—2010)的要求。

②炼乳。分为淡炼乳、加糖炼乳和调制炼乳。加糖炼乳为乳白色或微黄色、均匀、有光泽、黏度适中、无异味、无凝块、无脂肪漂浮的黏稠液体。具有苦味、腐败味、霉味、化学药品和石油等气味的炼乳或胖听应作为废品处理。而调制炼乳应具有辅料应有的色泽，以及乳和辅料应有的滋味和气味。淡炼乳的感官及理化指标与加糖炼乳相同，淡炼乳中不得含有任何杂菌。炼乳其他理化及微生物指标应达到《食品安全国家标准　浓缩乳制品》(GB 13102—2022)的要求。

③发酵乳。乳白色或稍带微黄色，凝块均匀细腻，无气泡，允许有少量乳清析出。所用的

菌种应为国务院卫生行政部门批准使用的菌种。发酵乳在出售前应储存在温度为 2～8 ℃的仓库或冰箱内，储存时间不应超过 72 h。若制作风味酸乳，允许加入各种果汁和香料。当发酵乳表面生霉、有气泡和大量乳清析出时，不得出售和食用。发酵乳其他理化及微生物指标应达到《食品安全国家标准　发酵乳》(GB 19302—2010)的要求。

④奶油（黄油）。按脂肪含量的不同，将奶油分为稀奶油（脂肪含量为 10.0%～80.0%）、奶油（脂肪含量不少于 80.0%）和无水奶油（脂肪含量不少于 99.8%）。正常的奶油为均匀的浅黄色，组织状态正常，具有奶油的纯香味。凡有霉斑、腐败、异味（苦味、金属味、鱼腥味等）的，应作废品处理。其他理化与微生物指标应达到《食品安全国家标准　奶油、稀奶油和无水奶油》(GB 19646—2010)的要求。

⑤干酪。是指成熟或未成熟的软质、半硬质、硬质或特硬质、可有涂层的乳制品，其中乳清蛋白与酪蛋白的比例不超过牛乳中的相应比例。成熟干酪、霉菌成熟干酪、未成熟干酪除应具备该类产品应当有的色泽、滋味和组织状态外，污染物、真菌毒素与微生物限量应达到《食品安全国家标准　干酪》(GB 5420—2021)的要求。

引导问题 1

油脂酸败产生的原因、对人体的危害及预防措施是什么？

引导问题 2

酒中甲醇的来源及危害是什么？

引导问题 3

何为胖听？主要分为几种类型？

三、主要加工食品的卫生及管理

(一)食用油脂

食用油脂通常包括以油料作物制取的植物油及经过炼制的动物油脂。食用油脂的状态与温度有关，一般说来，前者在常温下呈液体状态(椰子油例外)，如大豆油、花生油、菜籽油、棉籽油、茶油、芝麻油等；后者在常温下则呈固体状态，如猪油、牛脂、乳脂等。食用油脂制品是指一些油脂深加工产品，主要有调和油、氢化植物油(俗称植物奶油)等。

食用油脂在生产、加工、储存、运输、销售过程中的各个环节均有可能受到某些有毒有害物质的污染，以致其卫生质量降低，损害食用者健康。

1. 食用油脂的主要卫生问题

(1)油脂酸败　油脂由于含有杂质或在不适宜条件下久藏而发生的一系列化学变化和感官性状恶化，称为油脂酸败。

①原因。油脂酸败的原因包括生物学和化学两个因素。由生物学因素引起的酸败过程被认为是一种酶解过程，来自动植物组织残渣和食品中微生物的酯解酶等催化剂使甘油三酯水解成甘油和脂肪酸，随后高级脂肪酸碳链进一步氧化断裂生成低级酮酸、甲醛和酮等，据此又将酶解酸败过程称作酮式酸败。油脂酸败的化学过程主要是水解和自动氧化，一般多发生于不饱和脂肪酸，特别是多不饱和脂肪酸甘油酯，不饱和脂肪酸在紫外线和氧的作用下双键打开形成过氧化物，再继续分解为低分子脂肪酸及醛、酮、醇等物质。某些金属离子，如铜、铁、锰等在油脂氧化过程中起催化作用。在油脂酸败过程中，油脂的自动氧化占主导地位。

②常用的卫生学评价指标

a. 酸价(acid value，AV)：中和 1 g 油脂中游离脂肪酸所需 KOH 的毫克数称为油脂的酸价。油脂酸败时游离脂肪酸增加，酸价也随之增高，因此可用酸价来评价油脂的酸败程度。我国食品安全国家标准和现行有关的食品卫生标准规定食用植物油 AV≤3 mg/g、食用动物油 AV≤2.5 mg/g、食用油脂制品 AV≤1 mg/g、食用植物油煎炸过程中 AV≤5 mg/g。

b. 过氧化值(peroxide value，POV)：油脂中不饱和脂肪酸被氧化形成过氧化物的含量称为过氧化值，一般以 100 g 被测油脂使碘化钾析出碘的质量(g)表示，单位是 g/100 g。POV 是油脂酸败的早期指标，当 POV 上升到一定程度后，油脂开始出现感官性状上的改变。POV 并非随着酸败程度的加剧而持续升高，当油脂的气味由哈喇味变辛辣、色泽变深、黏度增大时，POV 反而会降至较低的水平。一般情况下，当 POV 超过 0.25 g/100 g 时，即表示酸败。我国现行食品安全国家标准规定植物原油和食用植物油 POV 应≤0.25 g/100 g、食用动物油 POV 应≤0.20 g/100 g、食用氢化油 POV 应≤0.10 g/100 g、其他食用油脂制品 POV 应≤0.13 g/100 g。

c. 羰基价(carbonyl group value，CGV)：油脂酸败时可产生含有醛基和酮基的脂肪酸或甘油酯及其聚合物，其总量称羰基价。羰基化合物与 2,4-二硝基苯肼的反应产物在碱性溶液中可形成褐红色或酒红色，以在 440 nm 波长下测定的吸光度计算羰基价，以相当 1 kg 油样中羧基的毫克当量表示，单位是 mEq/kg。正常油脂总羰基价≤20 mEq/kg，酸败油脂和经加热劣化的油脂则多超过 50 mEq/kg，有明显酸败味的食品可高达 70 mEq/kg。

d. 丙二醛(malondialdehyde,MDA):丙二醛是油脂氧化的最终产物,通常用来反映动物油脂酸败的程度。一般用硫代巴比妥酸(TBA)法测定,以 TBA 值表示丙二醛的浓度。这种方法的优点是简单方便,而且适用于所有食品,并可反映甘油三酯以外的其他物质的氧化破坏程度。MDA 与 POV 不同,其含量可随着氧化的进行而不断增加。我国现行食品安全国家标准规定食用动物油脂中 MDA 应≤0.25 mg/100 g。对植物油脂中 MDA 含量目前没有明确的限量规定。

③造成的危害。油脂酸败直接影响产品的质量。轻者使某些理化指标发生变化,重者引起感官性状改变,可产生强烈的不愉快的气味和味道。在酸败过程中,亚油酸、亚麻酸等人体必需的不饱和脂肪酸,脂溶性的维生素 A、维生素 D 和维生素 E 被破坏,不同程度地降低了油脂的食用性和营养价值;长期食用变质油脂还会破坏同时摄入的其他食物中的 B 族维生素,引起脂溶性维生素和维生素 B 的缺乏;酸败的氧化产物对机体的部分酶系统造成破坏作用,并通过损伤 DNA 导致肿瘤的发生;酸败的油脂可导致动物的能量利用率降低、体重减轻、肝脏肿大及生长发育障碍;酸败产物可对人体健康造成不良影响,甚至引发中毒。

④预防措施

a. 保证油脂的纯度:无论采用何种制油方法生产的毛油必须经过精炼,以除去动、植物残渣。水分也是促进油脂酸败的重要因素,应严格控制其含量。我国油脂质量标准对含水量有明确的规定,如《玉米油》(GB/T 19111—2017)规定,玉米原油水分及挥发物含量应≤0.20%,压榨和浸出成品玉米油一级、二级、三级分别为≤0.10%,≤0.15%,≤0.20%。

b. 防止油脂自动氧化:自动氧化是油脂酸败的主要途径,受空气、温度、光线、金属离子、包装材料及微生物等外因的影响。空气中的氧气是油脂氧化的主要因素;随着温度的升高,油脂的氧化速率增大;光线能激发油脂中的光敏物质,引起油脂的光氧化反应,波长短、能量高的光线促氧化能力较强;水分含量过高会促进油脂的水解酸败,一般精炼油脂的水分含量应控制在 0.01%以下;微量金属在光照下能够促进油脂的自动氧化及氢过氧化物的分解,各种金属氧化催化活性一般规律为:Cu>Mn>Fe>Cr>Ni>Zn>AI。因此,油脂的储存应注意密封、隔氧和遮光,同时在加工和储存过程中应避免金属离子污染。

⑤合理使用油脂抗氧化剂。任何能阻止油脂氧化酸败的物质都可以视为抗氧化剂。抗氧化剂通过清除油脂中的氧或捕获自由基来阻止油脂的自动氧化,是防止食用油脂酸败的重要措施。常用的人工合成抗氧化剂有丁基羟基茴香醚、二丁基羟基甲苯和没食子酸丙酯。不同抗氧化剂的混合或与柠檬酸混合使用均具有协同作用。柠檬酸虽然不被视为抗氧化剂,但其能与任何微量金属催化剂络合,减弱其在氧化酸败过程中的催化作用。

(2)油脂污染和天然存在的有害物质　油脂在生产加工过程中可能被污染的及天然存在的有害物质主要有以下几类。

①真菌毒素。油料种子被霉菌及其毒素污染后,其毒素可转移到油脂中,最常见的霉菌毒素是黄曲霉毒素 B_1。各类油料种子中花生最容易受到污染,其次为棉籽和油菜籽,严重污染的花生榨出的油中每千克黄曲霉毒素可高达数千微克。碱炼法和吸附法均为有效的去毒方法。我国规定花生油、玉米胚芽油中黄曲霉毒素 B_1 应≤20 μg/kg,其他植物油中应≤10 μg/kg。

②多环芳烃类化合物。油脂在生产和使用过程中可受到多环芳烃类化合物的污染,其主要源自油料种子的污染、油脂加工过程中受到的污染以及使用过程中油脂的热聚。油脂中的

苯并[a]芘可通过活性炭吸附、脱色处理等精炼工艺而降低。我国现行国家标准规定油脂及其制品中苯并[a]芘应≤10 μg/kg。

③有害元素。油脂中的砷、铅主要来源于油料和运输、生产过程中使用不符合食品卫生要求的工具及设备等造成的污染。我国现行食品安全国家标准规定，油脂及其制品中砷、铅含量均应≤0.1 mg/kg。镍是生产氢化植物油过程中的催化剂，必须加以限量，我国现行食品安全国家标准规定，氢化植物油及氢化植物油为主的产品中镍含量应≤1.0 mg/kg。

④棉酚。棉籽的色素腺体内含有多种毒性物质，主要是游离棉酚。棉籽油中游离棉酚的含量因加工方法而异，通常热榨法生产的油脂中游离棉酚含量仅为冷榨法的1/20～1/10。长期食用生棉籽油可引起慢性中毒，其临床特征为皮肤灼热无汗、头晕、心慌、无力及低钾血症等。一次食用较多量的毛棉籽油会导致急性中毒。降低棉籽油中游离棉酚的含量主要有两种方法：一是采用热榨，二是碱炼或精炼。碱炼时，棉酚在碱性环境下可形成溶于水的钠盐而被除去，碱炼或精炼的棉籽油中棉酚含量可在0.015%左右。我国现行《食品安全国家标准 植物油》(GB 2716—2018)中规定的棉籽油中游离棉酚含量≤0.02%。

⑤芥子油苷。芥子油苷普遍存在于十字花科植物中，油菜籽中含量较多。芥子油苷在植物组织中葡萄糖硫苷酶作用下可水解为硫氰酸酯、异硫氰酸酯和腈。腈的毒性很强，能抑制动物生长或致死；而硫氰化物具有致甲状腺肿作用，其机制为阻断甲状腺对碘的吸收而使甲状腺代偿性肥大。但这些硫化合物大多为挥发性物质，一般可利用其挥发性加热去除。

⑥芥酸。芥酸是一种二十二碳单不饱和脂肪酸，在未经处理的菜籽油中含量高达20%～55%。芥酸可使多种动物心肌中脂肪聚积，心肌单核细胞浸润并导致心肌纤维化。为了预防芥酸对人体可能存在的危害，FAO/WHO建议，食用菜籽油中芥酸不得超过5%。《菜籽油》(GB/T 1536—2021)规定低芥酸菜籽油芥酸含量应≤3.0%。

(3)高温加热油脂的有害产物 长时间高温加热的油脂可发生水解，产生游离脂肪酸；经热氧化作用可产生较多的过氧化物；经热聚合和热分解作用可产生氧化脂肪酸和挥发性基化合物。这些深度氧化产物有的具有较强的毒性，有的可能还具有致癌作用。此外，反复高温加热油脂的不利后果还有油脂感官性状严重恶化、因脂溶性维生素和多不饱和脂肪酸破坏增加而导致油脂营养价值降低。

2. 食用油脂的卫生管理

食用油脂卫生管理的主要依据是《食品安全法》《食品安全国家标准 食品生产通用卫生规范》(GB 14881—2013)、《食品安全国家标准 食品经营过程卫生规范》(GB 31621—2014)、《食品安全国家标准 食用植物油及其制品生产卫生规范》(GB 8955—2016)及各种油脂的相关标准。

食用油脂的卫生管理

(1)原辅材料 生产加工食用油脂的各种原辅材料必须符合有关的食品安全国家标准或规定。严禁采用受工业“三废”、放射性元素和其他有毒、有害物质污染而不符合国家有关标准的原料，以及浸、拌过农药的油料种子，混有非食用植物的油料、油脂和严重腐败变质的原料。生产食用植物油所用的溶剂必须符合国家有关规定。必须采用国家允许使用的、定点生产的食用级食品添加剂。

(2)生产过程　食用植物油厂必须建在交通方便、水源充足，无有害气体、烟雾、灰尘、放射性物质及其他扩散性污染源的地区。厂房与设施必须结构合理、坚固、完好，锅炉房应远离生产车间和成品库。

生产食用油脂使用的水必须符合现行《生活饮用水卫生标准》的规定。生产食用植物油或食用植物油制品的从业人员，必须经健康检查并取得健康合格证后方可工作，工厂应建立职工健康档案。

(3)成品检验及包装　成品经严格检验达到国家有关质量、卫生或安全标准后才能进行包装。包装容器与材料应符合相应的标准和有关的规定。食用油脂的销售包装和标志应符合有关规定。由转基因原料加工的产品应符合国家有关规定。

(4)储存、运输及销售　储存、运输及销售食用油脂均应用专用的工具、容器和车辆，以防污染。产品应储存在干燥、通风良好的场所，食用植物油储油容器的内壁和阀不得使用铜质材料，大容量的包装应尽可能充入氮气或二氧化碳气体，储存成品油的专用容器应定期清洗，保持清洁。为防止与非食用油相混，食用油桶应有明显标记，分区存放。储存、运输、装卸时要避免日晒、雨淋，防止有毒有害物质污染。

(5)产品追溯与召回　油脂生产企业应该建立产品追溯系统及产品召回程序，明确规定产品召回的方法、范围等，定期进行模拟召回训练，并记录存档。严禁不符合国家有关质量和卫生安全要求的食用油脂流入市场。

(二)饮料酒

饮料酒是指酒精含量在0.5%(体积分数)以上的酒精饮料，包括各类发酵酒、蒸馏酒和配制酒。酒精含量低于0.5%的无醇啤酒也属于饮料酒。在酒类生产过程中，从原料选择到加工工艺等诸环节若达不到卫生要求，就有可能产生或带入有毒物质，如甲醛、杂醇油、铅等，对消费者的健康造成危害。

1. 饮料酒的卫生问题

(1)乙醇　酒的主要成分是乙醇，乙醇进入人体后除产生热量外无其他营养价值。每克乙醇含有29.3 kJ能量。血液中乙醇的浓度一般在饮酒后1～1.5 h最高，但因其清除速率较慢，过量饮酒后24 h也能检测出。乙醇主要在肝脏中代谢，对肝脏具有直接的毒性作用。

乙醇对人体健康的影响是多方面的，血液中乙醇浓度较低时，对人体具有一定的兴奋作用，而血液中乙醇浓度过高时可引起乙醇急性中毒，如血中乙醇的含量为4.4～21.5 mmol/L时，会出现肌肉运动不协调、感觉功能受损以及情绪和行为改变等；血液中乙醇浓度继续升高，则出现恶心、呕吐、复视、共济失调、体温降低、发音困难等，严重的可使人进入浅麻醉状态；当血液中乙醇含量达到87.0～152.2 mmol/L时，可出现昏迷、呼吸衰竭，甚至死亡。

乙醇的慢性毒性效应主要是损害肝脏，因在乙醇氧化的过程中，肝脏正常的功能和物质代谢均让位于乙醇，所以经常过量饮酒可引起肝功能异常，长期过量饮酒与脂肪肝、酒精性肝炎及肝硬化等密切相关，肝硬化死亡的人中有40%由乙醇中毒引起。乙醇对不同发育阶段的胚胎均有毒性作用，孕妇饮酒会增加出现不良妊娠后果(胎儿宫内发育迟缓、中枢神经系统发育异常、智力低下等)的风险。

(2)甲醇　酒中的甲醇主要来自制酒原辅料(薯干、马铃薯、水果、糠麸等)中的果胶。在原料的蒸煮过程中，果胶半乳糖醛酸甲酯中的甲氧基分解生成甲醇。黑曲霉的果胶酶活性较高，以黑曲霉作糖化发酵剂时酒中的甲醇含量常常较高。此外,糖化发酵温度过高、时间过长也会使甲醇含量增加。

甲醇具有剧烈的神经毒性,在体内代谢可生成毒性更强的甲醛和甲酸。甲醇主要侵害视神经,导致视网膜受损、视神经萎缩、视力减退和双目失明。一次摄入 5 mL 可致严重中毒,致盲剂量为 8～10 mL。长期少量摄入可导致慢性中毒,其特征性的临床表现为视野缩小,发生不可校正的视力减退。我国《食品安全国家标准　蒸馏酒及其配制酒》(GB 2757—2012)规定(以 100%酒精含量计),粮谷类为原料的蒸馏酒或其配制酒中甲醇含量应≤0.6 g/L,以薯干等代用品为原料的蒸馏酒或其配制酒中甲醇含量应≤2.0 g/L。

(3)杂醇油　杂醇油是碳链长于乙醇的多种高级醇的统称。由原料和酵母中的蛋白质、氨基酸及糖类分解和代谢产生,包括正丙醇、异丁醇、异戊醇等,以异戊醇为主。高级醇的毒性和麻醉力与碳链的长短有关,碳链越长毒性越强,杂醇油中以异丁醇和异戊醇的毒性为主。杂醇油在体内氧化分解缓慢,可使中枢神经系统充血。因此,饮用杂醇油含量高的酒常使饮用者头痛及出现醉酒。

(4)醛类　醛类包括甲醛、乙醛、糠醛和丁醛等。醛类的毒性大于醇类,甲醛的毒性为最大,属于细胞原浆毒,可使蛋白质变性和酶失活,当浓度在 30 mg/100 mL 时即可产生黏膜刺激症状,出现灼烧感和呕吐等,10 g 甲醛可使人致死。蒸馏过程中采用低温排醛,可去除大部分醛类。我国《食品安全国家标准　蒸馏酒及其配制酒》(GB 2757—2012)对醛类未做限量规定。

(5)氰化物　以木薯或果核为原料制酒时,原料中的氰苷经水解后产生氢氰酸,经胃肠吸收后,氰离子可与细胞色素氧化酶中的铁结合,阻止酶的递氧作用,导致组织缺氧,使机体陷于窒息状态。同时,氢氰酸还能使呼吸中枢及血管运动中枢麻痹,导致死亡。我国《食品安全国家标准　蒸馏酒及其配制酒》(GB 2757—2012)规定,蒸馏酒与配制酒中氰化物含量(以 HCN 计)应≤8.0mg/L[按 100%(体积分数)酒精度折算]。

(6)铅　铅主要来源于蒸馏器、冷凝导管和储酒容器。蒸馏酒在发酵过程中可产生少量的有机酸(丙酸、丁酸、酒石酸和乳酸等),含有机酸的高温酒蒸汽可使蒸馏器和冷凝管壁中的铅溶出。总酸含量高的酒铅含量往往也高。铅在人体内的蓄积性很强,由于饮酒而引起的急性铅中毒比较少见,但长期饮用含铅高的白酒可致慢性中毒。酒中的铅含量应符合我国《食品安全国家标准　食品中污染物限量》(GB 2762—2022)的规定。

(7)锰　针对发生铁浑浊的酒以及采用非粮食原料(薯干、薯渣、糖蜜、椰枣等)制酒时产生的不良气味,常使用高锰酸钾—活性炭进行脱臭除杂处理。若使用方法不当或不经过复蒸馏,可使酒中残留较高的锰。尽管锰属于人体必需微量元素,但其安全范围较窄[适宜摄入量(AI)为 4.5 mg/d,可耐受最高摄入量(UL)为 11 mg/d],长期过量摄入仍有可能引起慢性中毒。

(8)展青霉素　水果及其制品容易受到展青霉素的污染。在果酒生产过程中,若没有剔除腐烂、生霉、变质、变味的原料水果果实,展青霉素就容易转移到成品酒中。我国《食品安全国家标准　食品中真菌毒素限量》(GB 2761—2017)规定,苹果酒和山楂酒中展青霉素的含量应≤50 μg/L。

(9)二氧化硫　在果酒和葡萄酒生产过程中,加入适量的二氧化硫,不仅对酒的澄清、净化和发酵具有良好的作用,还可以起到促进色素类物质的溶解以及杀菌、增酸、抗氧化和护色等作用。正常情况下，二氧化硫在发酵过程中会自动消失。但若使用量超过标准或发酵时间过短，就会造成二氧化硫残留。我国《食品安全国家标准　食品添加剂使用标准》(GB 2760—2014)规定，在生产葡萄酒和果酒过程中二氧化硫的最大使用量（以 SO_2 残留量计）应≤0.25 g/L，甜型葡萄酒及果酒系列产品生产过程中二氧化硫的最大使用量应≤0.4 g/L。

(10)微生物污染　发酵酒受微生物污染的原因很多，除了乙醇含量低外，在从原料到成品的整个生产过程中均可能受微生物污染。我国《食品安全国家标准　发酵酒及其配制酒》(GB 2758—2012)规定，啤酒中不得检出沙门氏菌和金黄色葡萄球菌。

2. 饮料酒生产的卫生要求

(1)原辅材料　酿酒用的原辅料应具有正常的色泽和良好的感官性状，无霉变、无异味、无腐烂。粮食类原料应符合《食品安全国家标准　粮食》(GB 2715—2016)、《食品安全国家标准　食品中真菌毒素限量》(GB 2761—2017)及《食品安全国家标准　食品中农药最大残留限量》(GB 2763—2021)的有关规定；各种辅料应符合相应的标准，食品添加剂的品种和使用量必须符合《食品安全国家标准　食品添加剂使用标准》(GB 2760—2024)的规定。用于调兑果酒的酒精必须是符合国家标准二级以上酒精指标的食用酒精。配制酒所用的酒基必须符合《食品安全国家标准　蒸馏酒及其配制酒》(GB 2757—2012)和《食品安全国家标准　发酵酒及其配制酒》(GB 2758—2012)的规定，不得使用工业酒精和医用酒精作为配制酒的原料。生产用水水质必须符合《生活饮用水卫生标准》(GB 5749—2022)的规定。

(2)食品接触材料及制品　饮料酒的食品接触材料及制品必须符合国家的有关规定，所用容器必须经检验合格后方可使用，严禁使用被有毒物质或异味污染过的回收旧瓶。灌装前的容器必须彻底清洗、消毒，清洗后的容器不得呈碱性，无异味、无杂物、无油垢。容器的性能应能经受正常生产和储运过程中的机械冲击和化学腐蚀。

(3)生产过程

①白酒。制曲、蒸煮、发酵、蒸馏等工艺是影响白酒质量的关键环节。各种酒曲的培养必须在特殊工艺技术条件下进行，为防止菌种退化、变异和污染，应定期进行筛选和纯化。清蒸是减少酒中甲醇含量的重要工艺环节，在以木薯、果核为原料时，清蒸还可使氰苷类物质提前分解挥散。白酒在蒸馏过程中，由于各组分间分子的引力不同，使得酒尾中的甲醇含量要高于酒头，而杂醇油恰好与之相反，酒头含量高于酒尾。为此，采用“截头去尾”的蒸馏工艺。恰当地选择中段酒，可大大减少成品中甲醇和杂醇油的含量。对使用高锰酸钾处理的白酒，要复蒸馏后才能使用，以去除锰离子对酒的影响。蒸馏设备和储酒容器应采用含锡99%以上的镀锡材料或无锡材料，以减少铅污染。

②发酵酒。啤酒生产过程主要包括制备麦芽汁、前发酵、后发酵、过滤等工艺环节。原料经糊化和糖化后过滤制成麦芽汁，添加啤酒花后煮沸，煮沸后的麦芽汁应冷却至添加酵母的适宜温度（5～9 ℃），这一过程要经历一个易污染的温区，因此整个冷却过程中使用的各种设备、工具容器、管道等应保持无菌状态。冷却后的麦芽汁接种啤酒酵母进入前发酵阶段，而后再经过一段较长时间的低温（1～2 ℃）后发酵，产生大量二氧化碳，使酒成熟。为防止发酵过程中污染杂菌，酵母培养室、发酵室以及设备、工具、管道、地面等应保持清洁，并定期消毒。啤酒过滤所使用的滤材、滤器应彻底清洗消毒，保持无菌。

在果酒的生产过程中，用于盛装原料的容器应清洁干燥，不得使用铁制容器或装过有毒物质、有异臭的容器。葡萄原料应在采摘后 24 h 内加工完毕，以防挤压破碎、污染杂菌而影响酒的质量。在黄酒糖化发酵的过程中，不得以石灰中和降低酸度。但为了调味，在压滤前允许加入少量澄清石灰水。同时，应限制成品中氧化钙含量不得超过0.5%。

(4)包装标识、运输和储存　饮料酒成品标识必须符合《食品安全国家标准　预包装食品标签通则》(GB 7718—2011)和《食品安全国家标准　蒸馏酒及其配制酒》(GB 2757—2012)的相关规定。运输工具应清洁干燥，装卸时应轻拿轻放，严禁与有腐蚀性、有毒的物品一起混运。成品仓库应干燥、通风良好，库内不得堆放杂物。

(5)卫生与质量检验　饮料酒生产企业(厂)必须设有与生产能力相适应的食品安全与质量检验室，配备经专业培训、考核合格的检验人员。

(6)产品追溯与召回　饮料酒生产企业应该建立产品追溯系统及产品召回程序，明确规定产品召回的方法、范围等，定期进行模拟召回训练，并记录存档。

(三)罐头食品

罐头食品是指以水果、蔬菜、食用菌、畜禽肉、水产动物等为原料，经加工处理、装罐、密封、加热杀菌等工序加工而成的商业无菌的罐装食品。

1.罐头食品的卫生要求

(1)容器材料的卫生要求　罐头食品的容器材料必须符合安全无毒、密封良好、抗腐蚀及机械性能良好等基本要求，以保证罐头食品的质量和加工、储存、运输及销售的需要。常用的罐头容器有金属罐、玻璃罐和塑料复合膜。

①金属罐。主要材质为镀锡薄钢板和铝材。镀锡薄钢板又称马口铁，厚度为0.2～0.3 mm，具有良好的耐腐蚀性、延展性、刚性和加工性能。镀锡层通常为钢基板的0.5%，要求均匀无空斑，否则在酸性介质中将形成铁锡微电偶，加速锡、铅溶出，严重者可造成穿孔，形成漏罐。为避免上述现象的发生，常在马口铁罐内壁涂上涂料(涂料罐)。常用的有环氧树脂、酚醛树脂和聚烯类树脂等；按作用可分为抗硫涂料、抗酸涂料、防粘涂料和冲拔罐涂料等。加工后形成的涂膜应符合国家卫生要求，即涂膜致密、遮盖性好，具有良好的耐腐蚀性，并且无毒、无害、无嗅和无味，有良好的稳定性和附着性。铝金属薄板是铝镁、铝锰等合金经一系列加工工序制成的，具有轻便、不生锈、延展性好、热导率高等特点，是冲拔罐的良好材质。金属罐按加工工艺有三片罐和二片罐(冲按罐或易拉罐)之分，为了减少铅污染，三片罐的焊接应采用高频电焊或黏合剂焊接，焊缝应光滑均匀，不能外露，黏合剂须无毒无害；制盖所使用的密封填料除应具有良好的密封性能和热稳定性外，还应对人体无毒无害，符合相关的卫生要求。

②玻璃罐。特点是透明、无毒、无臭、无味，化学性质稳定，具有良好的耐腐蚀性，能保持食品的原有风味，无有害金属污染。但也存在力学性能差、易破碎、透光、保存期短、运输困难、费用高等缺点。玻璃瓶顶盖部分的密封面、垫圈等材料应为食品工业专用材料。

③塑料复合膜。塑料复合膜是软罐头的包装材料，这种塑料复合膜由三层不同材质的薄膜经黏合而成，外层为12 μm聚酯薄膜，具有加固和耐高温作用；中层为9 μm的铝箔，起避光和密闭作用；内层为70 μm改性聚乙烯或聚丙烯，具有良好的安全性和热封性。三层薄膜间普遍采用聚氨酯型黏合剂，该黏合剂中含有甲苯二异氰酸酯，其水解产物2,4-氨基甲苯具有致癌性，因此必须加强对其的检测。软罐头一般为扁平状，传热效果好，杀菌时间比铁罐头显著缩短。但因包装材料较柔软，易受外力影响而损坏，特别是锋利物体易刺破袋体，因此在加工、储存、运输、销售等过程中要加以注意。

空罐在使用前必须经热水冲洗、蒸汽消毒和沥干(每个空罐残留水不超过 1 mL)。如用回收玻璃罐需在 40～50 ℃、2%～3%的碱水中浸泡 5～10 min,然后彻底冲洗。

(2)原辅材料的卫生要求　罐头食品的原料主要包括果蔬类、畜禽肉类、水产类等;辅料有调味品(糖、醋、盐、酱油等)、食用香料(葱、姜、胡椒等)和食品添加剂(护色剂、防腐剂、食用色素、抗氧化剂等)。所有食品原料应保持新鲜清洁状态。果蔬类原料应无虫蛀、无霉烂、无锈斑和无机械损伤。不同的品种还应有适宜的成熟度,其不仅对产品的色泽、组织状态、风味、汁液等具有重要的影响,还直接关系到生产效率和原料的利用率。果蔬原料的预处理包括分选和洗涤、去皮和修整、漂烫及抽真空。其中,漂烫的目的主要是破坏酶的活性,杀死部分附着在原料上的微生物,使原料色泽稳定、组织软化和风味改善;抽真空处理可以排除原料组织中的空气,以减少对罐壁的腐蚀和果蔬变色,还可使终产品具有较高的真空度。

畜禽肉类必须经严格检疫,不得使用病畜禽肉和变质肉作为原料。使用冷冻原料时应缓慢解冻,冷冻畜肉在 8～15 ℃持续 14～30 h,冷冻禽肉在 15～20 ℃ ℃持续 10 h 左右,以保持原料的新鲜度,避免营养成分的流失。水产类原料的新鲜度对罐头的质量有非常重要的影响,用于生产罐头的鱼、虾、蟹、蛤等原料均应符合相应的食品标准和有关规定,其中感官指标可作为重要的鉴定依据,且挥发性碱基氮含量应在 15 mg/kg 以下。

生产用水应符合国家饮用水质量标准。由于硝酸盐可促进镀锡金属罐的锡溶出,因此要求水中 NO_3^- 含量在 2 mg/kg 以下。在罐头食品所使用的辅料中,调味品和食用香料可以不受限制,食品添加剂的使用范围和使用量则应符合相关的国家标准。

(3)加工过程的卫生要求　装罐、排气、密封、杀菌、冷却是罐头生产过程中的关键环节,直接影响罐头食品的品质和卫生质量。

①装罐、排气和密封。经预处理的原料或半成品应迅速装罐,以减少微生物污染和繁殖的机会。灌装固体物料时要有适当顶隙(6～10 mm),以免在杀菌或冷却过程中出现鼓盖、胀裂或罐体凹陷的情况。装罐后应立即排气,使罐内形成一定的真空度,减少杀菌时罐内产生的压力,防止罐头变形损坏。此外,缺氧情况有利于抑制一些细菌的生长繁殖,减少食品的腐败变质。排气有加热排气、机械排气和蒸汽喷射排气等方式。加热排气适用于半液体食品及浇汤汁的品种;机械排气适用于固态品种(鱼、肉罐头等);蒸汽喷射排气通常只限于氧溶解量和吸收量很低的某些罐头品种。排气后应迅速封盖,使食品与外界隔离,不受外界微生物污染而能较长时间保存。密封后应迅速进入杀菌工序。

②杀菌。罐头食品的杀菌过程也称商业杀菌,即加热到一定程度后,杀灭罐内存留的绝大部分微生物(包括腐败菌、致病菌、产毒菌等)并破坏食品中的酶,以达到长期储存的目的。罐头杀菌首先要考虑杀灭食品中的肉毒梭菌,罐头杀菌工艺若能达到杀灭或抑制肉毒梭菌的效果,就容易使罐头中大多数腐败菌及一些致病菌也能受到抑制。罐头杀菌工艺条件主要由温度、时间等因素组成,常用杀菌公式表示为

$$\frac{T_1—T_2—T_3}{t}$$

式中:T_1 为从加热至杀菌温度所需时间,min;T_2 为保持恒温的时间,min;T_3 为降至常温所需的时间,min;t 为杀菌所需温度,℃。

罐头杀菌因食物的种类、罐内容物 pH、热传导性能、微生物污染程度、杀菌前初温和罐型

大小等不同，杀菌的温度和杀菌公式也不同。例如，午餐肉罐头（净重 397 g）的杀菌公式为（15 min—60 min—20 min）/121 ℃；蘑菇罐头（净重 850 g）的杀菌公式为（15 min—27 min—30 min）/121 ℃。

罐头的杀菌常采用常压杀菌、加压杀菌和蒸汽杀菌。水果类罐头为保持色、形、味，多采用常压杀菌；加压杀菌适用于水产、肉类的玻璃罐头及铝罐等；蒸汽杀菌温度可达 100 ℃以上，适用于畜肉类和禽肉类罐头。

③冷却。罐头杀菌后应迅速冷却，罐中心温度要在短时间内降至 40 ℃左右，以免罐内食品仍然保持相当高的温度继续加热，使色泽、风味、组织结构受到影响；同时也可避免长时间高温环境促进嗜热芽孢菌的发育和繁殖，有利于冷却后罐外水分的挥发，防止罐头生锈。罐头生产过程中的冷却方式有空气冷却和水冷却，水冷却因具有较高的热交换能力是常用的冷却方式。根据罐头灭菌方法的不同，可采用常压水冷却或加压水冷却，冷却用水应符合国家生活饮用水质量标准。

（4）成品检验　成品检验是企业管理和确保产品卫生质量的关键，一般包括外观、真空度和保温试验。外观检查主要包括容器有无缺口、折裂、碰伤以及有无锈蚀、穿孔、泄露和胀罐等情况。真空度检查产生浊音可能由多种情况造成，如排气不充分、密封不好、罐内食物填充过满以及罐头受细菌或化学性因素作用产气等，要视具体情况结合其他检查决定如何处理。保温试验是检查成品杀菌效果的重要手段，肉、禽、水产品罐头应在（37±2）℃下保温 7 d；水果罐头应在常温下放置 7 d。含糖 50%以上的品种，如果酱、糖浆水果罐头类、干制品罐头类可不做保温试验。经保温试验后，外观正常者方可进行产品质量检验和卫生检验。

（5）罐头食品出厂前的检查　应按照国家规定的检验方法（标准）抽样，进行感官、理化和微生物等方面的检验。凡不符合标准的产品一律不得出厂。

①感官检查。包括外观和内容物的检查。感官检查中可见到罐头底盖向外鼓起的胀罐，称为胖听。根据胖听发生的原因，可将胖听分为 3 种。

物理性胖听：多由于装罐过满或罐内真空度过低引起，一般叩击呈实音，穿洞无气体逸出，可食用。

化学性胖听：是由于金属罐受酸性内容物腐蚀产生大量氢气所致。叩击呈鼓音，穿洞有气体逸出，但无腐败气味，一般不宜食用。

生物性胖听：是由于杀菌不彻底残留的微生物或因罐头有裂缝从外界进入的微生物生长繁殖产气的结果，此类胖听常为两端凸起，叩击有明显鼓音，保温试验时胖听增大，穿洞有腐败气味逸出，此种罐头禁止食用。

罐头内容物发生变色和变味时应视具体情况加以处理，如果蔬类罐头内容物色泽不鲜艳、颜色变黄，一般为酸性条件下叶绿素脱 Mg^{2+} 引起；蘑菇罐头变黑是由酪氨酸与黄酮类化合物在酶作用下形成棕黑色络合物引起，一般不影响食用。畜禽肉类和水产品罐头在杀菌过程中挥发出的硫化氢与罐壁作用可能产生黑色的硫化铁或紫色的硫化锡，在贴近罐壁的食品上留下黑色斑或紫色斑，一般去除色斑部分可食用。若罐头出现有油脂酸败味、酸味、苦味和其他异味，或伴有汤汁浑浊、肉质液化等情况应禁止食用。

②理化检验。包括真空度、重金属、亚硝酸盐、防腐剂、酸度检验等。

③微生物检验。主要是细菌总数检验、大肠菌群检验、致病菌检验等。一般食品罐头应该达到商业无菌的要求。平酸腐败是罐头食品常见的一种腐败变质，表现为罐头内容物酸度增

加而外观完全正常。此种腐败变质由可分解碳水化合物产酸不产气的平酸菌引起。低酸性罐头的典型平酸菌为嗜热脂肪芽孢杆菌，而酸性罐头的典型平酸菌则主要为嗜热凝结芽孢杆菌。由于它们广泛存在于泥土、尘埃之中，容易对原料、辅料（糖、淀粉等）和生产设备构成污染，因此对生产各个环节都必须严加管理。平酸腐败的罐头应销毁，禁止食用。

2. 罐头食品的卫生管理

在罐头的质量安全管理方面，我国已颁布了《食品安全国家标准　罐头食品》（GB 7098—2015）、《罐头食品企业良好操作规范》（GB/T 20938—2007）、《食品安全管理体系　罐头食品生产企业要求》（GB/T 27303—2008）、《食品安全国家标准　罐头食品生产卫生规范》（GB 8950—2016）及相关的卫生标准和食品安全标准，为罐头食品的监督管理及生产企业的自身管理提供了充分的依据。

（四）冷饮食品

冷饮食品是人们日常生活中不可缺少的食品之一，具有消暑、解渴、补充水分和营养素的功能，分为冷冻饮品和饮料。

1. 冷饮食品原料的卫生要求

（1）冷饮食品用水　水是冷饮食品生产中的主要原料，一般取自自来水、井水、矿泉水（或泉水）等原水。无论是地表水还是地下水，均含有一定量无机物、有机物和微生物，这些杂质若超过一定范围就会影响冷饮食品的质量和风味，甚至引起食源性疾病。因此，原料用水须经沉淀、过滤、消毒，达到《生活饮用水卫生标准》（GB 5749—2022）方可使用。此外，饮料用水还必须符合加工工艺的要求，如水的硬度应低于 100 mg/L（以 $CaCO_3$ 计），避免钙、镁等离子与有机酸结合形成沉淀物而影响饮料的风味和质量。人工或天然泉水须按允许开采量开采。天然泉水应建立密闭的自流式建筑物，防止天然因素或人为因素造成的污染。

（2）原辅料　冷饮食品所用原辅料种类繁多，其质量的优劣直接关系到终产品的质量，因此冷饮食品生产中所使用的各种原辅料如乳、蛋、果蔬汁、豆类、茶叶、甜味料（如白砂糖、绵白糖、淀粉糖浆、果葡糖浆）均必须符合相关的食品安全国家标准，不得使用糖蜜或进口粗糖（原糖）、变质乳品、发霉的果蔬汁等作为冷饮食品原料。使用的发酵菌种应选择保加利亚乳杆菌（德氏乳杆菌保加利亚亚种）、嗜热链球菌或国务院卫生行政部门批准的菌种。使用的各种食品添加剂应符合《食品安全国家标准　食品添加剂使用标准》（GB 2760—2024）的规定，使用的营养强化剂应符合《食品安全国家标准　食品营养强化剂使用标准》（GB 14880—2012）的规定。

2. 冷饮食品加工过程的卫生要求

（1）冷冻饮品　冷冻饮品加工过程中的主要卫生问题是微生物污染，冷冻饮品原料中的乳、蛋和果品常含有大量微生物，所以原料配制后的杀菌与冷却是保证产品质量的关键。熬煮料采用 68～73 ℃加热 30 min 或 85 ℃加热 15 min，能杀灭原辅料中几乎所有的繁殖型细菌，包括致病菌（混合料应该适当提高加热温度或延长加热时间）。杀菌后应迅速冷却，至少要在 4 h 内将温度降至 20 ℃以下，避免残存的或熬料后重复污染的微生物在冷却过程中有繁殖机会。目前冰激淋原料在杀菌后常采用循环水和热交换器进行冷却。冰棍、雪糕普遍采用热料直接灌模，用冰水冷却后立即冷冻成型，这样可以大大提高产品的卫生质量。

冷冻饮品生产过程中所使用设备、管道、模具应保证内壁光滑无痕，便于拆卸和刷洗，其材质应符合有关的食品安全国家标准，焊锡纯度应在99%以上，防止铅对冷冻饮品的污染。模具要求完整、无渗漏；在冷水熔冻脱模时，应避免模边、模底上的冷冻液污染冰体。

包装间应有净化措施，班前、班后应采用乳酸或紫外线对空气进行消毒。从事产品包装的操作人员应特别注意个人卫生，包装时手不应直接接触产品，要求以块或支为单位实行小包装，数打或数块应有外包装。产品的包装材料，如纸盒等接触冷冻饮品的容器须经过高压灭菌后方可使用。成品出厂前应做到批批检验。

(2)饮料　液体饮料的生产工艺因产品不同而有所不同，但一般均有水处理、容器处理、原辅料处理和混料后的均质、杀菌、罐(包)装等工序。

①水处理。水处理是软饮料工业最重要的工艺过程，其目的是除去水中固体物质，降低硬度和含盐量，杀灭微生物，为饮料生产提供优良的水质。过滤是水处理的重要工艺过程，一般采用活性炭吸附和砂滤棒过滤，可去除水中悬浮性杂质(如异物、氯离子、三氯甲烷和某些有机物等)，但不能吸附金属离子，也不能完全去除细菌等微生物，通常作为饮料用水的初步净化手段。水中溶解性杂质主要有K^+、Ca^{2+}、Mg^{2+}、Na^+、HCO_3^-、SO_3^{2-}、Cl^-等离子，其总量称为含盐量，Ca^{2+}和Mg^{2+}含量的总和为水的总硬度。饮料用水含盐量高会直接影响产品的质量，因此必须对其进行脱盐软化处理。常用的方法如下所述。

a. 电渗析法：利用直流电场将水中阴、阳离子分开，使阴离子通过渗透膜进入阳极区，阳离子进入阴极区，从而达到脱盐软化的目的。此法除盐率高(80%以上)、耗电少、可连续处理、操作简单、检修方便，因此在饮料、啤酒等行业中应用广泛。但是它不能除去水中不溶性杂质。

b. 反渗透法：利用反渗透膜去除比水分子直径大的绝大多数杂质，包括各种阴、阳离子、有机物和微生物的方法，除盐率达到90%以上。但此法对预处理的原水要求比较高，投资大。

②容器处理。包装容器种类很多，有瓶(玻璃瓶、塑料瓶)、罐(二片罐和三片罐)、盒、袋等形式。包装材料应无毒无害，并具有一定的稳定性，即耐酸、耐碱、耐高温和耐老化，同时具有防潮、防晒、防震、耐压、防紫外线穿透和保香性能。聚乙烯或聚氯乙烯软包装，因具透气性且强度低不能充二氧化碳，尤其在夏、秋季节受细菌污染常较严重。因此，对这种包装形式的应用应严加限制。

由于饮料瓶可以重复使用，因此使用前须剔除盛过农药、煤油、油脂和污染严重、不易洗净以及瓶口有破损的回收瓶。瓶和罐类容器必须经过严格的清洗和消毒，包括浸泡(10～20 g/L的NaOH碱液或洗涤液)、洗涤、消毒(用热碱水或有效氯含量为150～200 mg/L的消毒液在槽内浸泡5 min)以及冲瓶。瓶盖消毒可采用臭氧熏或25%酒精浸泡。洗消后的空瓶在灌装前还须进行灯下检查，剔除不合格的空瓶。

③杀菌。杀菌是控制原辅料或终产品微生物污染，延长产品保质期和食用者安全的重要措施。杀菌的方法有很多，应根据生产过程中的危害分析和产品的性状加以选择。

a. 巴氏消毒：也称巴氏杀菌。传统的方法是62～65 ℃维持30 min，现在多采用高温巴氏杀菌，即70～85 ℃维持15 s，此法可杀灭繁殖型微生物，又不会破坏产品的结构和营养成分。

b. 超高温瞬间杀菌：即120～150 ℃维持0.5～3 s，可最大限度地减少营养素损失，但所要求的技术和设备条件较高。

c. 高压蒸汽杀菌：适用于非碳酸型饮料，尤其是非发酵型含乳饮料、植物蛋白饮料、果(蔬)汁饮料等，一般蒸汽压为1 kg/cm，温度为120 ℃，持续20～30 min，杀菌后产品可达到商业无菌要求。

d. 紫外线杀菌：原理是微生物经紫外线（波长 260nm）照射后，其细胞内的蛋白质和核酸发生变性而死亡。紫外线对水有一定穿透力，使水得以消毒，因此常用该方法作为原料用水的杀菌方法。

e. 臭氧杀菌：臭氧是一种强氧化剂和消毒剂，杀菌速率为氯的 30～50 倍，一般认为水中臭氧浓度达 0.3～0.5 mg/L 即可获得满意的杀菌效果，且具有半衰期短、易分解、无残留等特点，因此适用于饮用水的杀菌。

④灌（包）装。灌（包）装通常是在暴露和半暴露条件下进行的，其工艺是否符合卫生要求，对产品的卫生质量，尤其是对无终产品消毒的品种质量至关重要。空气净化是防止微生物污染的重要环节，首先应将灌装工序设在单独房间或用铝合金隔成独立的灌装间，与厂房其他工序隔开，避免空气交叉污染；其次是对灌装间消毒，可采用紫外线照射法，一般按 1 W/m^3 功率设置，也可采用过氧乙酸熏蒸消毒，按 0.75～1.0 g/m^3 配制。目前，最先进的方法是在灌装间安装空气净化器。灌装间空气中杂菌数以<30 个/皿为宜。灌装设备、管道、冷却器等材质应符合相关的卫生要求。使用前必须彻底清洗、消毒，管道应无死角、无盲端、无渗漏，便于拆卸和刷洗消毒，防止设备、管道对产品的污染。

3. 冷饮食品的卫生管理

我国已经颁布多项相关的食品安全国家标准、卫生规范和管理办法，如《食品安全国家标准　饮料生产卫生规范》（GB 12695—2016）、《饮料通则》（GB/T 10789—2015）、《食品安全国家标准　冷冻饮品和制作料》（GB 2759—2015）及《食品安全国家标准　饮料》（GB 7101—2015）等，为冷饮食品经营者开展科学管理、食品卫生监督人员的监督执法提供了理论和实践依据。

（五）糕点、面包类食品

1. 糕点、面包类食品的卫生要求

糕点是以谷类、豆类、薯类、油脂、糖、蛋等一种或几种为主要原料，添加或不添加其他原料，经调制、成型、熟制等工序制成的食品，以及熟制前或熟制后在产品表面或熟制后内部添加奶油、蛋白质、可可、果酱等的食品。糕点的种类很多，通常分为中式糕点和西式糕点两大类。中式糕点以生产工艺和最后熟制工序的不同分为烘烤制品、油炸制品、蒸煮制品、熟粉制品等；西式糕点分为面包、蛋糕和点心三大类。糕点类食品的生产和卫生管理应按照《食品安全法》和相关的《食品安全国家标准　糕点、面包》（GB 7099—2015）、《食品安全国家标准　饼干》（GB 7100—2015）和《食品安全国家标准　糕点、面包卫生规范》（GB 8957—2016）等的要求进行。

2. 糕点、面包类食品的卫生管理

（1）原辅材料　生产糕点、面包类食品所用的所有原料均应符合相应的标准和规定。水禽蛋及高温复制冰蛋不得作为糕点原料。开封或散装的易腐原料（奶油、黄油、蛋白质等）应在低温条件下保存。所用食品添加剂和生产用水应符合相关标准的规定。

糕点、面包类食品的卫生管理

（2）加工过程　粮食原料及其他粉状原辅料使用前必须过筛，且过筛装

置中须增设磁铁装置，以除去金属类杂质；乳类原料须经巴氏消毒并冷藏，临用前从冰箱或冷库中取出；蛋类需经仔细的挑选，再经清洗消毒方可使用。打蛋前操作人员要洗手，消毒蛋壳和打蛋应避离糕点加工车间；若用冰蛋应在临用前从冰箱或冷库中取出，置水浴中融化后使用。

制作油炸类糕点时，煎炸油最高温度不得超过 250 ℃。以肉为馅心的糕点、面包加工过程中，中心温度应达到 90 ℃以上，一般糕点中心温度应达到 85 ℃以上，以防止外焦内生。成品加工完毕后，须彻底冷却再包装，以防止糕点发生霉变、氧化酸败等。冷却最适宜的温度是 30～40 ℃，室内相对湿度为 70%～80%。

（3）包装、储存、运输及销售　食物接触材料及制品应符合相应的食品安全国家标准和有关规定。产品标签及说明书应符合《食品安全国家标准　预包装食品标签通则》（GB 7718—2011）的规定。定型包装的标识要求应符合有关规定，在产品的单位包装上要标明“冷加工”或“热加工”。

成品库应有防潮、防霉、防鼠、防蝇、防虫、防污染措施。散装糕点须放在洁净木箱或塑料箱内储存，箱内须有衬纸，将糕点遮盖严密。运输产品时应避免日晒、雨淋，不得与有毒、有害、有异味或影响产品质量的物品混装运输。冷工艺产品要在低温条件下储存、运输和销售。销售场所须具有防蝇、防尘等设施，销售散装糕点的用具要保持清洁，销售人员不得用手直接接触糕点。

（4）从业人员　生产企业应有完善的卫生设施和健全的卫生制度。凡是患有传染性肝炎、活动性肺结核、肠道传染病（包括病原携带者）、化脓性或渗出性皮肤病、疥疮和其他有碍食品卫生的疾病者，以及手有外伤者不得在糕点、面包加工车间工作。糕点加工人员应自觉遵守各项卫生制度，西点冷加工操作车间的操作人员必须戴口罩，以防咳嗽、打喷嚏等分泌物污染糕点。

（5）出厂检验　糕点、面包类食品在出厂前需进行卫生与质量的检验，内容包括感官、理化及微生物指标等。凡不符合标准的产品一律不得出厂。

（6）产品追溯与召回　企业应建立并实施可追溯性系统，使具有潜在不安全性的产品得以处理。企业还应建立产品召回程序，以保证完全、及时地召回被确定为不安全批次的终产品。

引导问题 1

辐照食品的安全问题有哪些？

引导问题 2

辐照对常见食品的营养成分有何影响？

四、辐照食品的卫生及管理

食品辐照保藏是将放射线用于食品灭菌、杀虫、抑制发芽等，以延长食品的保藏期限。另外，食品辐照也用于提高食品消化吸收利用率和改善食品品质等方面。受照射处理的食品称为辐照食品(irradiated food)。

目前，加工和实验用的辐照源有^{60}Co 和^{137}Cs 产生的 γ 射线及电子加速器产生的低于 10 兆电子伏(MeV)的电子束。食品辐照分为静式辐照和动式辐照两种，静式辐照是在辐照前将包装好的食品预先摆在辐照源所在地的周围，定量进行翻转，以保证辐照均匀的辐照方法；动式辐照是指用机械装置将食品输入辐射场内不断回转进行辐照的辐照方法。

由于辐照目的和食品类别的不同，辐照剂量各不相同。辐照所用剂量以被辐照物吸收的能量表示。国际原子能机构统一规定食品辐照灭菌剂量：在 5 kGy 以下称为辐照防腐(radurization)，可杀死部分腐败菌，延长产品保存期；在 5～10 kGy 称为辐照消毒(radicidation)，以消除无芽孢致病菌；剂量达 10～50 kGy 称为辐照灭菌(radappertization)，可以杀灭物料中的一切微生物。

1. 辐照食品的安全问题

与传统的熏蒸、高温巴氏灭菌法或添加化学防腐剂等食品加工方法相比，食品辐照加工具有无化学物质污染、无残留、不破坏食品营养成分等优点，既可应用于杀菌、保鲜，又可应用于食品污染物残留的消除。但是，应用射线辐射对食品进行杀菌是否会通过食品对人类健康带来危害呢？近来，随着媒体对国内^{60}Co 事故的曝光，辐照食品的安全性问题再次引起人们的关心和担忧。经过辐照处理的食品是否含有有害成分，是否会引起慢性疾病和致畸、致癌等问题成为争议的焦点。关于辐照食品的安全性，有以下几方面的问题值得考虑。

(1)放射性污染问题　人们对辐照食品的疑虑很大程度上是担心其是否具有放射性，即辐照食品是否会被放射性元素污染或存在感生放射性。物质在经过射线照射后，可能诱发放射性，称为感生放射性。研究表明，射线必须达到一定的阈值才能诱发感生放射性。研究表明，16 MeV 的能量所诱发的感生放射性可以忽略。而目前辐照食品常用的辐射源能量都在 10 MeV 以下，故辐照食品不存在感生放射性问题。另外，作为辐照源的放射性物质被密封在双层的钢管内，射线只能透过钢管壁照射到食品上而非直接照射到食品上，故放射源不会对食品造成放射性污染。

(2)毒性和致突变性、致癌性　20 世纪 70 年代开始，国际原子能机构、世界卫生组织和国际粮农组织等多个国际组织就开始在全球范围内组织实验室对辐照食品的安全性进行论证。美国的科学界已对老鼠、犬等不同种类的动物进行了持续几代的研究，未发现任何辐照食品对这些动物造成健康危害。从目前的研究结果来看以及跟踪调查结果表明：应用规定剂量辐照的食品是安全的，辐照灭菌的方法是一种安全有效的方法，不存在毒理学、营养学和微生物学问题，甚至经高达 75 kGy 辐照的食品也可放心食用。

(3)生物安全性问题　生物安全性问题指食品中的微生物长期接受辐照是否使食品存在安全隐患的问题，主要应关注辐照能否诱发微生物遗传变化。耐辐射性强的菌株可使辐照的效果大大降低，也可能加速致病性微生物的变异，使原有的致病性微生物致病力增强或产生新的毒素，从而威胁人类的身体健康。迄今为止，这些可能出现的生物安全性问题尚未得到证实。

（4）营养适应性问题　辐照食品中的营养素和微量营养素是否会被破坏或变性，是否会生成有害成分或致癌物等问题，引起了很多人的关注。研究表明，正常剂量的辐照对食品中营养成分的影响远小于烹调和普通食品保藏工艺对食品营养成分的影响；而且辐照食品只是作为日常膳食的一小部分，所以辐照处理对人体总体营养素摄入水平不会造成明显影响。

2. 辐照对常见食品营养成分的影响

（1）辐照对食品中碳水化合物的影响　固态的和液态的碳水化合物（糖类化合物）经辐照后都会发生变化。在大剂量辐照过程中，糖类化合物发生的变化主要是有降解作用和有辐解产物的形成。经辐照后，糖类化合物可产生熔点降低和旋光性改变、糖苷键断裂等变化，辐解产物有 H_2、CO、CO_2、H_2O、CH_4、甲醛、乙醛丙酮、丙醛、乙二醛、糖醛酸、糖聚合体、脱氧化合物等。辐解产物的浓度较高，会有一定的致癌风险。研究表明，多糖如淀粉被辐照后，黏度会降低；若辐照剂量再高，则淀粉连凝胶都不能形成，淀粉颗粒会变得易碎，增加了 α-淀粉酶的反应。在辐照加工过程中，因辐照剂量大多控制在 10 kGy 以下，糖类的辐照降解和辐解产物的生成都是极其微量的。

（2）辐照对食品中蛋白质的影响　蛋白质分子经辐照后，容易发生裂解并变性，但经过对辐照食品中蛋白质、氨基酸和酶解产物的分析研究表明，经适宜剂量照射的食品，蛋白质营养成分无明显变化，氨基酸组分稳定。有研究表明，经 72 ℃蛋白酶热钝化处理和真空包装的猪肉样品，在 −20 ℃经 45 kGy 剂量辐照，辐照对猪肉的蛋白质虽有影响，但影响不大，氨基酸主要组分基本保持不变，即这一辐照工艺的高剂量辐照并不会导致猪肉损失其蛋白质营养价值。另外，辐照肉类等食品会使肉类产生一种类似蘑菇的辐照味，它与辐照剂量呈正比。异臭主要是由含硫蛋白经辐照产生甲硫醇、硫化氢等所致。通过降低温度可以减少肉制品经辐照产生的辐照味，也可以将辐照处理与盐腌、干制、熏制和添加抗氧化剂结合起来进行，以降低肉制品所需的辐照剂量，从而减少肉制品辐照味的产生。

（3）辐照对食品中脂类的影响　脂肪是食物成分中最不稳定的物质，对辐照十分敏感。研究表明脂肪分子经辐照后会发生氧化、脱氢等作用，饱和脂肪一般是稳定的，不饱和脂肪则易被氧化，氧化程度与照射剂量呈正比。脂溶性维生素 A 对辐照和自动氧化过程比较敏感，一般将维生素 A 选为评判脂肪辐照程度的标准。此外，也可以用酸价和过氧化值的变化来评定。

（4）辐照对食品中维生素的影响　维生素对辐照很敏感，其损失量取决于辐照剂量、温度、氧气量和食物类型。一般来说，低温缺氧条件下，辐照可以减少维生素的损失；在低温密封状态下，辐照也能减少维生素的损失。有国内文献报道，维生素 B_1 溶液经 500 Gy 剂量辐照后，大约损失 50%，而全蛋粉辐照同样剂量后其中的维生素 B_1 只损失了 5%。

3. 辐照食品的管理

（1）辐照食品的安全性评价　辐照食品的安全性即辐照食品的健全性，是包括毒理学上的安全性、微生物学上的安全性和营养学上的合格性在内的综合概念。在探究辐照食品的急性毒性、慢性毒性、致癌性、遗传毒性的同时，还必须了解食品原料中的微生物是否发生突变而增加了毒性以及是否破坏了营养成分。在 WHO 的建议下，联合国粮农组织(FAO)、国际原子能机构(IAEA)于 1970 年开始启动国际食品辐照项目(The International Food Iradiation Project，IFIP)，先后共有 24 个国家参加，分工协作进行研究。1976 年，FAO、WHO、IAEA 在瑞士日内瓦召开国际辐照食品会议，对辐照食品的安全性进行了讨论与评价。辐照保藏食品工艺简单，在正常的辐照剂量下，食品在辐照过程中仅有轻微的升温，对食品营养成分影响小，称为“冷加工”。剂量过大的放射线照射食品所产生的变化，因食物的种类、品种及照射的条件不同，在食品中生成的有害成分和微生物变性所带来的危害也不同。采用剂量过大的放射线照射食品是否会破坏营养成分、生成有害或致癌物质等问题得到了进一步研究。1980 年，FAO/IAEA/WHO 食品辐照联合专家委员会(Joint Expert Committee on Food Irradiation)根据长期收集到的毒理学、营养学、微生物学资料及辐射化学分析的结果确定：总平均剂量不超过 10kGy 辐照的任何食品，没有毒理学上的危险，不再需要做毒理实验。同时，食品在营养学方面和微生物学方面也都是安全的。1994 年，WHO 对辐照食品的安全性和营养适应性再次进行了评估；1997 年，WHO 对高剂量辐照食品所下的结论是：经 10 kGy 以上辐照的食品的健全性也没有问题。1997 年 FAO 等认为，在正常的辐照剂量下进行辐照的食品是安全的。

(2)辐照食品的管理　辐照食品的管理包括辐照食品的卫生管理和标识管理。

1983 年，由国际食品法典委员会(CAC)制定的《辐照食品的规范通用标准(世界范围标准)》和《用于处理食品辐照设施的实施细则》成为各国制定适合国情标准和法规的参考依据。1997 年，我国制定或修订了辐照熟畜禽肉类、辐照花粉、辐照干果果脯类、辐照香辛料类、辐照新鲜水果蔬菜类、辐照猪肉、辐照冷冻包装畜禽肉类及辐照豆类、谷类及其制品等 GB 14891 系列卫生标准，并规定了食品的辐照吸收剂量、包装标示上的辐照食品字样和辐照食品标志的使用(新鲜水果、蔬菜类除外)等内容。

目前，很难在我国市场上看到有标识的辐照食品，很少有企业主动在经辐照处理的食品包装上加贴辐照食品标识(图 6-1)。我国辐照食品的消费者接受性问题依然是阻碍辐照商品标识的主要原因。

图 6-1　辐照食品标识

2001 年，我国制定和颁布了 17 个辐照食品加工工艺标准，如《豆类辐照杀虫工艺》(GB/T 18525.1—2001)、《谷类制品辐照杀虫工艺》(GB/T 18525.2—2001)、《红枣辐照杀虫工艺》(GB/T 18525.3—2001)、《枸杞干葡萄干辐照杀虫工艺》(GB/T 18525.4—2001)、《空心莲辐照杀虫工艺》(GB/T 18525.7—2001)、《速溶茶辐照杀菌工艺》(GB/T 18526.1—2001)、《冷却包装分割猪肉辐照杀菌工艺》(GB/T 18526.7—2001)、《苹果辐照保鲜工艺》(GB/T 18527.1—2001)、《大蒜辐照抑制发芽工艺》(GB/T 18527.2—2001)等。2003 年农业部又批准制定了 5 个包括水产品在内的饲料、茶叶等辐照工艺的行业标准。我国发布的有关辐照食品法规和标准还有：《电离辐射防护与辐射源安全基本标准》(GB 18871—2002)、《γ 辐照装置的辐射防护与安全规范》(GB 10252—2009)、《γ 辐照装置食品加工实用剂量学导则》(GB 16334—1996)、《食品安全国家标准　食品辐照加工卫生规范》(GB 18524—2016)等。在上述标准中还对辐照食品的感官性状、卫生质量、农药残留以及平均辐照吸收剂量、剂量匀度、辐照加工食品的许可、市场销售、辐照加工设施的安全防护、操作人员的资格等都做了严格规定。

引导问题

转基因食品的安全问题有哪些？

五、转基因食品的卫生及管理

转基因技术(transgene technology)，又称基因工程技术(genetic engineering technology)、重组 DNA 技术(recombinant DNA technology)。重组是指在体外将分离到的或合成的目的基因通过与质粒、病毒等载体重组连接，然后将其导入不含该基因的受体细胞，使受体细胞产生新的基因产物或获得新的遗传特性。利用转基因技术可以有目的地实现动物、植物和微生物等物种之间的 DNA 重组和转移，使现有物种的性状在短时间内趋于完善，或为其创造出新的生物特性。简而言之，转基因技术是指将人工分离和修饰过的基因导入生物体基因组并使之定向表达，进而引起生物体性状变化的一系列手段。

转基因食品(genetically modified food，GMF)，指利用转基因技术使基因组构成发生改变的动植物和微生物直接生产的食品或以其为原料加工制成的食品。转基因技术是生产转基因食品的核心技术，其次还包括转基因生物的种植、养殖或培植，以及转基因产品的加工、贮藏和包装等一系列过程。

转基因食品分为三大类：①转基因动植物、微生物产品，如转基因大豆、转基因玉米；②转基因动植物、微生物直接加工品，如由转基因大豆制取的豆油；③以转基因动植物、微生物或以其直接加工品为原料生产的食品和食品添加剂，如用转基因大豆油加工的食品。

与传统食品相比，转基因食品在增加作物产量、降低生产成本、增强作物抗虫害、抗病毒等方面的能力和提高农产品耐储性等方面存在优势。转基因食品具备如下特征：①具有食品或食品添加剂的特征；②产品的基因组构成发生了改变，并存在外源 DNA；③食品的成分中存在外源 DNA 的表达产物及其生物活性；④具有基因工程所设计的性状和功能。

转基因生物和转基因食品一直备受关注，特别是转基因农作物的大面积种植、转基因食品的大量生产及其国际贸易，引起了世界各国的高度重视。

我国转基因生物研究始于 20 世纪 80 年代初期。到目前为止，我国批准投入商业化种植的转基因作物只有两种，一是转基因抗虫棉花，二是转基因抗病毒番木瓜。除此之外，我国批准进口用作加工原料的转基因作物包括大豆、玉米、油菜、棉花、甜菜等。

1. 转基因食品的主要卫生问题

根据现有的科学知识推测，转基因食品可能对环境及人体健康造成危害。在生态环境方面的潜在危害主要是被转入基因的漂移所引起的基因污染。转基因植物有演变成农田杂草的可能性，如转基因高产作物一旦通过花粉导入方式将高产基因传给周围杂草，就可能会引发超级杂草的出现，对环境和物种带来难以评估的后果。转基因不育品种的不育基因在种植地大量传播，可能会引发种植地农业的灾难。还有对生物类群的影响，如毒蛋白能在花蜜中表达，可能引起蜜蜂等传粉昆虫和植物群落的崩溃，甚至可能危及人类及其他动物的生存环境和健康，如食用植物通过基因改良成为药用植物，通过异花授粉会使食用植物产生药性，从而污染人类的食物供应。

在人体健康方面的潜在危害主要表现在引发人体过敏、使细菌产生抗药性、改变食品的营养成分和毒性作用等方面。

①转基因食品可能引起人体过敏反应。转基因植物引入了外源性目的基因后，会产生新的蛋白质，使人类部分个体可能很难或无法适应而诱发过敏症状。

②抗生素标记基因可能使感染人类的细菌产生抗药性。抗生素标记基因在商业转基因植物中大量使用。人类食用了这些转基因食品后，在体内将抗药性基因传给致病性细菌，从而使病菌产生抗药性，使抗生素失效。

③转基因食品营养成分的改变。转基因食品中的外源性基因可能会改变食物的成分，包括营养成分构成和抗营养因子的变化，如抗除草剂转基因大豆中具有防癌功能的异黄酮成分较传统大豆减少了 14%；转基因油菜中类胡萝卜素、维生素 E、叶绿素均发生了变化。这些变化会导致食品营养价值降低，人体营养结构失衡，影响人体的健康。

④转基因食品的毒性作用。目前的转基因技术不能完全有效地控制转基因后的结果，如果转入的基因发生突变则可能产生有毒物质，或者使食品中原有的毒素含量增加，产生毒性作用。

2. 转基因食品的安全性评价

世界各国普遍采用“实质等同性”(substantial equivalence)原则。其基本思想是：如果一种转基因食品与现存的传统同类食品相比较，其特性、化学成分、营养成分、所含毒素及人和动物食用和饲用情况是类似的，那么它们就具有实质等同性。就安全性而言，它们可能被等同对待，即认为转基因食品与传统食品一样安全。该原则由国际经济合作与发展组织(organization for economic co-operation and development，OECD)于 1993 年提出，并得到了普遍认可。

用“实质等同性”原则评价转基因食品可得到 3 种结论：①若转基因食品与传统对照食品或原料实质等同，则不需为该类食品进行更加深入的研究，就可做出安全性评价；②转基因食品与传统对照食品或原料十分相似，但某些性质有差异，则需要重点进行差异评估和研究；③转基因食品与传统对照食品或原料既不等同又不相似，必须进行深入的研究和安全性评价。

实质等同性原则在 1996 年召开的联合国粮农组织和世界卫生组织(FAO/WHO)专家咨询会议上得到了支持与肯定，以后召开的多次国际技术会议都基本肯定了实质等同性原则是目前转基因食品食用安全性和营养质量评价的最适宜战略。但同时也强调，只考虑变化的组分不是确定安全性的唯一基础，只有在所有需要比较的因素都考虑后，才能确定其安全性。也就是说，既要关注靶目标的安全性和营养质量问题，也要注意非预期效应的潜在危害性和营养质量问题。总之，实质等同原则不能保证转基因食品的绝对安全，而应按照一个可以接受的安全标准将其与某种食物或食物的成分进行对比分析和比较，这可在一定程度上保证转基因食品与传统食品的安全性等同。

在食用安全性评价中，需要考虑的另一个问题是人们对转基因食品的不同暴露程度问题。它关注的是食物消费类型是否对人群的健康造成危害，如消费人群是否主要为婴儿、成年人、老年人、孕妇以及免疫力低下人群，该食物是否占这一特殊人群总膳食摄入量相当大的比例，这一新食品是否在某一人群中的消费量大于另一人群，某一人群是否对这一新食品存在的潜在过敏原比其他人群更敏感等。

由于转基因工程技术的特殊性，目前公认的传统的食品安全评价技术不能完全适应对转基因食品食用安全性的评价需要，建立转基因食品的安全性评价技术与标准非常必要，尤其要考虑长期慢性毒性、致敏性、致癌性、神经毒性等问题。但目前的科学水平尚难以精确预测该技术使农作物发生的变化对人体健康的影响，尤其是长期效应，因此转基因食品的安全性评价仍然是国际社会关注的焦点。

对转基因食品的食用安全性评价不仅是一个科学技术问题，而且直接关系到国际食品贸易的发展，因此有关国际组织，如 FAO、WHO 都在努力协调解决有关转基因食品的食用安全性评价问题，力求统一管理标准和技术措施，从而达到既保护消费者健康，又促进国际食品贸易发展的目的。

在评价转基因食品食用安全性时，一般要考虑以下 6 个方面的内容：①直接影响，如改变食品的营养、毒性、致敏性等；②食品性状改变情况；③对人体健康的间接影响，如新陈代谢方面；④基因技术导致食品中出现了新成分或改变了原有的成分，如基因突变；⑤导致胃肠道正常菌群出现变化；⑥其他健康方面的潜在副反应。

在对以上 6 个方面进行安全性评价时，评价的内容一般包括：①转基因食品（物种）的名称；②转基因食品的理化特性、用途与需要强调的特性；③可能的加工方式、终产品种类以及主要食物成分（包括营养成分和有害成分）；④基因修饰的目的与预期技术效果以及对预期特性的影响；⑤供体的名称、特性、食用史，载体物质的来源、特性、功能、食用史，基因插入的位点及特性；⑥引入基因所表达产物的名称、特性、功能及含量；⑦表达产物的已知或可疑致敏性和毒性，以及含有此种表达产物的食品的食用安全性依据；⑧可能产生的非期望效应（包括对代谢产物的评价）。

3. 转基因食品的检测

转基因食品的检测主要从两个方面入手：一是核酸水平，即检测遗传物质中是否含有插入的外源基因；二是蛋白质水平，即通过插入的外源基因表达的蛋白质产物或其功能进行检测。

核酸水平的检测主要检测报告基因、启动子和终止子，是当前转基因产品检测的重要手段。核酸检测的主要方法分为两种：一种方法是分子杂交技术，如印迹法（Southern blot）；另一种方法是基于 PCR（定性 PCR、复合定性 PCR、PCR-ELISA、竞争性定量 PCR 及定时定量 PCR 等）的检测方法。

目前，蛋白质水平的检测方法主要有 Western 印迹法（Western blot）、酶联免疫吸附法（en zyme-linked immune sorbent assay，ELISA）和免疫试纸条法（lateral flow strip）。该类检测方法主要以抗原与抗体间的免疫反应为基础，通过对外源蛋白的定性定量分析来进行转基因的检测。

其他新检测方法，如基因芯片检测、近红外光谱检测（NIR spectroscopy）、表面等离子共振技术(surface plasmon resonance,SPR)等在转基因食品的实际检测中也都有应用。

4. 转基因食品的管理

目前,国际上对转基因食品的管理有两种模式:一种是以产品为基础的管理模式,另一种是以技术为基础的管理模式。前者以美国、加拿大等生产和出口大国为代表,指导思想为“如果没有证据表明转基因食品是不安全的,那么它就可能是安全的”,管理是针对生物技术产品,而不是生物技术本身,对转基因食品持认同态度。后者以欧盟为代表,指导思想是“如果没有证据表明转基因食品是安全的,那么它就可能是不安全的”,认为基因重组技术本身具有潜在的危险性,只要与基因重组相关的活动都应接受管理,对转基因食品持怀疑态度。

美国所有农业生物技术产品的上市必须通过三个部门中的一个或者一个以上部门的批准。这三个部门是美国食品与药物管理局(FDA)、农业部(USDA)和环境保护局(EPA)。FDA 负责所有食品安全性的审批,并要求生产厂家保证上市食品的安全和质量,转基因食品上市前必须经过严格的检验和监督,并用商标注明;USDA 和 EPA 负责保证农药、除草剂和转基因实验农作物的安全,生物技术农作物的大田实验必须经 EPA 批准。

美国的转基因技术水平居世界领先地位,是转基因食品研究最为先进、应用最为广泛的国家,也是全球种植转基因作物面积最大的国家。2019 年美国转基因作物种植面积达到 7 150 万 hm^2,占全球转基因作物种植面积的 37.5%。

1992 年,美国 FDA 发布了关于转基因食品利用的安全和管理政策,政策规定:如果引入新基因产品的食品添加成分在结构和功能方面与现有食品组分非常类似,则无须在进入市场前进行审查;但如果与现有食品该组分存在显著差异,则必须获得批准方可投入市场。对于转基因产品的标识,美国执行自愿标识政策,因此没有强制性的标识法规。其主要原因是,美国 FDA 认为转基因产品和传统技术产品的安全性是同等的,没有必要对其进行特殊标识。美国 FDA 要求只对那些与现有的相应食品有重大差别的食品加贴标签。在标签中使用“来源于生物工程”和“经生物工程改造”等字样,不用转基因有机体(GMO)、非 GMO 和转基因(GM)等字样。

欧盟一直以来对转基因食品持非常慎重的态度,1997 年欧盟通过《新食品规程》决议,规定欧盟成员国对上市的转基因产品进行标识,标识的内容包括转基因食品的来源、过敏性、伦理学考虑、不同于传统食品的部分(成分、营养价值、效果)等。2001 年,欧盟又规定凡含有 0.9% 以上转基因 DNA 或蛋白质的农作物或食品在市场销售时,必须有标“GMO”字样的标签。2003 年,欧盟又出台了《转基因生物追溯性及标识办法以及含转基因生物物质的食品及饲料产品的追溯性管理条例》。2004 年,欧盟进一步提出食品中的任何成分、添加剂或食用香料含有超过 1%的转基因原料需标识,并对标识内容进行了详细规定。

我国对转基因食品在管理上持谨慎态度,在研究上予以支持。我国于 1993 年 12 月由原国家科学技术委员会制定了《基因工程安全管理办法》,随后原农业部在此基础上制定了《农业生物基因工程安全管理实施办法》,并同时成立了农业生物工程安全委员会,以负责全国农业生物遗传工程的安全性审批。1996 年 7 月农业部颁布了《农业生物基因工程安全管理实施办法》,有关部门还据此制定了相应的规章制度,同时还积极参与了生物安全议定书的谈判和缔约工作。2002 年 3 月有以下 3 个法律法规正式实施,即《中华人民共和国农业转基因生物安全管理条例》《农业转基因生物安全评价管理办法》和《农业转基因生物标识管理办法》。《农业转基因生物标识管理办法》规定：凡是在中国境内销售列入农业转基因生物标识目录的农业转基因生物，必须遵守该办法。凡是列入标识管理目录并用于销售的农业转基因生物，应当进行标识；未标识和不按规定标识的，不得进口或销售。转基因生物专用标识有三种：转基因××；转基因××加工品(制成品)；本产品为转基因××加工制成，但本产品中已不再含有转基因成分。

2015 年 10 月 1 日起正式施行的并于 2021 年修订的《食品安全法》规定，生产经营的转基因食品应当按照规定显著标示，并赋予了食品药品监管部门对转基因食品标示违法违规行为的行政处罚职能。2015 年 8 月，农业部在官网发布了《关于政协十二届全国委员会第三次会议第 4506(农业水利类 388 号)提案答复的函》，其中称，国际组织、发达国家和我国开展了大量转基因生物安全方面的科学研究，认为批准上市的转基因食品与传统食品同样安全。

实践训练

食品企业安全卫生问题及处理

针对食品企业不同的安全卫生问题提出整改措施并填写实训工单(表 6-1)。

表 6-1 食品企业安全卫生问题及处理实训工单

类别	常见不符合及处理	
化学品	常见不符合项	化学品仓储区域没有实行加锁限入管理，并实行进出登记制度
	整改措施	
	常见不符合项	没有收集使用化学品安全技术说明书(material safety data sheet，MSDS)，并进行张贴或开展员工培训
	整改措施	
	常见不符合项	配制化学品员工没有防护或计量器具，如耐酸碱手套、防护镜、洗眼器、计量器具等
	整改措施	
	常见不符合项	使用化学品的容器没有进行有效标志，如乙醇喷壶、消毒液喷壶等
	整改措施	
	常见不符合项	清洗消毒后针对食品接触面没有验证是否有化学品残留
	整改措施	
清洁用具交叉污染	常见不符合项	车间中没有设置清洁工具放置区域
	整改措施	
	常见不符合项	拖把、水刮、尘推等清洁工具散乱混合放置，没有设置挂架
	整改措施	
	常见不符合项	没有制定清洁工具的清洗消毒流程
	整改措施	
	常见不符合项	没有区分食品接触面和非食品接触面专用清洁工具，如手刷、抹布等

续表 6-1

类别	常见不符合及处理	
清洁用具交叉污染	整改措施	
	常见不符合项	生产环节中使用的抹布没有按照一定频率更换，且容易出现掉毛掉线
	整改措施	
	常见不符合项	清洁使用的加压水管使用后没有绞盘放置，当地面有水集聚时，下次使用容易引起虹吸
	整改措施	
洗手设施	常见不符合项	手动式洗手水龙头数量与同班次食品加工人员数量不匹配
	整改措施	
	常见不符合项	洗手设施在冬季不能提供温水(南方地区的冬季水温除外)
	整改措施	
	常见不符合项	没有标识简明的洗手消毒流程图，或流程图与实际操作不匹配
	整改措施	
	常见不符合项	没有提供无色无味的洗手液
	整改措施	
	常见不符合项	烘手器滤网没有定期进行清洁(使用一次性纸巾除外)
	整改措施	
	常见不符合项	没有对含氯消毒液有效浓度进行监测，或配制的有效氯浓度较高
	整改措施	
	常见不符合项	如使用乙醇喷雾消毒，没有使用食品级乙醇
	整改措施	
更衣室	常见不符合项	更衣柜中员工自身服装和工作服混合放置，或鞋放置在更衣柜中
	整改措施	
	常见不符合项	更衣柜的钥匙随身保管，带入车间中
	整改措施	
	常见不符合项	更衣柜上方灰尘没有检查清理，且空间四周角落有蜘蛛网
	整改措施	
	常见不符合项	胶鞋或工作鞋混乱放置，没有固定区域
	整改措施	
	常见不符合项	工作鞋没有进行定期清洁和消毒
	整改措施	
	常见不符合项	更衣室中没有空间消毒设施
	整改措施	
	常见不符合项	没有配置垃圾桶
	整改措施	

续表 6-1

类别	常见不符合及处理	
玻璃和塑料污染	常见不符合项	物料堆放或加工区域上方的照明灯没有进行防护(仓储区域均涵盖)
	整改措施	
	常见不符合项	没有对加工车间中的玻璃制品(窗户、消防橱窗等)贴防爆膜或进行编号管理并检查
	整改措施	
	常见不符合项	没有识别加工车间中的硬塑料物件(钟表、温湿度计、电源开关箱盖、周转筐、塑料笔、塑料尺、塑料夹板、开关等),并进行贴膜或登记检查
	整改措施	
	常见不符合项	没有对紫外灯(考虑紫外效果,不能加防护罩)进行登记检查
	整改措施	
虫鼠害控制	常见不符合项	鼠笼粘鼠板没有贴墙放置,鼠饵没有定期更换或保留更换记录
	整改措施	
	常见不符合项	配置的挡鼠板高度不足(60 cm),与地面的缝隙较大(大于 0.6 cm)
	整改措施	
	常见不符合项	车间和仓储区域配置电击式灭蝇灯,且不定期进行清洁,且安装位置有误
	整改措施	
	常见不符合项	车间中的管道孔洞没有密封防护
	整改措施	
	常见不符合项	排风扇没有加装纱网
	整改措施	
	常见不符合项	下水道地漏口没有进行加盖防护
	整改措施	
食品级润滑油	常见不符合项	可能与食品接触的轴承、齿轮、链条等部位使用普通润滑油
	整改措施	
	常见不符合项	可能与食品接触的轴承、齿轮、链条等部位使用食用植物油代替
	整改措施	
	常见不符合项	采购一瓶食品级润滑油常年不用,应付审核,没有保留维护使用记录
	整改措施	
天花板冷凝水	常见不符合项	水产、调理肉品车间的天花板发黑、发霉,且常年积聚冷凝水
	整改措施	
	常见不符合项	没有采用适用的方法去除天花板的冷凝水
	整改措施	

续表 6-1

类别	常见不符合及处理	
手套及手部划伤	常见不符合项	加工或内包环节使用一次性白色乳胶手套
	整改措施	
	常见不符合项	车间对使用的手套没有进行有效的管理，没有实行分发和回收制度
	整改措施	
	常见不符合项	没有对手部划伤的员工制定处理程序
	整改措施	
防护服的选择	常见不符合项	员工佩戴的工作帽不能够完全遮挡住头发
	整改措施	
	常见不符合项	防护服的领口敞开，员工个人衣服外露
	整改措施	
	常见不符合项	防护服有纽扣、口袋、露出的拉链等
	整改措施	

拓展资源

1.《生猪屠宰管理条例》
2.《食品安全国家标准　鲜(冻)畜、禽产品》(GB 2707—2016)
3.《食品安全国家标准　鲜、冻动物性水产品》(GB 2733—2015)
4.《食品安全国家标准　糕点、面包卫生规范》(GB 8957—2016)
5.《食品安全国家标准　食品辐照加工卫生规范》(GB 18524—2016)

项目测试

一、单选题

1. 条件可食肉是指(　　)。
A. 不新鲜的肉　　B. 轻度腐败变质的肉
C. 受意外伤害死亡的肉　　D. 经无害化处理后可食用的病畜肉
E. 没有经过后熟的肉

2. 低温长时间巴氏消毒法是将奶加热到(　　)。
A. 135 ℃，保持 60 min　　B. 85 ℃，保持 30 min
C. 62 ℃，保持 30 min　　D. 煮沸，保持 15 min

3. 下列哪个剂量以下辐照的食品对人体是安全的(　　)。
A. 1 kGy　　B. 10 kGy
C. 1 000 kGy　　D. 1 Gy

4. 罐头食品生产过程中，其杀菌工艺首先要考虑杀灭食品中的(　　)。

A. 假单胞杆菌　　B. 肉毒梭菌

C. 变形杆菌　　D. 葡萄球菌

E. 大肠杆菌

5. 胖听是罐头食品常见的卫生质量问题，导致罐头胖听的原因不同，其对消费者的危害和处理原则也不同，化学性胖听的处理原则是(　　)。

A. 可食用　　B. 一般不可食用

C. 禁止食用　　D. 低温冷冻 24 h 后食用

二、多选题

1. 油脂中天然存在的有害物质包括(　　)。

A. 棉酚　　B. 芥子苷

C. 芥酸　　D. 大豆皂苷

E. 大豆异黄酮

2. 属于人畜共患传染病的是(　　)。

A. 囊虫病　　B. 炭疽

C. 鼻疽　　D. 旋毛虫病

E. 口蹄疫

三、判断题

1. 糕点、面包类食品在出厂前需进行卫生与质量的检验，内容包括感官、理化及微生物指标等。凡不符合标准的产品一律不得出厂。(　　)

2. 转基因食品分为三大类：转基因动植物和微生物产品、转基因动植物和微生物直接加工品、以转基因动植物和微生物或以其直接加工品为原料生产的食品和食品添加剂。(　　)

项目七

食品生产企业安全管理

学习目标

知识与技能目标

1. 熟悉食品生产企业加工环境的要求；
2. 熟悉食品生产企业设施和设备的要求；
3. 掌握食品生产企业生产过程的要求；
4. 熟悉食品生产企业采购、检验、贮存、运输等相关要求；
5. 能够发现食品生产企业安全管理出现的问题并提出解决措施。

素养目标

1. 提高学生的风险意识，培养学生发现风险、预防风险的能力；
2. 培养学生严谨认真的工作态度和快速应变的能力；

预习导图

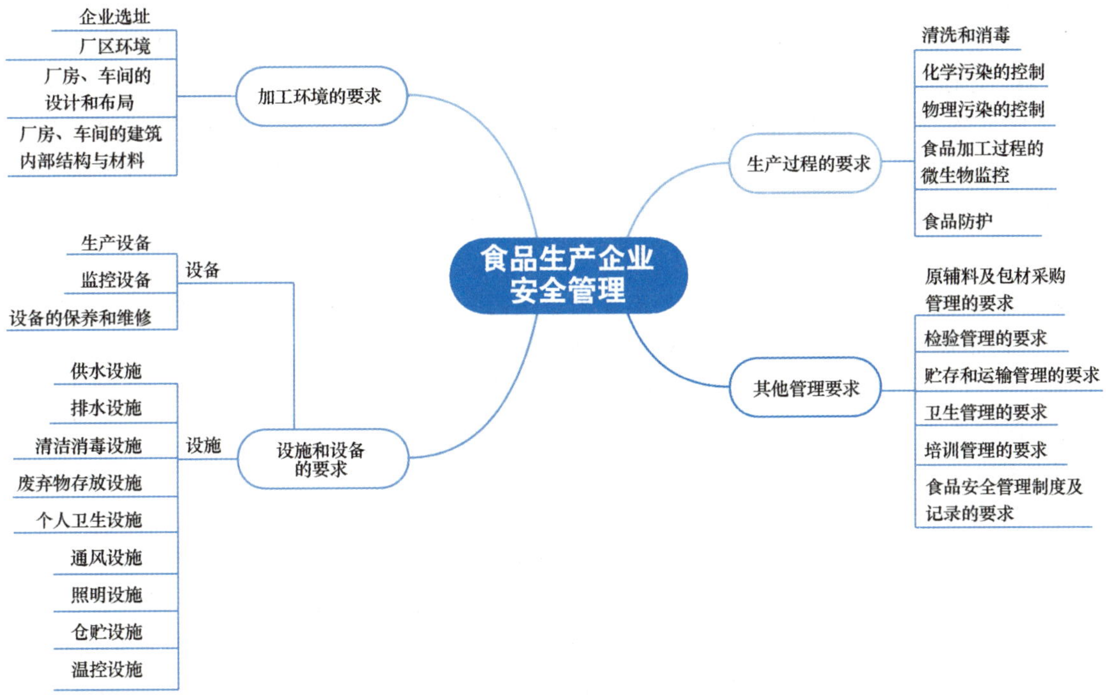

基础知识

引导问题

查找《食品安全国家标准　饮料生产卫生规范》(GB 12695—2016)，请回答饮料生产企业如何进行清洁作业区、准清洁作业区和一般作业区的划分？

一、加工环境的要求

1. 企业选址

建厂需要考虑的因素很多，企业往往会在被动的环境中作出选择，但是仍要保证以食品安全为前提。

污染源的类型主要包括化学的、生物的、物理的、放射性物质及粉尘等其他扩散性污染源。显著污染的区域：工、农、生活污染源，如煤矿、钢厂、水泥厂、炼铝厂、有色金属冶炼厂、磷肥厂等；土壤、水质、环境遭到污染的场所等；城市垃圾填埋场所、污水处理厂等。不属于显著污染的情况是指食品工厂自带配套的污水处理设施、垃圾处理等设施及其他食品生产经营相关的可能产生污染的区域或设施。

厂区不应选择对食品有显著污染的区域，如某地对食品安全和食品宜食用性存在明显的不利影响，且无法通过采取措施加以改善，应避免在该地址建厂。厂区不应选择有害废弃物及粉尘、有害气体、放射性物质和其他扩散性污染源不能有效清除的地址。厂区不宜选择易发生洪涝灾害的地区，难以避开时应设计必要的防范措施。厂区周围不宜有虫害大量滋生的潜在场所，难以避开时应设计必要的防范措施。

2. 厂区环境

企业应考虑环境给食品生产带来的潜在污染风险，并采取适当的措施将其降至最低水平。厂区应合理布局，各功能区域划分明显，并有适当的分离或分隔措施，防止交叉污染。厂区内的道路应铺设混凝土、沥青或者其他硬质材料；空地应采取必要措施，如铺设水泥、地砖或草坪等方式，保持环境清洁，防止正常天气下扬尘和积水等现象的发生。厂区绿化应与生产车间保持适当距离，植被应定期维护，以防止虫害的滋生。厂区应有适当的排水系统。宿舍、食堂、职工娱乐设施等生活区应与生产区保持适当距离或分隔。

针对分期建设的厂房往往有大片的空地，为保证无泥污和扬尘，一定要做好绿化。植物优先选择易清理的灌木，绿化带和车间要保持一定的距离(距离根据当地主要的虫害问题进行风险评估来确定)，不要种植易产生气味和花粉的植被(尤其是针对分装物料的生产企业，会有异物混入的风险，需考虑如何在后道工序进行剔除)，同时也不要种植有毒的植物。平时要对绿化植被定期进行修剪，建议控制在 10 cm 左右，如过高会有虫害滋生。

3. 厂房、车间的设计和布局

厂房和车间的内部设计和布局应满足食品卫生操作要求，避免食品生产中发生交叉污染。厂房和车间的设计应根据生产工艺合理布局，预防和降低产品受污染的风险。厂房内设置的检验室应与生产区域分隔。

厂房和车间应根据产品特点、生产工艺、生产特性以及生产过程对清洁程度的要求合理划分作业区，并采取有效分离或分隔。例如，通常可划分为清洁作业区、准清洁作业区和一般作业区，或清洁作业区和一般作业区等。一般作业区应与其他作业区域分隔。

清洁作业区：如灌装区、内包装间等清洁度要求最高的作业区。准清洁作业区包括加工调理场所（如配料）等清洁度要求低于清洁作业区的作业区域。一般作业区包括验收场所（如原奶收购）、原料处理场所（蔬菜水果的挑选等）、原料仓库和材料仓库等清洁度要求低于准清洁作业区的作业区域。

不同洁净度等级的区域在设置的时候要注意防止交叉污染，如高污染的卫生间门不能正对原辅料库门、车间门；卫生间排气排臭装置不要正对着车间门口、进风口；卫生间的排污和车间的排污系统不能共用。

厂房的面积和空间应与生产能力相适应，便于设备安置、清洁消毒、物料存贮及人员操作。车间要保证有足够的空间，以避免人与人避免交叉污染、人与设备避免安全问题、设备与设备避免卫生死角问题发生。

4. 厂房、车间的建筑内部结构与材料

材料与涂料的共性要求：无毒、无味、易于清洁、消毒。内部结构易于维护、清洁或消毒，采用耐用材料。顶棚易于清洁、消毒，与生产需求相适应。墙壁使用无毒、无味的防渗透材料建造，光滑、不易积累污垢。门窗闭合严密，使用不透水、坚固、不变形的材料制成。门窗不适宜选择竹木材质，有产生异物的风险。不同洁净度之间的门是单向门，可通过加设闭门器或者弹簧开关来进行控制，以避免长时间开启。地面使用不渗透，耐腐蚀的材料，平坦防滑、无裂缝。根据企业的特点选择合适的材料。

墙壁、隔断和地面交界处应结构合理、易于清洁，能有效避免污垢积存。例如设置漫弯形交界面等，不建议做直角设计。合适的环境可以有效规避食品生产加工过程中的交叉污染，降低食品安全管理和产品质量管理的难度与成本。

引导问题

查找《食品安全国家标准　食品生产通用卫生规范》(GB 14881—2013)，食品生产企业需要配备哪 9 类设施呢？

二、设施和设备的要求

(一)设备

1. 生产设备

企业应配备与生产能力相适应的生产设备,并按工艺流程有序排列,避免引起交叉污染。

(1)设备材质要求。与原料、半成品、成品接触的设备与用具,应使用无毒、无味、抗腐蚀、不易脱落的材料制作,并应易于清洁和保养。设备、工器具等与食品接触的表面应使用光滑、无吸收性、易于清洁保养和消毒的材料制成,在正常生产条件下不会与食品、清洁剂和消毒剂发生反应,并应保持完好无损。

(2)设备设计要求。所有生产设备应从设计和结构上避免零件、金属碎屑、润滑油或其他污染因素混入食品,并应易于清洁消毒、易于检查和维护。设备应不留空隙地固定在墙壁或地板上,或在安装时与地面和墙壁间保留足够空间,以便清洁和维护。

2. 监控设备

用于监测、控制、记录的设备,如压力表、温度计、记录仪等,应定期校准、维护。食品生产企业生产线监控应当避免使用水银温度计,以免破损后造成玻璃异物污染以及汞化学污染。

3. 设备的保养和维修

企业应建立设备保养和维修制度,加强设备的日常维护和保养,定期检修,及时记录。

(二)设施

1. 供水设施

企业应能保证水质、水压、水量及其他要求符合生产需要。

食品加工用水的水质应符合《生活饮用水卫生标准》(GB 5749—2022)的规定,对加工用水水质有特殊要求的食品应符合相应要求,如纯净水应符合《瓶装饮用纯净水》(GB 17323—1998)的要求,间接冷却水、锅炉用水等食品生产用水的水质应符合生产需要。食品加工用水与其他不与食品接触的用水(如间接冷却水、污水或废水等)应以完全分离的管路输送,避免交叉污染。各管路系统应明确标志以便区分,不能用同一管道输送。自备水源及供水设施应符合有关规定。供水设施中使用的涉及饮用水卫生安全产品还应符合国家相关规定。

处理水质涉及的设备、材料包括在饮用水生产和供水过程中,与饮用水直接接触的输配水设备(管材、管件、蓄水容器、供水设备)、水处理材料(活性炭、离子交换树脂、活性氧化铝等)、化学处理剂(絮凝剂、助凝剂、消毒剂阻垢剂)统称为“涉水产品”,涉水产品的使用应符合《涉及饮用水卫生安全产品分类目录》《新消毒产品和新涉水产品卫生行政许可管理规定》以及《关于利用新材料、新工艺和新化学物质生产的涉及饮用水卫生产品判定依据的通告》等相关规定的要求。

2. 排水设施

排水系统的设计和建造应保证排水畅通、便于清洁维护;应适应食品生产的需要,保证食品及生产、清洁用水不受污染。

排水系统入口应安装带水封的地漏等装置，以防止固体废弃物进入及浊气逸出。排水系统出口应有适当措施以降低虫害风险。室内排水的流向应由清洁程度要求高的区域流向清洁程度要求低的区域，且应有防止逆流的设计。

污水在排放前应经适当方式处理，以符合国家污水排放的相关规定。污水排放应符合《污水综合排放标准》(GB 8978—1996) 等排放标准的要求。

3. 清洁消毒设施

应配备足够的食品、工器具和设备的专用清洁设施，必要时应配备适宜的消毒设施。应采取措施避免清洁、消毒工器具带来的交叉污染。

4. 废弃物存放设施

应配备设计合理、防止渗漏、易于清洁的存放废弃物的专用设施；车间内存放废弃物的设施和容器应标志清晰。必要时应在适当地点设置废弃物临时存放设施，并依废弃物特性分类存放。废弃物贮存设施应加盖，防止交叉污染。

5. 个人卫生设施

个人卫生设施包括更衣室、鞋靴设施、卫生间、洗手及消毒设施等，各类设施均有要求。

生产场所或生产车间入口处应设置更衣室；必要时特定的作业区入口处可按需要设置更衣室。更衣室应保证工作服与个人服装及其他物品分开放置。

生产车间入口及车间内必要处，应按需设置换鞋(穿戴鞋套) 设施或工作鞋靴消毒设施。如设置工作鞋靴消毒设施，其规格尺寸应能满足消毒需要。工作鞋靴消毒池的大小应与所在区域匹配，通过长和宽的设置限制人员出入，为保证消毒彻底要保证消毒水有足够的深度。为方便清理可设置排水装置。

应根据需要设置卫生间，卫生间的结构、设施与内部材质应易于保持清洁；卫生间内的适当位置应设置洗手设施。卫生间不得与食品生产、包装或贮存等区域直接连通。

应在清洁作业区入口设置洗手、干手和消毒设施；如有需要，应在作业区内适当位置加设洗手和(或) 消毒设施；与消毒设施配套的水龙头开关应为非手动式，可选择脚踏式，肘动式或者感应式的。洗手设施的水龙头数量应与同班次食品加工人员数量相匹配，必要时应设置冷热水混合器。洗手池应采用光滑、不透水、易清洁的材质制成，其设计及构造应易于清洁消毒。应在临近洗手设施的显著位置标示简明易懂的洗手方法。

根据对食品加工人员清洁程度的要求，必要时应设置风淋室、淋浴室等设施。干手器和风淋室不能作为日常生活用电器来进行管理，需定期清洁，防止洗手后受到二次污染。

6. 通风设施

应具有适宜的自然通风或人工通风措施；必要时应通过自然通风或机械设施有效控制生产环境的温度和湿度。通风设施应避免空气从清洁度要求低的作业区域流向清洁度要求高的作业区域。

应合理设置进气口位置，进气口与排气口和户外垃圾存放装置等污染源保持适宜的距离和角度。进、排气口应装有防止虫害侵入的网罩等设施。通风排气设施应易于清洁、维修或更换。

若生产过程需要对空气进行过滤净化处理，应加装空气过滤装置并定期清洁。根据生产需要，必要时应安装除尘设施。

7. 照明设施

厂房内应有充足的自然采光或人工照明，光泽和亮度应能满足生产和操作需要；光源应使食品呈现真实的颜色。如需在暴露食品和原料的正上方安装照明设施，应使用安全型照明设施或采取防护措施。

车间或工作地应有充足的自然采光或人工照明。车间采光系数不应低于标准Ⅳ级；检验场所工作面混合照度不应低于 540 lx；加工场所工作面不应低于 220 lx；其他场所一般不应低于 110 lx。推荐企业安装防爆灯，安装防爆的 LED 灯，可以不安装防护罩。

8. 仓贮设施

企业应具有与所生产产品的数量、贮存要求相适应的仓贮设施。

仓库应以无毒、坚固的材料建成；仓库地面应平整，便于通风换气。仓库的设计应能易于维护和清洁，防止虫害藏匿，并应有防止虫害侵入的装置。

原料、半成品、成品、包装材料等应依据性质的不同分设贮存场所或分区域码放，并有明确标志，防止交叉污染。如原料、半成品码放在一起会造成交叉污染。必要时仓库应设有温度、湿度控制设施。

贮存物品应与墙壁、地面保持适当距离，以利于空气流通及物品搬运。物料需要离地、离墙、离顶贮存，离地离墙离顶存放物料是为了防潮、防止交叉污染、便于清扫，使物料处于一个相对均匀的环境条件中。

清洁剂、消毒剂、杀虫剂、润滑剂、燃料等物质应分别安全包装，明确标志，并应与原料、半成品、成品、包装材料等分隔放置，即企业应单独设立化学品库。

9. 温控设施

应根据食品生产的特点，配备适宜的加热、冷却、冷冻等设施，以及用于监测温度的设施。根据生产需要，可设置控制室温的设施。

引导问题

查找《食品安全国家标准　糕点、面包卫生规范》(GB 8957—2016)，糕点、面包生产企业生产过程控制中产品污染的主要风险点有哪些？

三、生产过程的要求

生产过程的食品安全控制包括清洗和消毒、化学污染的控制、物理污染的控制、食品加工过程的微生物监控、食品防护 5 个方面。

1. 清洗和消毒

生产过程的食品安全控制

企业应根据原料、产品和工艺的特点，针对生产设备和环境制定有效的清洁消毒制度，降低微生物污染的风险。清洁消毒制度应包括以下内容：清洁消毒的区域、设备或器具名称；清洁消毒工作的职责；使用的洗涤、消毒剂；清洁消毒方法和频率；清洁消毒效果的验证及不符合的处理；清洁消毒工作及监控记录。

食品用消毒剂是指直接用于消毒食品、餐饮具以及直接接触食品的工具、设备或者食品包装材料和容器的物质。食品用消毒剂供应商应办理相应的生产许可或国产涉及饮用水卫生安全产品卫生行政许可等，生产食品消毒剂应当符合《中华人民共和国传染病防治法》等法律法规、标准和技术规范的要求。消毒剂的原料应符合《食品用消毒剂原料（成分）名单（2009 版）》，不得使用名单之外的原料。食品接触面所使用的消毒剂应符合《食品安全国家标准　消毒剂》（GB 14930. 2—2012）要求，符合该标准的消毒剂产品在产品或最小销售包装上有“食品接触用”标示，即通常说的食品级消毒剂。不同消毒剂应符合国家标准或技术规范等，如《食品安全国家标准　食用酒精》（GB 31640—2016）。消毒剂的使用应符合技术规范，必要的情况下应做效果验证。使用的洗涤剂及消毒剂需符合《食品安全国家标准　洗涤剂》（GB 14930. 1—2022）及《食品安全国家标准　消毒剂》（GB14930. 2—2012）要求。具体清洁消毒产品及其供应商信息可在全国消毒产品网上备案信息服务平台查询。

企业应确保实施清洁消毒制度，如实记录，及时验证消毒效果，发现问题及时纠正。制定并执行相关前提方案 PRP、操作性前提方案 OPRP 中清洗和消毒要求，对人员、设备、生产环境卫生指标进行有效控制。

2. 化学污染的控制

在控制化学污染方面，应对可能污染食品的原料带入、加工过程中使用、污染或产生的化学物质等因素进行分析，如重金属、农兽药残留、持续性有机污染物、卫生清洁用化学品和实验室化学试剂等。针对产品加工过程的特点制订化学污染控制计划和控制程序，如对清洁消毒剂等专人管理、定点放置、清晰标识、做好领用记录等。

企业应建立防止化学污染的管理制度，分析可能的污染源和污染途径，制订适当的控制计划和控制程序。建立食品添加剂和食品工业用加工助剂的使用制度，按照《食品安全国家标准　食品添加剂使用标准》（GB 2760—2024）的要求使用食品添加剂。不得在食品加工中添加食品添加剂以外的非食用化学物质和其他可能危害人体健康的物质。建立清洁剂、消毒剂等化学品的使用制度。除清洁消毒必需和工艺需要外，不应在生产场所使用和存放可能污染食品的化学制剂。食品添加剂、清洁剂、消毒剂等均应采用适宜的容器妥善保存，且应明显标示、分类贮存；领用时应准确计量、做好使用记录。应当关注食品在加工过程中可能产生有害物质的情况，鼓励采取有效措施降低风险。

食品添加剂必须经过验收合格后方可使用。采购食品添加剂应当查验供货者的许可证和产品合格证明文件。运输食品添加剂的工具和容器应保持清洁、维护良好，并能提供必要的保护，避免污染食品添加剂。食品添加剂的贮藏应有专人管理，定期检查质量和卫生情况，及时清理变质或超过保质期的食品添加剂。仓库出货顺序应遵循先进先出的原则，必要时应根据食品添加剂的特性确定出货顺序。食品添加剂进入生产区域时应有一定的缓冲区域或外包装清洁措施。在食品的生产过程中使用食品添加剂的产品质量及食品添加剂的使用范围和使用量应符合其产品执行标准和《食品安全国家标准 食品添加剂使用标准》(GB 2760—2024)等规定的要求。

3. 物理污染的控制

物理污染可通过建立防止异物污染的管理制度,以及设置一些有效的措施避免,如采取设备维护、卫生管理、现场管理、外来人员管理、加工过程监督、筛网设置、捕集器安装、磁铁和金属检查器安装等。设施设备进行现场维修、维护及施工等工作时,应采取适当措施。

针对车间用品,建议企业采购经久耐用的或可金探的,例如企业可以购买可金探的笔和创可贴等,来减少物理污染的风险。

易碎品是物理污染的重要来源。易碎品指的是玻璃、易碎塑料、陶瓷制品及由其他易碎材料制成的物品,包括门窗玻璃、灯管灯罩、检测玻璃容器、人员眼镜、塑料板夹、签字笔等。针对易碎品的管控,建议企业建立易碎品管控制度,建立易碎品台账定期巡检记录来杜绝易碎品对生产过程的污染。具体的措施为对裸露物料区域的窗户玻璃进行贴膜,易碎品喷码编号管理,购买可金探的工具等。

4. 食品加工过程的微生物监控

微生物监控包括环境微生物监控和加工过程微生物监控。

监控指标主要以指示微生物(如菌落总数、大肠菌群、霉菌、酵母菌或其他指示菌)为主,配合必要的致病菌。监控对象包括食品接触表面、与食品或食品接触表面邻近的接触表面、加工区域内的环境空气、加工中的原料、半成品,以及产品、半成品经过工艺杀菌后微生物容易繁殖的区域。

环境监控接触表面通常以涂抹取样为主,空气监控主要为沉降取样,检测方法应基于监控指标进行选择,参照相关项目的标准检测方法进行检测。监控结果应依据企业积累的监控指标限值进行评判环境微生物是否处于可控状态,环境微生物监控限值可基于微生物控制的效果以及对产品食品安全性的影响来确定。当卫生指示菌监控结果出现波动时,应当评估清洁、消毒措施是否失效,同时应增加监控的频次。如检测出致病菌时,应对致病菌进行溯源,找出致病菌出现的环节和部位,并采取有效的清洁、消毒措施,预防和杜绝类似情形发生,确保环境卫生和产品安全。

食品加工过程的微生物监控程序应包括:微生物监控指标、取样点、监控频率、取样和检测方法、评判原则和整改措施等,具体可参照《食品安全国家标准 食品生产通用卫生规范》(GB 14881—2013)附录食品加工过程的微生物监控程序指南的要求,结合生产工艺及产品特点制定。食品加工过程的微生物监控结果应能反映食品加工过程中对微生物污染的控制水平。

为确保产品微生物符合要求,用于加工和生产用水须达到《生活饮用水卫生标准》(GB 5749—2022),根据实际生产需要及监管要求,确定自测项目,如余氯含量、pH 及微生物指标,必要时还需有官方认可的水质检测报告。

其他生物危害可通过原料带入,可通过选择合格信用良好的供应商,签订承诺书、质量保证合同,入库时进行质量验收等措施来进行控制。

5. 食品防护

食品生产企业应强化风险意识,做好风险评估,建立防护计划,加强食品安全保障,防止人为或非客观因素意外影响食品安全的情况发生。企业应成立食品防护小组，加强应急处置能力建设，定期开展食品防护演练，提高全员风险意识和食品防护能力。

(1)做好有效隔离。在场地设计时将不安全因素通过物理屏障有效隔离，并区分不同层级的敏感、重点区域，将相关人员限制在指定区域活动。

(2)严格进货查验记录制度，防止其在存储、运输、交货等过程中被人为故意污染。

(3)确保用水安全。企业自备的水源应由专人负责，封闭管理，防止蓄意破坏。

(4)严格仓库管理，原辅料、包装材料及成品等物料储藏区域、留样区等区域应实行封闭管理，严格控制人员流动，非本区域工作人员不得随意进出。储存库要指定人员负责，实施货物和人员出入库管理，落实出库记录制度。

(5)严格有毒有害物质管理。严格杀虫剂、清洁剂、消毒液等化学品的管理，避免对人身、食品、设备工具造成污染。上述物品应设立专门的储存场所，与加工区域有效隔离，指定人员负责，并实施入库、领用管理。

(6)严格过程管理。应对货物进出库、加工投配料过程、灌装过程等实施双人复核。企业可安装视频监控系统，对运输工具移动、人员进出等实时监控，确保监控系统持续有效工作，并妥善保存监控视频录像资料。

(7)严格追溯管理。依照《中华人民共和国食品安全法》的规定，建立食品安全追溯体系，建立进口销售记录管理制度，能够查找、分析问题并及时追溯和召回。

(8)加强人员管理。加强员工培训，提高防范意识；严管关键人员，加强对关键环节员工的监督管理，必要时同一关键岗位应至少安排两人同时操作。

引导问题

食品生产企业如何对原料进行管理？

四、其他管理要求

1. 原辅料及包材采购管理的要求

食品原料必须符合相应的食品安全国家标准，禁止使用非食品原料和不符合食品安全国家标准的原料生产食品。食品原料必须确保由合格的供应商提供，落实查验相应的资质和合规证明，同时也需要按要求实施进货查验与检验。

食品原料必须经过验收合格后方可使用，验收不合格的原料应有相应的处理措施，至少包含不合格的原料进行分区放置和有明显的标记、不合格原料的处置等，在原料或验收的过程中应对原料进行感官的验收，如无法或很难断定时也可以根据理化、微生物等验收，指标发生异常的应立即停止使用。

采购食品接触材料、清洗剂、消毒剂等食品相关产品应当查验产品的合格证明文件，实行许可管理的食品相关产品还应查验供货者的许可证。食品相关产品必须经过验收合格后方可使用。

食品企业需要对采购的食品原料、辅料、包装材料等相关产品实施预防式管理，确保由有资质的合格供应商提供，并查验合格供货证明，无法提供合格证明文件的需要由企业依据食品安全标准落实进货查验与检验，必须确保合格后方可使用。

企业必须设立不合格品区域，若发现验收不合格的原辅包材料，应在指定区域与合格品分开放置，做好明显标记，并及时做好退、换货等处理。

成品的检验安全管理

2. 检验管理的要求

企业应通过自行检验或委托具备相应资质的食品检验机构对原辅料和包材、半成品及成品进行检验，建立食品出厂检验记录制度。

（1）企业应建立食品原料、食品添加剂和食品相关产品的进货查验制度；所用食品原料、食品添加剂和食品相关产品涉及生产许可管理的，必须采购获证产品并查验供货者的产品合格证明。对无法提供合格证明的原料，要制定原料检验控制要求，应当按照食品安全标准进行检验。

（2）半成品检验方面，依据相应类别的生产技术规范，制订检验项目、抽样计划及检验方法，对生产过程进行检验，确认其品质合格后方可进入下道工序。

（3）成品检验方面，企业应结合相应类别的食品生产许可审查细则、执行标准、食品安全监督抽检计划、产品自身风险等综合制定检验项目、检验标准、抽样计划及检验方法，确保产品经检验合格后方可出厂。

自行检验应具备与所检项目适应的检验室和检验能力；由具有相应资质的检验人员按规定的检验方法检验；检验仪器设备应按期检定或校准。检验室应有完善的管理制度，妥善保存各项检验的原始记录和检验报告。应建立产品留样制度，及时保留样品。

应综合考虑产品特性、工艺特点、原料控制情况等因素合理确定检验项目和检验频次以有效验证生产过程中的控制措施。净含量、感官要求以及其他容易受生产过程影响而变化的检验项目的检验频次应大于其他检验项目。

同一品种不同包装的产品，不受包装规格和包装形式影响的检验项目可以一并检验。如同样的内容物分别灌装进 A、B 两种容器中，在灌装前对内容物进行的食盐和水分的测试指标可以共用，不用在灌装后对其进行再次测试。

3. 贮存和运输管理的要求

食品企业应对食品的贮存与运输条件及环境实施管理，防止食品在贮存与运输过程发生食品安全风险。

食品原料仓库应设专人管理，建立和执行适当的仓储制度，定期检查质量和卫生情况，及时清理变质或超过保质期的食品原料。仓库出货顺序应遵循先进先出的原则，必要时应根据不同食品原料的特性确定出货顺序。

企业需要根据食品的特点和卫生需要选择适宜的贮存和运输条件，必要时应配备保温、冷藏、保鲜等设施。不得将食品与有毒、有害或有异味的物品一同贮存运输。应建立和执行适当的仓储制度，发现异常应及时处理。贮存、运输和装卸食品的容器、工器具和设备应当安全、无害，保持清洁，降低食品污染的风险。贮存和运输过程中应避免日光直射、雨淋、显著的温湿度变化和剧烈撞击等，防止食品受到不良影响。

食品出厂后到销售前需要温度控制的冷链物流过程应符合基本要求、交接、运输配送、储存等方面的要求和管理准则，强化对食品冷链物流过程中温度的控制。对温度的限值做出具体规定：需温湿度控制的食品在物流过程中应符合其标签标示或相关标准规定的温湿度要求；需冷冻的食品在运输、储存过程中温度不应高于－18℃。

4. 卫生管理的要求

卫生管理包含厂房及设施卫生管理、食品加工人员健康管理与卫生要求、虫害控制、废弃物处理、工作服管理等。

(1)厂房及设施卫生管理　厂房内各项设施应保持清洁，出现问题及时维修或更新。厂房地面、屋顶、天花板及墙壁有破损时，应及时修补。生产、包装、储存等设备及工器具、生产用管道、裸露食品接触表面等应定期清洁消毒。

(2)食品加工人员健康管理与卫生要求　企业应建立并执行食品加工人员健康管理制度。食品加工人员每年应进行健康检查，取得健康证明，上岗前应接受卫生培训。食品加工人员如患有痢疾、伤寒、甲型病毒性肝炎、戊型病毒性肝炎等消化道传染病，以及患有活动性肺结核、化脓性或者渗出性皮肤病等有碍食品安全的疾病，或有明显皮肤损伤未愈合的，应当调整到其他不影响食品安全的工作岗位。

食品加工人员卫生要求包括：进入食品生产场所前应整理个人卫生，防止污染食品；进入作业区域应规范穿着洁净的工作服，并按要求洗手、消毒；头发应藏于工作帽内或使用发网约束；进入作业区域不应佩戴饰品、手表，不应化妆、染指甲、喷洒香水；不得携带或存放与食品生产无关的个人用品；使用卫生间、接触可能污染食品的物品或从事与食品生产无关的其他活动后，再次从事接触食品、食品工器具、食品设备等与食品生产相关的活动前应洗手消毒。

(3)虫害控制　企业应保持建筑物完好、环境整洁，防止虫害侵入及滋生，制订和执行虫害控制措施，并定期检查。生产车间及仓库应采取有效措施(如纱帘、纱网、防鼠板、防蝇灯、风幕等)，防止鼠类昆虫等侵入。企业应准确绘制虫害控制平面图，标明捕鼠器、粘鼠板、灭蝇灯、室外诱饵投放点、生化信息素捕杀装置等放置的位置。挡鼠板要保证有 60 cm 高，有 10～15°的倾角或者直角，要保证与墙面和地面的距离小于 0.6 cm，同理防盗门、应急门的缝隙也要小于 0.6 cm。厂区应定期进行除虫灭害工作，若发现有虫鼠害痕迹时，应追查来源，消除隐患。

企业采用物理、化学或生物制剂进行处理时，不应影响食品安全和食品应有的品质，不应污染食品接触表面、设备、工器具及包装材料。使用各类杀虫剂或其他药剂前，应做好预防措施，避免对人身、食品、设备工具造成污染；不慎污染时，应及时将被污染的设备、工具彻底清洁，消除污染。除虫灭害工作应有相应的记录。

(4)废弃物处理　企业应制订废弃物存放和清除制度，有特殊要求的废弃物其处理方式应符合有关规定。企业应定期清除废弃物，易腐败的废弃物应及时清除。提高易腐败废弃物的清除频率。车间外废弃物放置场所应与食品加工场所隔离，以防止污染，应防止不良气味或有害、有毒气体逸出，并防止虫害滋生。

(5)工作服管理　企业应根据食品的特点及生产工艺的要求配备专用工作服，如衣、裤、鞋靴、帽和发网等，必要时还可配备口罩、围裙、套袖、手套等。企业应制订工作服的清洗保洁制度，必要时应及时更换；生产中应注意保持工作服干净完好。工作服的设计、选材和制作应适应不同作业区的要求，降低交叉污染食品的风险；企业应合理选择工作服口袋的位置、使用的连接扣件等，降低内容物或扣件掉落污染食品的风险。

5. 培训管理的要求

食品生产企业应建立食品生产相关岗位的培训制度，对食品加工人员以及相关岗位的从业人员进行相应的食品安全知识培训。应通过培训促进各岗位从业人员遵守食品安全相关法律法规标准和增强各项食品安全管理制度的意识和责任，提高相应的知识水平。

企业应根据食品生产不同岗位的实际需求，制订和实施食品安全年度培训计划并进行考核，做好培训记录。应定期审核和修订培训计划，评估培训效果，并进行常规检查，以确保培训计划的有效实施。

(1)培训内容　应包括：食品安全法律法规和标准；食品安全管理制度；食品卫生及消毒知识；食品从业人员健康知识；食品安全基础知识及控制要求、岗位操作规程、关键控制点、食品安全防护、追溯和召回制度等。

(2)培训形式　可根据企业的情况开展集中培训、点对点培训、现场教学培训、老带新培训、岗位培训、线上培训等。

(3)培训效果的验证　可采取问答、笔试、比赛、演讲、实操演练等方法。

当食品安全相关的法律法规标准更新时，应及时开展培训。许多食品标准在发布的时候都留有一定的缓冲期，企业在这期间可以进行合规性排查，并对员工进行针对性培训，方便后期具体工作的开展。

6. 食品安全管理制度及记录的要求

企业应制定必要的管理文件，食品安全管理体系文件系统包括手册、作业指导书、制度、程序文件、记录等标准化的文本，是食品企业开展食品质量管理和安全保证的基础。食品企业生产过程管理必须有良好的文件系统支持。文件系统能够避免信息由口头交流所可能引起的差错，并保证生产和质量控制全过程的记录具有可追溯性。

食品企业需要建立明确的食品安全管理制度。管理制度在内容上至少应涵盖以下 15 个方面的生产经营活动的管理规定：采购及采购验证、产品防护、生产过程控制、检验管理、不合格品管理、消费者投诉受理、不安全食品召回、食品安全自查、食品安全事故处置、企业人员岗位设置及职责要求、从业人员培训、从业人员健康管理、企业档案管理、设备维修与保养、食品安全风险监测信息收集。

企业应确保各相关场所使用的文件均为有效版本。鼓励采用先进技术手段(如电子计算机信息系统)进行记录和文件管理。食品安全管理制度与生产规模、工艺技术水平、食品的种类特性相适应；需根据生产实际和实施经验不断完善。

同时企业应建立记录制度，对食品生产中采购、加工、贮存、检验、销售等环节详细记录。记录内容应完整、真实，确保对产品从原料采购到产品销售的所有环节都可进行有效追溯。企业应如实记录食品原料、食品添加剂和食品包装材料等食品相关产品的名称、规格、数量、供货者名称及联系方式、进货日期等内容。应如实记录食品的加工过程(包括工艺参数、环境监测等)、产品贮存情况及产品的检验批号、检验日期、检验人员、检验方法、检验结果等内容。应如实记录出厂产品的名称、规格、数量、生产日期、生产批号、购货者名称及联系方式、检验合格单、销售日期等内容。应如实记录发生召回的食品名称、批次、规格、数量、发生召回的原因及后续整改方案等内容。食品原料、食品添加剂和食品包装材料等食品相关产品进货查验记录、食品出厂检验记录应由记录和审核人员复核签名,记录内容应完整。记录保存期限不得少于产品保质期满后 6 个月;没有明确保质期的,保存期限不得少于 2 年。

实践训练

食品生产企业安全情况自查表填写

对食品生产企业的安全情况进行自查,并填写食品安全情况自查表(表 7-1)。

表 7-1　食品安全情况自查表

企业名称:　　　　　　　　　　产品名称:
生产地址:　　　　　　　　　　自查日期:

自查项目	序号	自查内容	是否合规	备注
1. 企业资质情况	1.1	营业执照	□是□否	
	1.2	食品生产许可证	□是□否	
	1.3	实际生产方法和范围	□是□否	
2. 生产环境条件	2.1	厂区、车间卫生情况	□是□否	
	2.2	厂区、车间与有毒、有害园地及其他污染源保持规定的距离	□是□否	
	2.3	卫生间应保持清洁,应设置洗手设施,未与食品生产、包装或储存等地域直接连通	□是□否	
	2.4	更衣、洗手、干手、消毒设备、设施运转情况	□是□否	
	2.5	通风、防尘、照明、存放垃圾和废弃物等设备、设施运转情况	□是□否	
	2.6	车间内使用的洗涤剂、消毒剂等化学品应与原料、半成品、成品、包装材料等分隔放置	□是□否	
	2.7	定期检查防鼠、防蝇、防虫害装置的使用情况并有相应检查记录,生产园地无虫害迹象	□是□否	
3. 进货查验情况	3.1	查验食品原辅料、食品添加剂、食品相关产品供货者的许可证、产品合格证明文件;如供货者无法提供有效合格证明文件的食品原料,应有检验记录	□是□否	
	3.2	进货查验记录及证明材料真实、完整,记录和凭证保存期限不少于产品保质期期满后 6 个月,没有明确保质期的,保存期限不少于 2 年	□是□否	
	3.3	食品原辅料、食品添加剂、食品相关产品的储存、保管记录和领用出库记录情况	□是□否	

续表 7-1

自查项目	序号	自查内容	是否合规	备注
4.生产过程查验情况	4.1	有食品安全自查制度文件，定期对食品安全状况进行自查并记录和处置	□是□否	
	4.2	使用的原辅料、食品添加剂、食品相关产品的品种与索证索票、进货查验记录内容一致	□是□否	
	4.3	生产投料记录情况，包含投料种类、品名、生产日期或批号、使用数量等	□是□否	
	4.4	使用非食品原料、回收食品、食品添加剂以外的化学物质、超过保质期的食品原料和食品添加剂生产食品的情况	□是□否	
	4.5	超范围、超量使用食品添加剂的情况	□是□否	
	4.6	生产或使用的新食品原料，限定于卫生行政部门公告的新食品原料范围内	□是□否	
	4.7	使用药品、仅用于保健食品的原料生产食品的情况	□是□否	
	4.8	生产记录中的生产工艺和参数与企业申请许可时提供的工艺流程一致	□是□否	
	4.9	生产加工过程关键操作点的记录情况	□是□否	
	4.10	生产现场人流、物流交叉污染情况	□是□否	
	4.11	原辅料、半成品与直接入口食品交叉污染情况	□是□否	
	4.12	有温、湿度等生产环境监测要求的，定期进行监测并记录的情况	□是□否	
	4.13	生产设备、设施定期维护保养记录的情况	□是□否	
	4.14	虚伪标注生产日期或批号的情况	□是□否	
	4.15	工作人员穿戴工作衣帽，生产车间内未觉察与生产无关的个人或者其他与生产不相关物品，员工洗手消毒后进入生产车间的情况	□是□否	
5.产品检验结果情况	5.1	企业自检的，应具备与所检工程适应的检验室和检验能力，有检验相关设备及化学试剂，检验仪器设备定期检验的情况	□是□否	
	5.2	不能自检的，托付有资质的检验机构进行检验的情况	□是□否	
	5.3	有与生产产品相适应的食品安全标准文本，按照食品安全标准规定进行检验	□是□否	
	5.4	建立和保存原始检验数据和检验汇报记录，检验记录真实、完整的情况	□是□否	
	5.5	按规定时限保存检验留存样品并记录留样情况	□是□否	

续表 7-1

自查项目	序号	自查内容	是否合规	备注
6. 储存及交付操作情况	6.1	原辅料的储存专人治理，储存条件情况	□是□否	
	6.2	食品添加剂特意储存，明显标示，专人治理情况	□是□否	
	6.3	不合格品划定地域存放情况	□是□否	
	6.4	依据产品特点建立和执行相适应的储存、运输及交付操作制度和记录情况	□是□否	
	6.5	仓库温湿度情况	□是□否	
	6.6	超许可范围生产情况	□是□否	
	6.7	销售台账记录真实、完整情况	□是□否	
	6.8	销售台账如实记录食品的名称、规格、数量、生产日期或者生产批号、检验合格证明、销售日期以及购货者名称、地址、联系方法等内容	□是□否	
7. 不合格品治理和食品召回情况	7.1	存在不合格品的处置记录情况，不合格品的批次、数量应与记录一致	□是□否	
	7.2	不安全食品的召回情况，有召回方案、公告等相应记录	□是□否	
	7.3	召回食品的处置记录情况	□是□否	
	7.4	使用召回食品重新加工食品情况（对因标签存在瑕疵实施召回的除外）	□是□否	
8. 从业人员治理	8.1	食品安全治理人员、检验人员、负责人配备情况	□是□否	
	8.2	食品安全治理人员、检验人员、负责人培训和考核记录情况	□是□否	
	8.3	聘用禁止从事食品安全治理的人员情况	□是□否	
	8.4	企业负责人在企业内部制度制定、过程操作、安全培训、安全检查以及食品安全事件或事故调查等环节履行岗位职责及记录情况	□是□否	
	8.5	从业人员健康治理制度情况，直接接触食品人员有健康证明	□是□否	
	8.6	从业人员食品安全知识培训制度及相关培训记录情况	□是□否	
9. 食品安全事故处置	9.1	定期排查食品安全风险隐患的记录情况	□是□否	
	9.2	按照食品安全应急方案定期演练，落实食品安全防范措施的记录情况	□是□否	
	9.3	发生食品安全事故的，有处置食品安全事故记录	□是□否	
10. 食品添加剂生产者治理	10.1	原料和生产工艺符合产品标准规定	□是□否	
	10.2	复配食品添加剂成分发生变化的，按规定汇报	□是□否	
	10.3	食品添加剂产品标签载明“食品添加剂”，并标明储存条件、生产者名称和地址、食品添加剂的使用范围、用量和使用方法	□是□否	

续表 7-1

自查项目	序号	自查内容	是否合规	备注
11. 其他事项	11.1	按照法律法规或主体责任汇报规定应当汇报的其他情况	□是□否	
自查结论〔可另附页〕				
整改情况〔可另附页〕				
自查人员签字： 日期：　　年　　月　　日		法人代表或质量负责人签字： 日期：　　年　　月　　日		

拓展资源

1.《食品安全国家标准　食品生产通用卫生规范》(GB 14881—2013)
2.《食品安全国家标准　食品经营过程卫生规范》(GB 31621—2014)
3.《食品安全国家标准　乳制品良好生产规范》(GB 12693—2010)
4.《食品安全国家标准　食用植物油及其制品生产卫生规范》(GB 8955—2016)
5.《食品安全国家标准　罐头食品生产卫生规范》(GB 8950—2016)
6.《食品安全国家标准　饮料生产卫生规范》(GB 12695—2016)

项目测试

一、单选题

1. 下列哪项属于厂房和车间合理划分作业区的依据(　　)?

A. 产品特点　　B. 生产工艺　　C. 生产特性　　D. 以上都是

2. 与原料、半成品、成品接触的设备与用具，应使用无毒、无味、抗腐蚀、不易脱落的材料制作，并应易于清洁和保养是指对生产设备(　　)的要求。

A. 设计　　B. 材质　　C. 零件　　D. 以上都不是

二、多选题

1. 食品工厂卫生要求不可带入生产区域的物品包括(　　)。

A. 药品　　B. 手表　　C. 手机　　D. 零食

2. 下列哪些属于物理污染的控制方法(　　)?

A. 建立防止异物污染的管理制度　　B. 设置筛网

C. 加工过程监督　　D. 微生物指标监控

3. 关于食品生产企业卫生管理的说法,以下表述正确的是(　　)。

A. 应制定食品加工人员和食品生产卫生管理制度以及相应的考试标准

B. 厂房内各项设施应保持清洁,出现问题及时维修或更新

C. 短期从事食品加工的人员可不取得健康证明,直接上岗工作

D. 食品生产人员进入作业区域应规范穿着洁净的工作服

三、判断题

1. 至少应每年对合格供应商进行一次评价,评价内容包括质量安全稳定性、物资交付及时性、服务情况以及相关资质证明文件的有效性等。(　　)

2. 企业应妥善保存出入库台账、销售台账及相关销售票据,保存期限不少于半年。(　　)

3. 实施自行检验的企业,每年应当与质量技术监督部门指定的检验机构进行一次比对检验。(　　)

4. 根据有关法律、法规规定应予销毁的不安全食品,运回生产地销毁处理时不须经相关监管部门人员在场监督销毁。(　　)

项目八 食品安全监督抽检

学习目标

知识与技能目标

1. 熟悉食品安全监督抽样检验的重点食品；
2. 掌握食品安全监督抽样检验的方法；
3. 熟悉《食品安全抽样检验管理办法》和《国家食品安全监督抽检实施细则》；
4. 能够正确填写食品安全抽样检验样品移交确认单和食品安全抽样检验抽样单等规范性资料。

素养目标

1. 培养学生的法治意识、规则意识；
2. 培养学生自觉遵守职业道德和规范，自觉履行责任。

预习导图

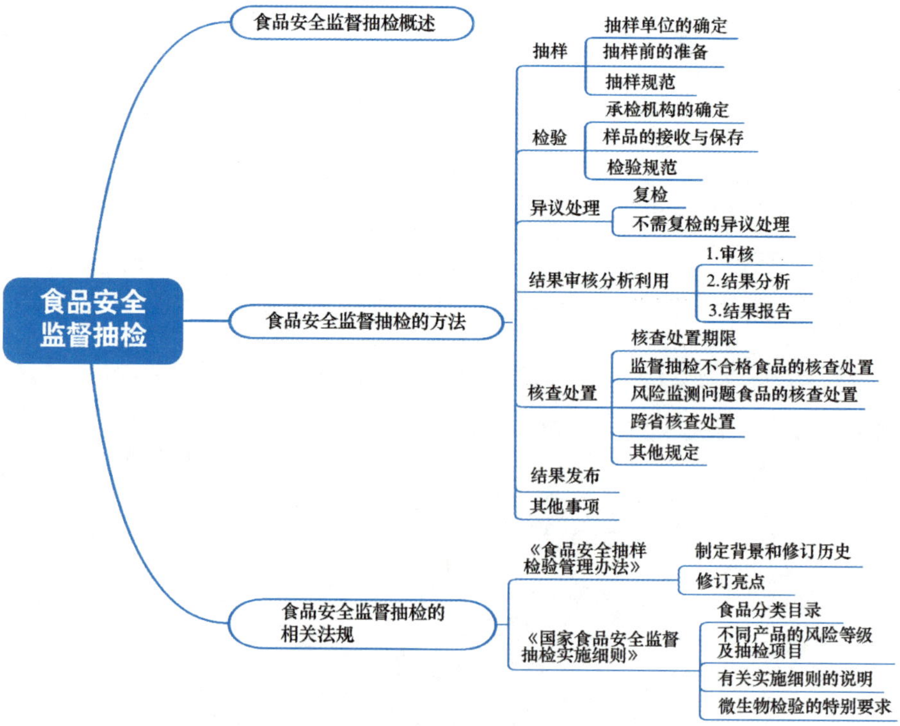

基础知识

引导问题

哪些食品是食品安全抽样检验的重点？

一、食品安全监督抽检概述

抽检制度一般长期用于政府的常规性检查，如在生产、流通、餐饮的现场，就环境因素和终产品进行抽检；同时也可用于非常规监管，如案件稽查、专项整治、事故调查和应急处置等。鉴于风险管理中“预防胜于治疗”的前瞻性理念，风险监测制度的引入也常借助抽检来开展工作。

对于食品安全保障工作而言，抽检的意义在于：一是确认食品生产经营者自我控制和官方检查的实效，即终产品确实在公私合作规制下符合了食品安全标准的要求。否则应当对违法行为进行处罚，包括行刑衔接的配合。二是通过抽检也可以发现风险隐患和安全问题，进而及时告知相关部门，并通过核查，以防止危害扩大，并终止及惩戒违规行为。三是将抽检的结果告知消费者，保障消费者的知情选择，并通过他们的力量倒逼企业的合规行为。比较而言，风险监测及对抽检的应用更符合当下预防为主的原则要求。

《食品安全抽样检验管理办法》规定，下列食品应当作为食品安全抽样检验工作计划的重点：①风险程度高以及污染水平呈上升趋势的食品；②流通范围广、消费量大、消费者投诉举报多的食品；③风险监测、监督检查、专项整治、案件稽查、事故调查、应急处置等工作表明存在较大隐患的食品；④专供婴幼儿和其他特定人群的主辅食品；⑤学校和托幼机构食堂以及旅游景区餐饮服务单位、中央厨房、集体用餐配送单位经营的食品；；⑥有关部门公布的可能违法添加非食用物质的食品；⑦已在境外造成健康危害并有证据表明可能在国内产生危害的食品；⑧其他应当作为抽样检验工作重点的食品。

引导问题 1

食品安全监督抽检的抽样流程是怎样的？请制作简明易懂的抽样流程图。

引导问题 2

食品安全监督抽检的复检流程是怎样的，请制作简明易懂的复检流程图。

二、食品安全监督抽检的方法

（一）抽样

1. 抽样单位的确定

抽样单位由组织抽检监测工作的市场监管部门根据有关食品安全法律法规要求确定，可以是市场监管部门的执法监管机构，或委托具有法定资质的食品检验机构（以下称承检机构）承担。

抽样单位应建立食品抽样管理制度，明确岗位职责、抽样流程和工作纪律，加强对抽样人员的培训和指导，保证抽样工作质量。承检机构应当尊重科学，恪守职业道德，保证出具的检验数据和结论客观、公正，不得出具虚假检验报告；市场监管部门应当对承检机构的抽样检验工作进行监督检查。

2. 抽样前的准备

（1）抽样人员的确定　随机确定抽样人员，抽样人员应当熟悉食品安全法律、法规、规章和食品安全标准等相关规定。抽检监测工作实施抽检分离，抽样人员与检验人员不得为同一人。地方承担的抽检监测开展抽样工作前，各抽样单位应确定抽样人员名单，并将《国家食品安全抽检监测抽样人员名单上报表》报相关省级市场监管部门，由省级市场监管部门汇总后报国家市场监督管理总局（以下简称总局）食品安全抽检监测工作秘书处（以下简称秘书处）。总局本级开展的抽检监测由抽样单位将《国家食品安全抽检监测抽样人员名单上报表》报秘书处。

（2）抽样前培训　抽样单位应对抽样人员进行培训，培训内容包括《食品安全法》《食品安全抽样检验管理办法》《国家食品安全监督抽检实施细则》等相关法律法规及要求，并做好相关培训记录。

3. 抽样规范

（1）抽样　抽样工作不得预先通知被抽样食品生产经营者（包括进口商品在中国依法登记注册的代理商、进口商或经销商，以下简称被抽样单位）。

抽样人员不得少于 2 名，抽样时应向被抽样单位出示《国家食品安全抽样检验告知书》和抽样人员有效身份证件，告知被抽样单位阅读文书背面的被抽样单位须知，并向被抽样单位告知抽检监测性质、抽检监测食品范围等相关信息。抽样单位为承检机构的，还应向被抽样单位出示《国家食品安全抽样检验任务委托书》。

抽样人员应当从食品生产者的成品库待销产品中或者从食品经营者仓库和用于经营的食品中随机抽取样品。至少有2名抽样人员同时现场抽取，不得由被抽样单位自行提供。抽样数量原则上应当满足检验和复检的要求。

(2)不予抽样的情形　抽样时，抽样人员应当核对被抽样单位的营业执照、许可证等资质证明文件。遇有下列情况之一且能提供有效证明的，不予抽样：①食品标签、包装、说明书标有“试制”或者“样品”等字样的；②有充分证据证明拟抽检监测的食品为被抽样单位全部用于出口的；③食品已经由食品生产经营者自行停止经营并单独存放、明确标注进行封存待处置的；④超过保质期或已腐败变质的；⑤被抽样单位存有明显不符合有关法律法规和部门规章要求的；⑥法律、法规和规章规定的其他情形。

(3)封样　现场抽样的，样品一经抽取，抽样人员应在现场采取有效的防拆封措施，对检验样品和复检备份样品分别封样，并由抽样人员和被抽样食品生产经营者签字或者盖章确认，注明抽样日期。封条的材质、格式(横式或竖式)、尺寸大小可由抽样单位根据抽样需要确定。

开展网络食品安全抽样检验时，应当记录买样人员以及付款账户、注册账号、收货地址、联系方式等信息。买样人员应当通过截图、拍照或者录像等方式记录被抽样网络食品生产经营者信息、样品网页展示信息，以及订单信息、支付记录等。抽样人员收到样品后，应当通过拍照或者录像等方式记录拆封过程，对递送包装、样品包装、样品储运条件等进行查验，并对检验样品和复检备份样品分别封样。

(4)抽样单填写　抽样人员应当使用规定的《国家食品安全抽样检验抽样单》，详细完整记录抽样信息。抽样文书应当字迹工整、清楚，容易辨认，不得随意更改。如需要更改信息应当由被抽样单位签字或盖章确认。记录保存期限不得少于2年。

抽样单上被抽样单位名称应严格按照营业执照或其他相关法定资质证书填写。被抽样单位地址按照被抽样单位的实际地址填写，若在批发市场等食品经营单位抽样时，应记录被抽样单位摊位号。被抽样单位名称、地址与营业执照或其他相关法定资质证书上名称、地址不一致时，应在抽样单备注栏中注明。

抽样单上样品名称应按照食品标示信息填写。若无食品标示的，可根据被抽样单位提供的食品名称填写，需在备注栏中注明“样品名称由被抽样单位提供”，并由被抽样单位签字确认。若标注的食品名称无法反映其真实属性，或使用俗名、简称时，应同时注明食品的“标称名称”和“(标准名称或真实属性名称)”，如“稻花香(大米)”。

被抽样品为委托加工的，抽样单上被抽样单位信息应填写实际被抽样单位信息，标称的食品生产者信息填写被委托方信息，并在备注栏中注明委托方信息。

必要时，抽样单备注栏中还应注明食品加工工艺等信息。抽样单填写完毕后，被抽样单位应当在抽样单上签字或盖章确认。《国家食品安全监督抽检实施细则》中规定需要企业标准的，抽样人员应索要食品执行的企业标准文本复印件，并与样品一同移交承检机构。

(5)现场信息采集　抽样人员可通过拍照或录像等方式对被抽样品状态、食品库存及其他可能影响抽检监测结果的情形进行现场信息采集，包括：①被抽样单位外观照片，若被抽样单位悬挂厂牌的，应包含在照片内；②被抽样单位营业执照、许可证等法定资质证书复印件或照片；③抽样人员从样品堆中取样照片，应包含有抽样人员和样品堆信息(可大致反映抽样基数)；④从不同部位抽取的含有外包装的样品照片；⑤封样完毕后，所封样品码放整齐后的外观照片和封条近照；⑥同时包含所封样品、抽样人员和被抽样单位人员的照片；⑦填写完毕的抽样单、购物票据等在一起的照片；⑧其他需要采集的信息。

(6)样品的获取方式　抽样人员应向被抽样单位支付样品购置费并索取发票(或相关购物凭证)及所购样品明细，可现场支付费用或先出具《国家食品安全抽样检验样品购置费用告知书》随后支付费用。样品购置费的付款单位由组织抽检监测工作的市场监管部门指定。

(7)样品运输　抽取的样品应由抽样人员携带或寄送至承检机构，不得由被抽样单位自行寄、送样品，原则上被抽样品应在 5 个工作日内送至承检机构，对保质期短的食品应及时送至承检机构。对于易碎品、冷藏、冷冻或其他特殊贮运条件等要求的食品样品，抽样人员应当采取适当措施，保证样品运输过程符合标准或样品标示要求的运输条件。

(8)拒绝抽样　被抽样单位拒绝或阻挠食品安全抽样工作的，抽样人员应认真取证，如实做好情况记录，告知拒绝抽样的后果，填写《国家食品安全抽样检验拒绝抽样认定书》，列明被抽样单位拒绝抽样的情况，报告有管辖权的市场监管部门进行处理，并及时报被抽样单位所在地级市场监管部门。

(9)抽样文书的交付　抽样人员应将填写完整的《国家食品安全抽样检验告知书》《国家食品安全抽样检验抽样单》和《国家食品安全抽样检验工作质量及工作纪律反馈单》交给被抽样单位，并告知被抽样单位如对抽样工作有异议，将《国家食品安全抽样检验工作质量及工作纪律反馈单》填写完毕后寄送至组织抽检监测工作的省级市场监管部门，总局本级开展的抽检监测，将《国家食品安全抽样检验工作质量及工作纪律反馈单》寄送至秘书处。

(10)特殊情况的处置和上报　抽样中发现被抽样单位存在无营业执照、无食品生产许可证等法定资质或超许可范围生产经营等行为的，或发现被抽样单位生产经营的食品及原料没有合法来源或者存在违法行为的，应立即停止抽样，及时依法处置并上报被抽样单位所在地省级市场监管部门。抽样单位为承检机构的，应报告有管辖权的市场监管部门进行处理，并及时报被抽样单位所在地省级市场监管部门；总局本级实施的抽检监测抽样过程中发现的特殊情况还需报送秘书处。

另外，对仅用于风险监测的食品样品抽样不受抽样数量、抽样地点、被抽样单位是否具备合法资质等限制，并可简化告知被抽样单位抽样性质、现场信息采集等执法相关的程序。鼓励应用先进的信息化技术填写并交付相关抽样文书。

(二)检验

1. 承检机构的确定

承检机构应为获得食品检验资质认定的机构，具备与承检任务中食品品种、检测项目、检品数量相适应的检验检测能力，由组织抽检监测工作的省级市场监管部门按照有关规定确定。在开展抽检监测工作前应将《国家食品安全抽检监测承检机构上报表》报秘书处备案。承担总局本级抽检监测任务的承检机构由总局遴选确定。

未经组织抽检监测工作的市场监管部门同意，承检机构不得分包或者转包检验任务。各级市场监管部门应积极支持配合承检机构开展工作，在样品采集、运输等方面提供必要的帮助。

2. 样品的接收与保存

承检机构接收样品时应当确认样品的外观、状态、封条完好，并确认样品与抽样文书的记录相符后，对检验和复检备份样品分别加贴相应标识。样品存在对检验结果或综合判定产生影响的情况，或与抽样文书的记录不符的，承检机构应拒收样品，并填写《国家食品安全抽样检验样品移交确认单》，告知抽样单位拒收原因。

承检机构应当建立样品保管制度，由 2 人以上负责样品的保管，严禁样品被随意调换、拆封。对于复检备份样品的调取或使用，应经相关负责人签字后方可进行。

3. 检验规范

（1）检验与记录　承检机构应严格按照国家安全抽检实施细则规定项目和检验方法开展检验工作，不得擅自增加或者减少检验项目，不得擅自修改《国家食品安全监督抽检实施细则》中确定的检验方法，确保检验数据准确，在不影响样品检验结果的情况下，承检机构应当尽可能将样品进行分装或者重新包装编号，以保证不会发生人为原因导致不公正的情况。检验原始记录必须如实填写，保证真实、准确、清晰；不得随意更改，更改处应当经检验员签字或盖章确认。

食品安全抽检的检验规范

（2）结果质量控制　承检机构应采取加标回收、人员比对、设备比对或实验室间比对等多种质控方式确保数据的准确性。

（3）检验报告　承检机构应当按规定的报告格式分别出具国家食品安全监督抽检检验报告和风险监测检验报告，检验报告应当内容真实齐全、数据准确。原则上承检机构应在收到样品之日起 20 个工作日内出具检验报告。组织抽检监测工作的市场监管部门与承检机构另有约定的，从其约定。承检机构对其出具的检验报告的真实性和准确性负责。

（4）检验过程的特殊情况　检验过程中遇有样品失效或者其他情况致使检验无法进行的，承检机构必须如实记录有关情况，提供充分的证明材料，并将有关情况上报组织抽检监测工作的市场监管部门。

检验过程中发现被检样品可能对身体健康和生命安全造成严重危害的，承检机构应在发现问题并经确认无误后 24 h 内填写《食品安全抽样检验限时报告情况表》，将问题或有关情况报告被抽样单位所在地省级市场监管部门和秘书处，并抄报总局稽查局。在食品经营单位抽样的，还应报告标称食品生产者住所地的省级市场监管部门。承检机构同时将《食品安全抽样检验限时报告情况表》上传至中国市场检定研究院“食品安全抽检监测信息管理系统”（以下简称信息系统），通过信息系统发送至相关单位。承检机构信息报告时，应确保对方收悉，并做好记录备查。

（5）检验报告发送　食品安全监督抽检的检验结论合格的，承检机构应当在检验结论做出后 7 个工作日内将检验结论报送组织抽检监测工作的市场监管部门。

食品安全监督抽检的检验结论不合格或发现问题样品的，承检机构应当在检验结论做出后 2 个工作日内，将不合格样品或问题样品检验报告及《国家食品安全抽样检验告知书》《国家食品安全抽样检验抽样单》《国家食品安全抽样检验结果通知书》等有关材料上传至信息系统。由秘书处负责通过信息系统实时发送相关省级市场监管部门。

地方承担的抽检监测任务，当标称食品生产者与被抽样单位不在同一省级行政区域的，由组织抽检监测工作的省级市场监管部门通过信息系统及时将不合格样品信息或问题样品信息通报标称食品生产者住所地的省级市场监管部门，必要时可正式发文函告。省级市场监管部门收到监督抽检不合格检验结论后应在 5 个工作日内通知相关食品生产经营者，同时启动核查处置工作。

组织抽检监测工作的市场监管部门对检验报告发送有特殊要求的，按照其规定执行。

县级以上地方市场监管部门组织的监督抽检，检验结论表明不合格食品含有违法添加的非食用物质，或者存在致病性微生物、农药残留、兽药残留、重金属以及其他危害人体健康的物质严重超出标准限量等情形的，应当逐级报告至总局。

（6）复检备份样品的处理　对于未检出问题的样品，承检机构应当自检验结论作出之日起3个月内妥善保存复检备份样品；复检备份样品剩余保质期不足3个月的，应当保存至保质期结束。

检出问题的样品，应当自检验结论作出之日起6个月内妥善保存复检备份样品；复检备份样品剩余保质期不足6个月的，应当保存至保质期结束。

对超过保存期的复检备份样品，应进行妥善处理，并保留样品保存和处理记录。

（三）异议处理

1. 复检

食品安全抽检的复检

（1）复检申请　对检验结论有异议的被抽样食品生产经营者（以下称复检申请人）可以自收到食品安全监督抽检不合格检验结论之日起7个工作日内提出书面复检申请，并说明理由。在食品经营单位抽样的，被抽样单位或标称的食品生产者对检验结论有异议的，需双方协商统一后由其中一方提出。涉及委托加工关系的，委托方或被委托方对检验结论有异议的，需双方协商统一后由其中一方提出。

（2）复检受理　市场监管部门应当自收到复检申请材料之日起5个工作日内，出具受理或者不予受理通知书。不予受理的，应当书面说明理由。市场监管部门应当自出具受理通知书之日起5个工作日内，在公布的复检机构名录中，遵循便捷高效原则，随机确定复检机构进行复检。复检机构不得与初检机构为同一机构。因客观原因不能及时确定复检机构的，可以延长5个工作日，并向申请人说明理由。复检机构与复检申请人存在日常检验业务委托等利害关系的，不得接受复检申请。

（3）复检规范　初检机构应当自复检机构确定后3个工作日内，将备份样品移交至复检机构。复检样品的递送方式由初检机构和申请人协商确定。

复检机构收到复检备份样品后，应当通过拍照或者录像等方式对备份样品外包装、封条等完整性进行确认，填写《复检备份样品确认单》。复检备份样品如出现封条、包装被破坏，或其他对结果判定产生影响的情况，复检机构应在《复检备份样品确认单》上如实记录，并书面告知复检申请人及市场监管部门，终止复检。

复检机构应按照与初检机构一致的检验方法使用复检备份样品对提出异议的项目进行复检，复检报告须给出食品是否合格的复检结论，并注明该结论是针对复检备份样品做出的。复检结论为最终检验结论。

必要时，初检机构可到复检机构实验室直接观察复检实施过程。

复检机构应当自收到备份样品之日起10个工作日内，向市场监管部门提交复检结论。市场监管部门与复检机构对时限另有约定的，从其约定。市场监管部门应当自收到复检结论之日起 5 个工作日内，将复检结论通知申请人。

（4）复检费用　复检相关费用由复检申请人先行垫付，复检结论与初检机构检验结论一致的，复检费用由复检申请人自行承担；复检结论与初检机构检验结论不一致的，复检费用由抽样检验的部门承担，复检费用包括检验费用和样品递送产生的相关费用。

（5）不予复检的情形　有下列情形之一的，复检机构不得予以复检：①检验结论显示微生物指标超标的；②复检备份样品超过保质期的；③逾期提出复检申请的；④其他原因导致备份样品无法实现复检目的的。

2. 不需复检的异议处理

被抽样单位对其生产经营食品的抽样过程、样品真实检验方法、标准适用等事项存在异议的可以依法提出异议处理申请。

对抽样过程有异议的，申请人应当在抽样完成后 7 工作日内，或对样品真实性、检验方法、标准适用等事项有异议的，应当自收到不合格检验结论通知之日起 7 个工作日内，向组织开展抽检监测的市场监管部门提出书面异议审核申请，并提交相关证明材料。总局本级开展的抽检监测，异议审核申请及相关证明材料应提交给异议提出单位所在地省级市场监管部门。省级市场监管部门应及时将异议审核申请及相关证明材料通过信息系统上传。省级市场监管部门组织对异议审核申请进行审核，并及时答复；当标称食品生产者与被抽样单位不在同省级行政区域的，两地省级市场监管部门可组织对异议审核申请协同审核。

异议申请材料不符合要求或者证明材料不齐全的，市场监管部门应当当场或者在 5 个工作日内一次告知申请人需要补正的全部内容。市场监管部门应当自收到申请材料之日起 5 个工作日内，出具受理或者不予受理通知书。不予受理的，应当书面说明理由。

逾期未提出异议的或者未提供有效证明材料的，视同无异议。

（四）结果审核分析利用

1. 审核

各省级市场监管部门应及时组织审核地方承担的抽检监测的抽样信息、检验数据，总局本级的抽检监测结果数据由秘书处组织审核。

2. 结果分析

各省级市场监管部门应及时分析研判抽检监测结果，对可能存在区域性、系统性食品安全苗头性问题的，研究完善针对性监管措施或开展本行政区域范围内专项治理。

各省级市场监管部门应报送监督抽检和风险监测年度工作总结。总结中应至少包括抽检监测工作开展情况、食品安全抽检监测结果、发现的主要问题、数据分析利用情况，以及工作经验和建议等。

3. 结果报告

秘书处应及时整理监督抽检、风险监测数据，组织食品安全抽检监测工作组牵头单位进行数据分析，按要求将数据结果和分析报告报送总局。对经分析认为可能存在系统性、行业性、区域性食品安全苗头性问题的，应及时报告总局。

(五)核查处置

1. 核查处置期限

省级市场监管部门收到不合格样品(问题样品)的检验报告(含总局本级抽检监测工作中发现和外省省级市场监管部门通报的检验报告)后,应于5个工作日内依法依责启动对不合格食品(问题食品)生产经营者的核查处置。

2. 监督抽检不合格食品的核查处置

负责不合格食品核查处置的市场监管部门应监督食品生产经营者依法采取封存库存不合格食品,暂停生产、销售和使用不合格食品,召回不合格食品等措施控制食品安全风险。

对不合格食品生产经营者进行调查,并依据调查情况立案,依法实施行政处罚;涉嫌犯罪的,应当依法及时移送公安机关。

监督不合格食品生产者开展问题原因的分析排查,限定期限完成整改,并在规定期限内提交整改报告。根据不合格食品生产者提交的整改报告开展复查,并加强对不合格食品及同种食品的跟踪抽检监测。

3. 风险监测问题食品的核查处置

省级市场监管部门可以组织相关领域专家对问题食品存在的风险隐患进行分析评价,分析评价结论表明相关食品存在安全隐患的,需向问题食品生产经营者发出《国家食品安全抽样检验风险隐患告知书》,并采取措施化解食品安全风险。

负责问题食品核查处置的部门可以监督食品生产经营者依法采取封存库存问题食品,暂停生产、销售和使用问题食品,召回问题食品等措施控制食品安全风险。

可以对问题食品生产经营者进行调查,存在违法行为的应当立案查处,必要时开展执法检验;涉嫌犯罪的,应当依法及时移送公安机关。可以监督问题食品生产者开展问题原因的分析排查,限定期限完成整改,并在规定期限内提交整改报告。根据问题食品生产者提交的整改报告开展复查,并加强对问题食品及同种食品的跟踪监测。

4. 跨省核查处置

抽样地与标称的食品生产者住所地不在同一省级行政区域的,抽样地省级市场监管部门和标称的食品生产者住所地省级市场监管部门应根据工作需要及时互相通报核查处置情况。

核查处置中发现不合格食品(问题食品)流入外省,或者原辅料、食品添加剂等涉及外省的,发现地省级市场监管部门要及时通报相关省级市场监管部门,提出协助调查请求,并作为处置的主办单位,主动通报情况,积极沟通协调,跟踪处置进展;涉及的其他省级市场监管部门应积极协办,按要求时限反馈协查结果。

办理行政处罚案件时,需要其他地区市场监管部门协助调查、取证的,应当出具协助调查函。协助部门一般应当在接到协助调查函之日起15个工作日内完成相关工作;需要延期完成的,应当及时告知提出协查请求的部门。

各省级市场监管部门应建立健全核查处置联动机制,及时开展协查,通报核查处警情况。

5. 其他规定

(1)从严查处　对监督抽检和风险监测过程中发现被检样品可能对身体健康和生命安全

造成严重危害的，核查处置工作应当在 24 h 之内启动，并依法从严查处。

(2)信用档案　不合格食品和问题食品核查处置工作应在 3 个月内完成，核查处置相关情况应记入食品生产经营者食品安全信用档案。

(3)上报　各省级市场监管部门应将核查处置情况及时填报信息系统，并按月汇总后上报总局，对食品安全违法案件处置情况随时上报。

(六)结果发布

国家和省级市场监管部门应当汇总分析食品安全监督抽检结果，并定期或者不定期对外公布。各级市场监管部门按照相关要求，认真做好结果发布工作。地方各级市场监管部门和参与抽检监测工作的单位未经总局授权，不得擅自发布国家食品安全监督抽检和风险监测结果。

(七)其他事项

各省级市场监管部门可根据需要补充制定适用于本地工作的文书和表单，并报秘书处备案。

总局本级的抽检监测是指总局组织承检机构开展的食品抽检监测工作；地方承担的抽检监测是指各省级市场监管部门按照总局工作部署和要求，组织承检机构按计划开展的本行政区域内食品抽检监测工作。

承担抽检监测任务的单位和人员应当遵守国家相关保密规定，抽检结果未经管理部门许可，不得向任何单位和个人泄露。

引导问题

分别查找巴氏杀菌乳、灭菌乳和调制乳的监督抽检项目，填写表 8-1 至表 8-3。

表 8-1　巴氏杀菌乳检验项目

序号	检验项目	依据法律法规或标准	检测方法
1			
2			
3			
4			
5			
6			
7			
8			

表 8-2 灭菌乳检验项目

序号	检验项目	依据法律法规或标准	检测方法
1			
2			
3			
4			
5			
6			
7			

表 8-3 调制乳检验项目

序号	检验项目	依据法律法规或标准	检测方法
1			
2			
3			
4			
5			

三、食品安全监督抽检的相关法规

(一)《食品安全抽样检验管理办法》

1. 制定背景和修订历史

2014年国家食品药品监督管理总局发布了《食品安全抽样检验管理办法》,自2015年2月1日起施行。《食品安全抽样检验管理办法》共七章五十三条,规定了食品安全抽样检验的原则、计划、抽样、检验、处理法律责任等方面的内容。

为贯彻党中央、国务院决策部署,落实《关于深化改革加强食品安全工作的意见》和《地方党政领导干部食品安全责任制规定》要求,进一步规范食品安全抽样检验工作,加强食品安全监管,保障公众身体健康和生命安全,根据《中华人民共和国食品安全法》(以下简称《食品安全法》)等法律法规,国家市场监督管理总局对《食品安全抽样检验管理办法》进行了修订。新《食品安全抽样检验管理办法》自2019年10月1日起实施。

2. 修订亮点

(1)完善食品安全抽样检验的含义和范围　着力提高监管的靶向性,根据工作目的和工作方式的不同,将食品安全抽检工作分为监督抽检、风险监测和评价性抽检。首次明确评价性抽检是指依据法定程序和食品安全标准等规定开展抽样检验,对市场上食品总体安全状况进行评估的活动，并明确可以参照本办法有关规定组织开展评价性抽检。同时，坚持原则性和灵活性相结合，对于评价性抽检以及餐饮食品、食用农产品的抽检，规定市场监管部门可以参照本办法关于食品安全监督抽检的规定组织开展。

(2)坚持问题导向，完善抽样程序要求　一是落实“双随机一公开”要求，明确食品安全抽样工作应当遵守随机选取抽样对象、随机确定抽样人员的要求。二是针对现场抽样和网络抽样在权利义务告知、现场信息采集、封样、签字盖章确认等方面的区别，分别完善现场抽样和网络抽样应当履行的程序要求，并对网络食品抽检方式、费用支付、信息采集、样品收集等作出规定。三是着力解决实践中的突出问题，对涉及抽样、检验、样品移交等各环节时限依法作出进一步明确和完善。四是坚持包容审慎监管，明确市场监管部门可以参照本办法关于网络食品安全监督抽检的规定对自动售卖机、无人超市等没有实际经营人员的食品经营者组织实施抽样检验。

(3)完善复检程序规定　调整了申请复检时限、复检机构确定方式，明确复检备份样品移交、报告提交、结果通报等各环节工作时限。规定复检备份样品确认由复检机构实施并记录，改变既往复检机构、初检机构、复检申请人三方确认的做法，提高工作效率。

(4)完善抽样异议处理程序　依法保障食品生产经营者权益，将抽样、检验及判定依据纳入异议申请范围，针对不同的异议情形明确异议提出主体。同时，补充完善异议提出、受理、审核、结果通报等各环节时限和程序等相关规定要求，提高工作效率。

(5)强化核查处置措施　落实属地监管责任，完善监督抽检信息通报机制，进一步明确总局组织的抽检、涉及跨省级行政区域、地方组织的抽检以及网络抽检不合格食品的通报程序，明确通过食品安全抽样检验信息系统进行通报，提高通报时效性，便监管部门及时处置、控制风险。

(6)落实“四个最严”要求　严格抽样管理，要求抽样单位建立食品抽样管理制度，明确岗位职责、抽样流程和工作纪律，加强对抽样人员的培训和指导，保证抽样工作质量。严格检验标准，明确监督抽检应当采用食品安全标准规定的检验项目和检验方法。严格承检机构管理，明确承检机构进行检验应当尊重科学，恪守职业道德，保证出具的检验数据和结论客观、公正，不得出具虚假检验报告。同时，落实《食品安全法》及其实施条例，规定没有食品安全标准的，应当采用依照法律法规制定的临时限量值、临时检验方法或者补充检验方法。

(7)强化法律责任　一是依法加大了食品生产经营者无正当理由拒绝、阻挠或者干涉抽样检验、风险监测和调查处理的，拒不召回或者停止经营以及提供虚假证明材料申请异议的处罚力度。二是强化信用惩戒，规定监督抽检结果和不合格食品核查处置的相关信息除依法公示外，还要按要求记入食品生产经营者信用档案；受到的行政处罚等信息还要依法归集至国家企业信用信息公示系统。对存在严重违法失信行为的，按规定实施联合惩戒。三是强化承检机构管理责任，对存在违法行为的，除依法处理外，规定市场监管部门五年不得委托其承担抽样检验任务；调换样品、伪造检验数据或者出具虚假检验报告的，终身不再委托。四是强化复检机构承担复检任务的约束，明确无正当理由 1 年内 2 次拒绝承担复检任务的，撤销其复检机构资质并向社会公布。

(二)《国家食品安全监督抽检实施细则》

国家市场监管总局每年都会出台《国家食品安全监督抽检实施细则》，发布当年的食品安全监督抽检计划和各品类食品抽检的项目，每年都会有些变化。

1. 食品分类目录

抽检项目是按照食品的分类进行的，食品的大类共分为34类，分别是：粮食加工品；食用油、油脂及其制品；调味品；肉制品；乳制品；饮料；方便食品；饼干；罐头；冷冻饮品；速冻食品；薯类和膨化食品；糖果制品；茶叶及相关制品；酒类；蔬菜制品；水果制品；炒货食品及坚果制品；蛋制品；可可及焙烤咖啡产品；食糖；水产制品；淀粉及淀粉食品；糕点；豆制品；蜂产品；保健食品；特殊膳食食品；特殊医学配方食品；婴幼儿配方食品；餐饮食品；食用农产品；食品添加剂；食盐。

2. 不同产品的风险等级及抽检项目

为提升食品安全水平，提高食品安全监督抽检工作的靶向性和可操作性，市场监管总局组织每年会印发食品安全监督抽检计划，其中规定了该年度食品安全抽检品种和食用农产品抽检品种等，并且每年还出台《国家食品安全监督抽检实施细则》，详细介绍各品种的检测项目、检测方法及判定标准等，对监督抽检的适用范围、产品种类、检验依据、抽样、检验要求、判定原则与结论提出统一要求。

3. 有关实施细则的说明

在依据基础标准如《食品安全国家标准　食品添加剂使用标准》(GB 2760—2024)、《食品安全国家标准　食品中真菌毒素限量》(GB 2761—2017)、《食品安全国家标准　食品中污染物限量》(GB 2762—2022)、《食品安全国家标准　食品中农药最大残留限量》(GB 2763—2021)、《食品安全国家标准　预包装食品中致病菌限量》(GB 29921—2021)、《食品中兽药最大残留限量》(GB 31650—2019)等判定时，食品分类应按基础标准的食品分类体系判断。例如对芝麻酱的污染物进行判定时，应依据《食品安全国家标准　食品中污染物限量》(GB 2762—2022)的食品分类体系，将其归属于坚果与籽类食品；又如对芹菜的污染物进行判定时，应依据《食品安全国家标准　食品中污染物限量》(GB 2762—2022)的食品分类体系，将其归属为茎类蔬菜，而对其农药残留项目进行判定时，应依据《食品安全国家标准　食品中农药最大残留限量》(GB 2763—2021)的食品分类体系，将其归属为叶菜类蔬菜。

食品安全国家标准有指定检验方法的，按照食品安全国家标准指定检验方法实施，如《食品安全国家标准　食品中污染物限量》(GB 2762—2022)、《食品安全国家标准　食品中农药最大残留限量》(GB 2763—2021)等标准中相关检验项目等；对于检验方法有食品安全国家标准检验方法的，应采用适用的食品安全国家标准检验方法，如酱油氨基酸态氮项目应采用《食品安全国家标准　食品中氨基酸态氮的测定》(GB 5009.235—2016)；没有食品安全国家标准检验方法的，原则上应采用本细则规定的检验方法标准，如《食品安全国家标准　食品添加剂使用标准》(GB 2760—2024)、《食品安全国家标准　食品中兽药最大残留限量》(GB 31650—2019)等标准中部分检验项目；本细则规定的检验方法标准定量限(检出限、测定低限等)不满足产品明示标准限量要求时，使用产品明示标准规定的配套检验方法，如执行《绿色食品 食用盐》(NY/T 1040—2021)、生产日期在2021年11月1日之前的产品其亚铁氰化钾/亚铁氰化钠项目的检验方法应选择《制盐工业通用试验方法 亚铁氰根的测定》(GB/T 13025.10—2012)。细则中有特别规定的从其规定，如保健食品中“功效/标志性成分”检验方法的规定。

蔬菜、水果监督抽检范围应为细则规定的蔬菜、水果品种。蔬菜（除豆芽外）、水果的分类和品种名称以《食品安全国家标准　食品中农药最大残留限量》（GB 2763—2021）中的食品类别为准。例如紫包菜在《食品安全国家标准　食品中农药最大残留限量》（GB 2763—2021）中为赤球甘蓝，与结球甘蓝为不同品种的蔬菜，不在本细则抽检范围。

以罐头工艺加工或经商业无菌生产的食品，其微生物项目仅检测商业无菌，食品安全标准中另有规定的，如番茄酱罐头、番茄酱与番茄汁婴幼儿罐装辅助食品等按其食品安全标准规定执行。

在销售环节和餐饮环节，从大包装食品中分装取出的样品不进行微生物检验。在生产环节，从大包装食品中分装取出的样品，本细则中有微生物检验要求的应检测，抽样时应注意以下几点：①应由企业在抽样人员在场的情况下，在包装车间或企业自行选择的其他清洁作业区内进行样品分装并密封，样品盛装于企业用于销售的包装或清洁卫生的容器中。②对于二级或三级采样方案的，应从5个大包装中分别取出样品用于微生物检验。对于液态大包装样品，应在采样前摇动液体，使其达到均质；对于固态大包装样品，应从同一包装的不同部位分别取出适量样品混合。③在抽样单上注明“样品由企业在清洁作业区分装”等类似文字。各类食品细则中另有规定的，按其规定执行。

《食品安全国家标准　食品中铝的测定》（GB 5009.182—2017）第二法和第三法适用于面制品、豆制品、虾味片、烘焙食品等样品中铝残留量的检测，相关干样制备参照第一法中相应的干燥条件进行。

防腐剂或相同色泽着色剂混合使用时各自用量占其最大使用量的比例之和，结果超过1，且检出两种及以上防腐剂或相同色泽着色剂（均为标准中允许使用的）时，在检验报告中出具该项目。除此之外，不在检验报告中出具该项目。

4. 微生物检验的特别要求

食品安全监督抽检微生物检验原始记录须包含以下信息：①样品编号；②以“年、月、日”格式记录的检测起始日期；③检测地点；④检测项目、检测依据；⑤培养箱、天平、均质器（适用时）、细菌生化鉴定系统（适用时）、pH计（适用时）等关键检测设备的名称和编号；⑥检测关键培养基名称，并可追溯至培养基具体品牌、批号及配制记录；⑦生化鉴定试剂、诊断血清等关键试剂的名称、品牌和批号；⑧检测过程中所使用标准菌株的菌种名称、编号，来源可追溯；⑨检测样品具体取样量及所使用稀释液名称；⑩按检测项目相应方法标准要求提供培养温度、培养时间；⑪按检测标准方法规定进行详细结果记录，如使用公式计算，须提供具体计算公式；⑫按检测标准方法规定，提供空白、阴性和阳性对照结果记录；⑬对致病菌检出阳性结果附典型培养结果及生化反应结果图片，按标准采用自动生化反应的除外。

实践训练

食品安全抽样检验相关单据填写

填写食品安全抽样检验样品移交确认单和食品安全抽样检验抽样单，明确抽样检验的要求（表8-4、表8-5）。

表 8-4 食品安全抽样检验样品移交确认单

抽样单位名称：________________

收样时间	年　月　日　时
样品件数(含备用样品)	
样品抽样单编号	
样品检查记录	封条：□完好　□有破损 样品包装：□完好　□有破损 样品数量：□满足要求　□不满足 样品状态：□正常　□异常
文书检查记录	文书数量：□齐全　□不齐全 文书信息：□与样品相符　□与样品不符
样品移交确认结果	□接收　□拒收 拒收理由：
抽样单位样品移交人签字：	承检机构样品确认人签字(盖章)：

注：本文书一式两联，由承检机构、抽样单位分别存留。

表 8-5 食品安全抽样检验抽样单

<table>
<tr><td>任务来源</td><td colspan="4"></td><td colspan="2">任务类别</td><td>监督抽检</td></tr>
<tr><td rowspan="6">被抽样单位信息</td><td>单位名称</td><td colspan="6"></td></tr>
<tr><td>单位地址</td><td colspan="6"></td></tr>
<tr><td>抽样环节</td><td></td><td></td><td>抽样地点</td><td colspan="3"></td></tr>
<tr><td>区域类型</td><td></td><td></td><td>经营许可证</td><td colspan="3"></td></tr>
<tr><td>法人代表</td><td></td><td></td><td colspan="2">营业执照号/社会信用代码</td><td colspan="2"></td></tr>
<tr><td>联系人</td><td></td><td></td><td>联系电话</td><td colspan="3"></td></tr>
</table>

续表 9-5

任务来源				任务类别	监督抽检
样号信息	样品名称				
	商标		条形码		
	样品类型		样品来源		
	样品属性		生产日期		
	样品批号		规格型号		
	质量等级		保质期		
	抽样基数	抽样数量	备样数量	单价	
	抽样方式		抽样日期	储存条件	
	是否进口		原产地	包装分类	
	执行标准/技术文件				
(标称)生产者信息	生产者名称				
	生产者地址				
	生产许可证号			联系电话	
(标称)第三方企业信息	企业名称			企业性质	
	企业地址				
	企业许可证号			联系电话	
(标称)样品储存条件	□常温　□冷藏　□冷冻　□避光 □密闭　□其他		截止日期		
			地址		
抽样单位信息	单位名称				
	单位地址				
	联系人		联系电话	传真	
备注	(需要说明的其他问题)				
被抽样单位对抽样程序、过程、封样状态及上述内容无异议。 被抽样单位签名(盖章): 年　月　日			抽样人(签名): 抽样单位(公章): 年　月　日		

注:本文书一式五联,第一联交组织抽样检验的市场监管部门;第二联交承检机构;第三联交(标称)食品生产者;第四联抽样单位留存;第五联交被抽样单位。

拓展资源

1.《食品安全抽样检验管理办法》

2.《国家食品安全监督抽检实施细则》(2023)

项目测试

一、单选题

1. 市场监督管理部门应在(   )日内，完成对不合格食品的核查处置工作。

A. 80　　B. 90　　C. 95　　D. 100

2. 食品生产经营者对抽检结果有异议时，应在(   )个工作日内提出复检申请。

A. 5　　B. 7　　C. 3　　D. 10

二、多选题

1. 下列属于食品安全计划抽检重点的有(   )。

A. 风险程度高以及污染水平呈上升趋势的食品

B. 流通量小的食品

C. 专供婴幼儿和其他特定人群的主辅食品

D. 学校和托幼机构食堂以及旅游景区餐饮服务单位、中央厨房、集体用餐配送单位经营的食品

2. 下列属于食品安全抽样流程的有(   )。

A. 计划　　B. 抽样　　C. 检验　　D. 异议处理

3. 食品安全监督抽检应当采用食品安全标准规定的检验项目和检验方法，没有食品安全标准的，应当采用(   )。

A. 依照法律法规制定的临时限量值

B. 临时检验方法

C. 补充检验方法

D. 中国药典

4. 当出现(   )情况时，食品安全抽检结果不予复检。

A. 检验结论为微生物指标不合格

B. 复检备份样品超过保质期

C. 逾期提出复检申请

D. 其他原因导致备份样品无法实现复检目

三、判断题

1. 若食品检验结论为微生物指标不合格，则食品的生产经营者可以申请复检。(   )

2. 食品抽检中，采用非食品安全标准检验方法时，应当遵循技术手段先进的原则。(   )

3. 风险监测是相关部门对已有食品安全标准的风险因素，开展的监测、分析和处理活动。(   )

项目九

食品安全溯源管理

学习目标

知识与技能目标

1. 熟悉食品安全风险预警机制和策略；
2. 熟悉电子信息编码系统和食品溯源关键技术；
3. 掌握食品安全召回管理的主体及职责、召回程序；
4. 掌握食品安全事故的处置；
5. 能够制作食品召回计划书。

素养目标

1. 培养学生严谨的工作作风，提高分析问题和解决问题的能力；
2. 培养沟通交流和团队合作精神。

预习导图

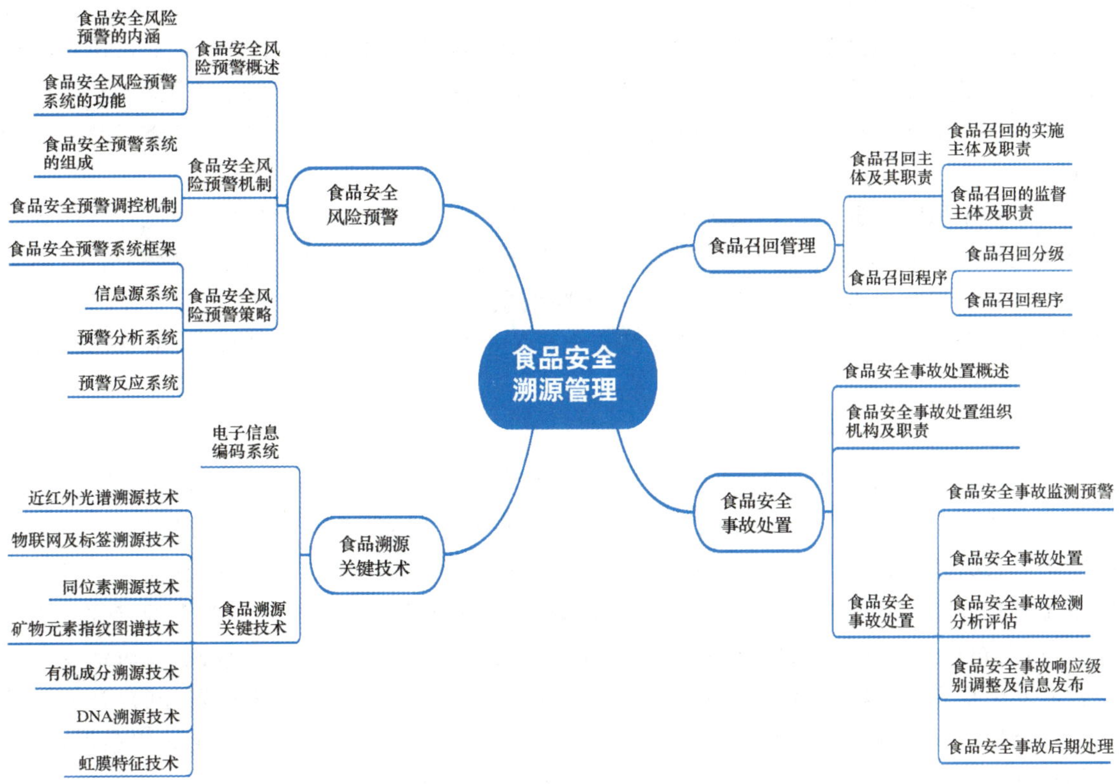

基础知识

引导问题

食品安全风险预警框架是怎样的，请制作简明易懂的流程图。

一、食品安全风险预警

随着食品供应的全球化和食品生产工艺的日益复杂化，食品安全问题层出不穷，给广大消费者带来了巨大的隐患。食品安全不仅成为一个备受世人瞩目的重大问题，而且也成为一项衡量一个国家文明程度的重要指标。正是因为食品安全已经成为人类文明的象征，所以保障食品安全应该成为全人类共同的责任。如何建立一个科学有效的食品安全风险预警体系，快速反应食品安全风险，是食品安全管理领域亟待解决的问题。

（一）食品安全风险预警概述

1. 食品安全风险预警的内涵

食品安全风险预警是指对食品中有毒、有害物质的扩散与传播进行早期警示和积极防范的过程。食品安全风险预警体系是指通过对食品生产、加工、配送和销售过程中的安全隐患进行监测、追踪、量化分析、信息通报及预报等而建立起的一套完整的针对食品安全问题的功能系统。

食品安全风险预警是一种预防性的安全保障措施。为了避免食品消费中可能存在的风险或潜在危害的影响，应采取积极的态度，应用风险分析方法，有效地辨识食品风险，分析食品危害的大小和后果的严重程度，及时发布食品风险信息，尽量将食品风险控制在可接受的范围之内。食品安全风险预警系统对于保障食品安全至关重要，是食品安全管理体系中不可或缺的内容。

2. 食品安全风险预警系统的功能

食品安全风险预警系统通过指标体系的运用来解析各种食品安全状态、食品风险、食品风险演化趋势和突变等现象，揭示食品安全事件的内在发生机制、成因背景、表现方式以及预防控制措施，通过提供警示信息来帮助人们提前采取预防性的应对策略。因此，食品安全风险预警系统具有发布信息、沟通、预测、控制和避险等功能，是实现食品安全控制管理的有效手段。

（1）发布信息功能　通过权威信息传播媒介和渠道，向社会公众快速、准确、及时地发布各类食品安全信息，实现安全信息的迅速扩散，使消费者能够定期稳定地获取充分的、有价值的食品安全信息。预警信息的发布不仅可以增强消费者的食品安全理念和自我保护意识，还能增加食品安全信息的价值，节约社会获取食品安全信息的成本。

（2）沟通功能　食品安全管理贯穿整个食品供应链，涉及食品生产基地、加工企业、配送企业和零售企业等。借助食品安全风险预警系统和透明化的食品安全信息，食品供应各环节之间能够实现有效沟通，实现食品风险交流的目的；政府职能部门能够更加有效地制定统一的监管政策，实施有效监管；消费者能够及时了解食品安全信息，选择质量有保证的健康食品。

（3）预测功能　食品安全突发事件具有不可预知性，在事件发生之初，很难在短时间内弄清事件暴发的确切原因，这会给民众造成一定的恐慌。在食品安全风险预警系统收集和分析监测数据的基础上，寻找整个食品供应链运营过程中的不安全因素，对食品不安全现象可能引发的食源性疾病、疫病流行等进行预测，及时准确地向社会公众发布事件发展概况，采取措施迅速控制局面，减少社会动荡。

（4）控制功能　食品风险控制是由政府职能部门强制执行的一种调节活动，能够保障食品在食品供应链全过程中是安全和健康的，以保护消费者的合法权益。借助食品安全风险预警系统，能够全面掌握整个食品供应链的食品安全信息，有效协调食品供应链成员的生产经营活动，形成综合性的预防和控制体系，及早发现问题、解决问题和控制问题，减少不必要的损失。

（5）避险功能　借助食品安全风险预警系统的发布信息、沟通、预测和控制功能，食品安全管理决策者在有限的认知能力和行为能力条件下，能够有效地把握食品风险的状态，从而科学有效地辨识和规避风险。

（二）食品安全风险预警机制

食品安全预警机制是指在常态下对可能引起食品安全事件的各种因素及其所呈现出来的危机信号和危机征兆进行科学监测，对其发展趋势、可能发生的食品安全危机类型及其危害程度做出科学合理的评估，并向社会或政府职能部门发出危机警报的管理体系。

1. 食品安全预警系统的组成

食品安全预警系统由预警信息采集系统、预警信息评价指标体系、预警分析与决策系统、报警系统、预警防范与处置系统等部分组成，能有效保证预警功能的正常发挥。

（1）预警信息采集系统　预警信息采集系统是整个预警系统的基础，其主要职责是在食品供应链全程全面准确地搜集食品的要素投入、生产加工、包装、配送以及销售等方面的动态信息，以及消费者食用食品后的反馈信息和有关健康方面的信息，并进行初步整理、加工、储存及传输。预警信息采集系统是保证预警和应急机构获得高质量信息，充分识别、正确分析突发事件的前提条件。

预警信息采集系统的主要任务是进行原始信息的采集与初步分析工作，其中最重要的是分析和辨析食品风险因素。食品风险的产生原因各不相同，如食品供应链质量风险，按形成过程可分为生产过程中的质量风险（农药、品种、饲料、土壤、水）、加工环节中的质量风险（杂质、混杂、添加剂）和销售环节的质量风险（过期变质、有害包装物）等；按食品种类分，有粮食食用风险、畜产品（兽药、饲料）食用风险、蔬菜食用风险、水产品食用风险等；按控制政策的要求分，有产区风险、销区风险和整个食品供应链风险等。

（2）预警信息评价指标体系　食品安全预警，主要借助一定的指标体系，在对风险信息进行分析的基础上，提供量化考核标准。为了反映观察对象状况的危机程度并进行数据处理，需要利用统计分析、特征提取等技术将各种监测数据转变为能揭示观察对象本质特征的有关指标和指标值，并根据专家论证确定观察对象各指标的权重，计算观察对象危险程度的度量值和危险等级。尽管预警信息评价的具体指标和指标值，针对不同的预警信息有所不同，但都应遵循敏感性、独立性、可度量性和规范性原则。

预警信息评价指标通常分为警情指标和警兆指标，警兆指标又分为景气警兆指标和动向警兆指标。警兆指标可以根据事物间的内在联系或因果关系进行挖掘，具体的指标设计要根据预警对象来确定。在指标筛选时不仅要注重指标的测度能力、重要程度和覆盖面，而且指标应该准确灵敏、充分可靠。

(3)预警分析与决策系统　预警分析与决策系统是利用预警信息采集系统提供的风险信息资料和预警信息评价指标体系，计算出具体的指标值，并根据预先设定的警戒限(阈值)，对不同的预警对象进行预测和推断，甄别出高危品种、高危地区、高危人群等。一般警戒限的确定主要参考历史数据、国际通用标准和专家经验知识。由于警戒限的界定带有一定的主观性，所以需要根据实际情况进行动态调整。

食品安全预警分析与决策系统的主要职责：根据出现的警情，采用逆向推理寻找食品风险警兆，或者根据一些非直接指标显示的警兆，运用分析模型，采用正向推理判断食品安全警情发生的可能性。预警的本质在于确定食品风险发生的概率，提供预警信息。因此，预警的关键就是应用预警分析与决策系统，揭示食品供应链运营的状态是否正常，以及异常现象出现的概率和原因。

(4)报警系统　报警系统是建立在预警分析与决策系统基础上的，对食品供应链的食品安全状况及其薄弱环节进行判断，找出食品安全控制中存在的重大问题，并及时预警和通报给应急机构，以便及时采取有效的预防对策。报警系统一般由报警渠道、报警机构、报警制度和报警反馈等组成，其主要职责是及时获得警情信息，自动启动警情上传下达功能，给予不同程度的警情预报，用红、橙、黄、绿等警示灯显示，或者用巨警、重警、中警、轻警和无警表示警度。

(5)预警防范与处置系统　预警防范与处置系统是预警机制形成的最后一个阶段，它根据报警系统的输出信号，针对不同的食品供应链环境、不同产品的食品安全状况，采取不同的解决和消除危机的办法和措施，使消费者处于一定的警戒状态，防范和化解食品风险危害。

2. 食品安全预警调控机制

食品安全预警系统运行的最终目的是要输出警情信息，科学有效地指导人们的风险防范行动。尽管预警系统是预警信息采集、预警信息评价指标体系、预警分析与决策、报警和预警防范与处置等系统的组合，但是为了保证预警目标的实现，食品安全预警系统需要在风险信息、各种警素、预警技术和处置策略之间建立起有机联系和约束关系，针对调控目标值及其变化的幅度和强度，采取相应的技术、经济、行政和社会措施，对受控对象进行适当的调节和控制。

食品安全预警系统的调控机制包括调节机制和控制机制，它面向整个食品供应链。在“从农田到餐桌”的全过程中，调控机制通过各种调控方式对食品安全预警系统的运行过程和发展方向进行调节和控制，以保证食品安全预警系统在内外环境的动态变化过程中，仍然能够保障食品安全性这一系统目标的实现。食品安全预警系统调控机制建立的关键在于明确调控什么，如何调控；食品安全预警系统调控对象的确定，最重要的是要明确哪些因素会对消费者的健康造成损害、损害是如何产生的。

食品安全预警系统的调控方式主要有调控预期目标、调控影响源以及调控偏差三种。调控目标牵涉食品安全标准的修正，随着食品安全标准的提高，对食品安全预警系统调控的要求也将提高;调控影响源是对影响消费者健康的危害因子进行识别与控制,特别是对关键控制点的识别;调控偏差主要强调对偏离预定目标的调整。食品安全预警调控需要在三种调控方式中寻求平衡。

(三)食品安全风险预警策略

预警是一种主动对不确定状态下的风险信息进行分析判断的机制。食品安全预警是依据食品对消费者健康影响的风险信息做出是否发出危机报警的过程。由于各种因素的作用,食品对消费者健康往往会产生不同程度的影响,特别是不安全食品的消费会产生一定的健康风险。因此,针对频频发生的食品安全事件,实施有效的预警策略,对保证消费者健康,维持社会秩序意义重大,推动食品安全管理从“消极、被动、事后和弥补”向着“积极、主动、事前和预防”的方向转变,有助于降低食品风险对社会的危害。

1. 食品安全预警系统框架

食品安全涉及食物是否有毒、添加剂是否违规超标、标签是否规范等一系列问题,需要在超出食品污染界限之前采取措施,预防食品污染和主要危害因素,避免重大食物中毒和食源性疾病的发生。在预警体系中有效实施预警策略,能够对食品安全问题发出预警,防止重大食品安全事件的发生。

食品安全预警系统能否正常运行,能否给出正确的预警策略,主要取决于系统的功能模块能否充分发挥作用。食品安全预警系统主要由信息源系统、预警分析系统和预警反应系统三部分组成。

2. 信息源系统

信息源管理的功能主要是实现食品风险预警系统数据的采集、存储、更新和补充。信息源管理主要分为监测管理和标准信息管理。监测管理包括数据采集管理和共享交换管理:采集管理的功能主要是实现系统内食品安全监测抽检数据上报、审核等功能;共享交换管理的功能主要是不同部门之间的数据共享。标准信息管理主要是收集与食品安全相关的数据标准、政策等信息,从而实现监测数据的标准化及辅助支撑。信息源系统性能及其保障机制的优劣,将直接影响整个预警系统的性能,影响预防控制措施的有效实施,是正确预警的前提和保证。

(1)监测管理　监测管理模块是搜集信息和采集数据的渠道,合理设置和布局可以保障数据信息的科学性。针对食品安全的内涵,监测管理模块主要用于监测营养均衡安全、质量安全和可持续供给安全,在此将重点介绍质量安全监测。质量安全监测可以组建两个网络:第一个网络是食品污染物监测网络,重点开展生物性污染物和化学性污染物的监测。第二个网络是食源性疾病监测网络,主要用于解决公共卫生与安全问题。

(2)标准信息管理　标准信息管理是食品安全数据比对的依据。根据食品安全比对需求,将政策、法规、标准等数据信息汇集形成数据库,积累食品安全数据,将检测模块后的数据与数据库进行比对,通过数据采集、数据维护和数据传输等功能保持数据库中食品安全数据的完整性、一致性,为实现食品安全数据的共享和透明化奠定基础。

3. 预警分析系统

预警分析系统的管理功能主要是基于监测数据和分析模型的决策支撑,为食品安全预警决策提供科学的保障。预警分析系统输入的是有效数据和信息,输出的是预警分析信息。预警分析系统包括知识管理模块和风险分析管理模块两部分。知识管理模块承担着知识库管理、指标设置和案例库管理等功能，用于完善预警分析所需要的知识体系，知识体系的完善主要依据来自信息源系统的数据；风险分析管理模块主要用于完善风险分析模型和专家评估功能，提高风险分析的可靠性。风险分析模型是一种理论分析方法，通过数据和限定条件进行计算，从而得出分析结果；专家评估依赖于一支稳定的、具有专业实践经验的专家群体，充分利用专家的经验知识进行预警分析，改善风险分析模型的局限性，提高预警质量（图 9-1）。

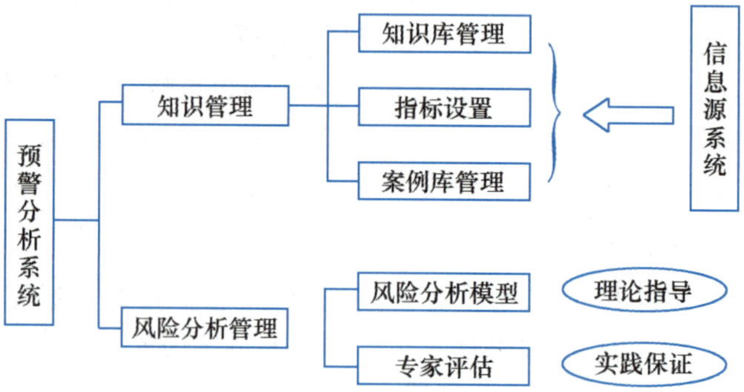

图 9-1 预警分析系统

4. 预警反应系统

反应系统的主要功能是按照预警分析结果应对预警危机。根据警情的不同，给出预测、预报、警示和调控手段等应对措施，应对措施的执行需要一个功能完善、职责清晰、协调及时的反应系统。反应系统输入的是预警分析信息，输出的是预警控制指令。反应系统担负了风险分析体系中的风险交流功能，基本上由报告制度和信息发布制度两部分构成。

（1）报告制度　报告制度主要是运用通信技术、信息技术和网络技术等现代化手段，实现快速、高效、准确的数据分析，及时将有关数据与信息向上一级主管部门报告，并按照有关法律、法规向社会公众告示的过程。

目前，我国涉及食源性疾病管理的法律有两部，即《食品安全法》和《中华人民共和国传染病防治法》。我国能够反映食源性疾病危害的数据信息主要有两个报告体系，依据《食品安全法》建立的食品安全事故报告体系，依据《传染病防治法》建立的传染病报告体系，并且这两个报告体系是独立的。

（2）信息发布制度　一旦预警信息生成，预警信号究竟由谁来发布、通过何种渠道发布以及发布的具体办法由谁来制定等，构成了预警信息的发布问题。预警信息发布是一项政策性很强的工作，需要建立一套完善的预警信息发布制度。

另外，反应系统中有一种特殊形式即快速反应系统。相对于一般的应对系统，它增加了协调指挥功能，重在快速防控食品安全重大突发事件的事态发展。快速反应系统输入的是预警分析信息，输出的是紧急应对策略。由于食品安全重大突发事件具有危害性大、时效性要求高等特点，所以需要具备特殊的应对策略。

引导问题 1

食品溯源已经发展成为解决食品安全问题的一种有效手段，并呈现出全球化食品溯源的发展趋势，请列举不少于 5 种食品溯源技术。

引导问题 2

请举例描述同位素溯源技术在食品溯源中的应用。

二、食品溯源关键技术

食品溯源是食品质量与安全追溯体系的重要组成部分，通过对食品生产、流通过程中各关键环节信息的有效监控管理实现预警和追溯，预防和减少问题的出现，一旦出现问题即可以迅速追溯至源头。

食品溯源包括两个途径，一是由上而下的追踪，即从源头农场、食品原材料供应环节、加工环节、储运环节以及销售环节进行追踪，这种方法主要用于查找食品质量问题的原因，确定产品的原产地和特征；二是由下至上的追溯，也就是消费者在销售点购买的食品发现了安全问题，可以向上层进行追溯，最终确定问题所在，这种方法主要用于问题食品召回。实施食品质量安全追溯制，不仅增强了食品生产企业的责任心和食品生产、销售过程的透明度，而且还增加了消费者对食品质量安全的信心。

（一）电子信息编码系统

电子信息编码系统即将动（植）物等的品种、饲养（种植）、加工、储运、经销等从农田到餐桌的各环节记录自动编入条形码，通过条形码可追溯各个环节。

在信息管理方面，实施跟踪与追溯可以将食品供应链中的产品及其属性信息、参与方信息与实物系统有效地联系起来。这就要求食品供应链中的每一个环节不仅要对自己加工的产品进行标识，还要采集所加工的食品原料上已有的标识信息；并将其全部信息加在产品上，以备下一个加工者或消费者使用；然后采用"全球统一标识系统"（EAN・UCC）对供应链的每一个节点进行有效标识。建立各个环节信息管理、传递和交换的方案，从而对供应链中食品原料、加工、包装、储藏、运输、销售等环节进行跟踪与追溯，及时发现存在的问题，进行妥善处理。

电子信息编码系统要求记录必须准确无误，但在实际生产过程中，食品要经过复杂的加工、运输、储藏、销售等程序，产品的每一过程都记录在案很难实现，因此，电子信息编码系统实施时存在一定的困难和问题，这就需要建立一种科学的、独立的技术来追溯产品的产地、来源、真伪等相关信息，并且这种技术在减少欺诈、以假乱真的行为中也能起到鉴别作用。

(二)食品溯源关键技术

1. 近红外光谱溯源技术

近红外光是光谱范围在 780～2 526 nm 的介于可见光和中红外光之间的电磁波，通过采集光谱信息并借助化学计量法进行建模，通过各个光谱反映样品中有机物的组成成分与含量，再利用有机物成分与含量的不同来进行食品溯源。

2. 物联网及标签溯源技术

物联网是在互联网的基础上发展而来的物与物之间互联的技术。物联网一般由射频识别(radio frequency identification，RFID)系统、产品命名服务器 (object naming service，ONS)、信息服务器(physical markup language，PML)和应用管理系统这四部分组成。其中 RFID 是物联网溯源的基本技术，是一种非接触式的自动识别技术，它通过射频信号自动识别目标对象并获取相关数据。标签溯源主要是利用条码技术并结合相应的硬件设备进行溯源。

无线射频识别(RFID)技术是物联网的核心技术之一，是一种应用在信息采集系统的非接触式自动识别技术，它通过无线射频方式自动识别目标对象，获取相关数据信息，实现对 RFID 电子标签的信息获取。无线射频识别(RFID)技术具有准确、适应环境、抗干扰、操作快捷等优点。

RFID 系统包括硬件和软件两部分。硬件系统包括电子标签、读写器、计算机和通信网络。电子标签也称应答器，是一个微型的无线收发装置，由耦合元件及芯片组成，每个标签具有唯一的电子编码，附着在物体上标识目标对象。读写器又称读取装置，可无接触地读取并识别电子标签中所保存的电子数据，从而达到自动识别物体的目的。装有 RFID 系统软件的计算机和读写器控制模块进行通信，控制读写器的读写。RFID 系统中软件的作用是完成数据信息的存储、管理以及对 RFID 电子标签的读写控制。

无线射频识别(RFID)技术的工作原理是：读写器通过发射天线将特定频率的无线电载波信号发射出去；当电子标签进入读写器发射天线的工作区域时产生感应电流，从而获得能量被激活，将自身编码等信息通过其内置天线发送出去；读写器接收天线经天线调节器接收电子标签发送来的载波信号，读写器对此信号进行解调和解码，然后通过通信网络送到装有 RFID 系统软件的计算机系统进行处理；根据逻辑运算判断该电子标签的真伪，针对不同的设定做出相应的处理和控制，发出指令信号控制操作器的动作；通过计算机网络实现多点监控，搭建总控制信息平台，根据不同的项目要求，通过设计不同的软件实现不同的功能。

3. 同位素溯源技术

同位素溯源技术的基本原理是同位素的自然分馏效应。稳定的同位素比值可以反映动植物种类及其所在环境，因此，稳定的同位素可用来提供食品信息，用作食品溯源研究。在食品溯源中，常用的同位素有 C、H、O、N、S、B、Sr 和 Pb 等。不同种类同位素的分析技术也不同，C、H、O、N、S 等一般用同位素比率质谱仪(IRMS)和相应的同位素分馏-核磁共振仪(SNIF-NMR))进行分析，而 Sr、Pb 等重同位素一般用热电离质谱(TIMS)和多收集器等离子体质谱(MC-ICP-MS)进行分析。

4. 矿物元素指纹图谱技术

矿物元素指纹图谱技术的原理是不同的土壤质地由不同的地层岩石背景形成，土壤与岩石风化的母质密切相关，从而造成不同地域土壤中矿物元素含量及比例等具有地理地质特异性。生物体内自身不能合成矿物元素，需要从周围环境中摄取，矿物元素受当地水、地质因素、土壤环境等的影响，导致不同地域生长的生物体内有各自的矿物质指纹特征。矿物元素指纹图谱技术通过分析不同来源生物体中矿物元素的组成和含量，再利用方差分析、聚类分析和判别分析等数理统计方法筛选出有效指标，进而建立判别模型和数据库，实现食品溯源和确证。

5. 有机成分溯源技术

有机成分主要由脂肪、蛋白质、糖类、维生素和香气成分等组成，不同来源的同一种食品的有机成分与含量有着明显的差异，这为产地追溯提供了可能性，该技术主要是利用气相色谱法(GC)、气相色谱-质谱联用仪(GC-MS)和高效液相色谱法(HPLC)等方法测定其有机成分的组成与含量。有机成分中的葡萄糖、脂肪酸、维生素和氨基酸等常作为食品产地溯源的指标。

6. DNA 溯源技术

DNA 溯源技术是生物溯源的重要方法之一。DNA 溯源技术源于 DNA 的遗传与变异，每一个个体都有着独一无二的 DNA 序列，因此其对应的 DNA 图谱也独一无二，可以用来标记不同生物个体。DNA 溯源技术主要有 3 种标记方法：扩增片段长度多态性(AFLP)、微卫星标记(SSR)和单核苷酸多态性(SNP)等。

扩增片段长度多态性(AFLP)技术是一项新的分析标记技术，其原理是基于 PCR 技术扩增基因组 DNA 限制性片段，基因组 DNA 先用限制性内切酶切割，然后将双链接头连接到 DNA 片段的末端，接头序列和相邻的限制性位点序列，作为引物结合位点。AFLP 扩增可使某一品种出现特定的 DNA 谱带，而在另一品种中可能无此谱带，这种通过引物诱导及 DNA 多态性可作为一种分子标记。微卫星标记(SSR)又被称为短串联重复序列或简单重复序列，是均匀分布于真核生物基因组中的简单重复序列，由 2～6 个核苷酸的串联重复片段构成，由于重复单位的重复次数在个体间呈高度变异性并且数量丰富，因此微卫星标记的应用非常广泛。

7. 虹膜特征技术

虹膜识别是一种稳定性好、准确率高的生物识别技术。虹膜位于瞳孔和巩膜之间，是眼球前部包含色素的环形薄膜，由结缔组织细胞、肌纤维组成。虹膜表面有许多条纹、沟壑和小坑，使得虹膜含有极其丰富的纹理信息和结构信息，这些信息在动物的胚胎期已经形成并稳定下来。一般虹膜的结构在个体一生中保持稳定，对于不同动物个体，其虹膜特征各不相同。

虹膜识别技术的原理是以生物虹膜的纹理作为区分不同个体的独一无二的特征，通过图像采集、图像预处理、特征提取、模式匹配等技术手段，判别两幅虹膜图像样本是否出自同一个体，从而实现个体识别。

高质量的虹膜图像采集是虹膜识别的首要任务，虹膜图像预处理是虹膜识别的关键步骤。虹膜图像预处理以虹膜采集装置所采集到的眼睛图像为处理对象，结合相关的虹膜图像定位算法进行定位处理，定位出虹膜图像的内外边界，提取虹膜区域图像。然后对虹膜图像进行归一化处理及(或)图像增强，为特征提取做准备。

引导问题 1

食品召回管理对于保障迅速有效地收回市场上的缺陷食品、消除食品安全危害具有非常重要的作用，哪些食品需要进行食品召回处理？

引导问题 2

请绘制食品召回流程图。

三、食品召回管理

随着经济全球化发展以及人口、环境、资源可持续发展战略的推进，食品安全监管受到国内和国际的广泛关注。作为食品安全监督管理的重要手段和食品安全控制体系不可缺少的组成部分，食品召回管理对于保障迅速有效地收回市场上的缺陷食品、消除食品安全危害具有非常重要的作用。

食品召回的对象为“不安全食品”。《食品召回管理规定》对“不安全食品”给出了明确定义，不安全食品是指食品安全法律法规规定禁止生产经营的食品以及其他有证据证明可能危害人体健康的食品。

（一）食品召回主体及其职责

1. 食品召回的实施主体及职责

《国务院关于加强食品等产品安全监督管理的特别规定》第 9 条第 1 款规定：生产企业发现其生产的产品存在安全隐患，可能对人体健康和生命安全造成损害的，应当向社会公布有关信息，通知销售者停止销售，告知消费者停止使用，主动召回产品，并向有关监督管理部门报告；销售者应当立即停止销售该产品。销售者发现其销售的产品存在安全隐患，可能对人体健康和生命安全造成损害的，应当立即停止销售该产品，通知生产企业或者供货商，并向有关监督管理部门报告。

《食品安全法》第 63 条明确指出“国家建立食品召回制度”。食品生产经营者应当依法承担食品安全第一责任人的义务，负责建立健全相关管理制度，收集、分析食品安全信息，依法履行不安全食品的停止生产经营、召回和处置义务。

根据我国相关法律法规，食品召回的实施主体为食品生产经营者。作为食品召回的实施主体，当食品生产者发现生产食品不符合食品安全标准或者可能危害人体健康的，应该立即停止生产并召回已经上市销售的食品，并通知相关生产经营者和消费者，同时需记录召回和通知情况。食品经营者发现经营的食品有相关情形的，应立即停止经营并通知相关生产经营者和消费者，同时记录停止经营和通知情况。此外，若食品生产者认为应当召回的应当立即召回。如果因为食品经营者的原因造成其经营的食品有相关情形的，食品经营者应当召回。

对于召回的食品，食品生产经营者应该采取无害化处理、销毁等措施，防止其再次流入市场。但是，对因标签、标志或者说明书不符合食品安全标准而被召回的食品，可以再采取补救措施且能保证食品安全的情况下继续销售，在继续销售时，应当向消费者明示补救措施。之后，应将食品召回和处理情况向所在地县级人民政府食品安全监督管理部门报告；对于需要进行无害化处理或销毁处理的，需要提前将时间、地点报给相关部门。

2. 食品召回的监督主体及职责

食品召回监督主体是多元化主体。《食品召回管理规定》指出国家市场监督管理总局负责指导全国不安全食品停止生产经营、召回和处置的监督管理工作。县级以上地方市场监督管理部门负责本行政区域的不安全食品停止生产经营、召回和处置的监督管理工作。县级以上市场监督管理部门负责组织建立由医学、毒理、化学、食品、法律等相关领域专家组成的食品安全专家库，为不安全食品的停止生产经营、召回和处置提供专业支持。国家市场监督管理总局负责汇总分析全国不安全食品的停止生产经营、召回和处置信息，根据食品安全风险因素，完善食品安全监督管理措施。县级以上地方市场监督管理部门负责收集、分析和处理本行政区域不安全食品的停止生产经营、召回和处置信息，监督食品生产经营者落实主体责任。此外，食品行业协会也是监督主体之一，鼓励和支持食品行业协会加强行业自律，制定行业规范，引导和促进食品生产经营者依法履行不安全食品的停止生产经营、召回和处置义务；同时也鼓励和支持社会监督。

（二）食品召回程序

1. 食品召回分级

根据食品安全风险的严重和紧急程度，食品召回分为三级。一级召回：食用后已经或者可能导致严重健康损害甚至死亡的，食品生产者应当在知悉食品安全风险后 24 h 内启动召回，并向县级以上地方市场监督管理部门报告召回计划。二级召回：食用后已经或者可能导致一般健康损害，食品生产者应当在知悉食品安全风险后 48 h 内启动召回，并向县级以上地方市场监督管理部门报告召回计划。三级召回：标签、标识存在虚假标注的食品，食品生产者应当在知悉食品安全风险后 72 h 内启动召回，并向县级以上地方市场监督管理部门报告召回计划。标签、标识存在瑕疵，食用后不会造成健康损害的食品，食品生产者应当改正，可以自愿召回。

2. 食品召回程序

食品生产（经营）者应制订召回计划报县级以上地方市场监督管理部门，由市场监督管理

食品召回程序

部门组织专家评估召回计划，发布召回公告，食品生产（经营）者应当立即采取措施停止不安全食品的一切生产或经营活动，配合食品召回工作。

（1）制定食品召回计划　任何食品生产者在发现其生产的食品属于应当召回的范畴时，都应该迅速制订书面召回计划，按计划实施食品召回。具体内容包括：①食品生产者的名称、住所、法定代表人、具体负责人、联系方式等基本情况；②食品名称、商标、规格、生产日期、批次、数量以及召回的区域范围；③召回原因及危害后果；④召回等级、流程及时限；⑤召回通知或者公告的内容及发布方式；⑥相关食品生产经营者的义务和责任；⑦召回食品的处置措施、费用承担情况；⑧召回的预期效果。

（2）启动食品召回　食品生产者是食品召回的第一责任者，负责启动食品召回行动。在启动食品召回程序中应做好以下工作：企业负责人召开食品召回会议并审查有关资料；确认食品召回的必要性：首先进行食品安全风险评估，如需召回相关产品，则确定召回的具体方法；向当地食品召回协调组织报告。

（3）评估食品召回计划　县级以上地方市场监督管理部门收到食品生产经营者的召回计划后，必要时组织专家对召回计划进行评估。评估结论认为召回计划应当修改的，食品生产者应当立即修改，并按照修改后的召回计划实施召回。

（4）实施食品召回　根据不同食品召回级别确定召回范围、规模和时限。实施一级召回的应当自公告发布之日起 10 个工作日内完成；实施二级召回的，应当自公告发布之日起 20 个工作日内完成；实施三级召回的，应当自公告发布之日起 30 个工作日内完成召回工作。若情况复杂的，需要经县级以上地方市场监督管理部门同意，食品生产经营者方可适当延长召回时间并公布。

根据不安全食品的不同销售区域选择不同媒体进行召回公告发布。若不安全食品在本省、自治区、直辖市销售，选择在省级市场监督管理部门网站和省级主要媒体上发布。省级市场监督管理部门网站发布的召回公告应当与国家市场监督管理总局网站链接。若不安全食品在两个以上省、自治区、直辖市销售的，食品召回公告应当在国家市场监督管理总局网站和中央主要媒体上发布。

若食品生产者发起召回，食品经营者知悉后，应当立即采取停止购进、销售，封存不安全食品，在经营场所醒目位置张贴生产者发布的召回公告等措施，配合食品生产者开展召回工作。若食品经营者对因自身原因所导致的不安全食品，应当根据法律法规的规定在其经营的范围内主动召回，需特别注明系因其自身的原因导致食品出现不安全问题，通知告知供应商和生产者。如果因生产者无法确定、破产等原因无法召回不安全食品，那么食品经营者应当主动召回不安全食品。

（5）食品召回总结评价　食品召回工作完成后，食品生产企业要做总结评价，包括：①编写食品召回进展报告，说明召回工作进度；②审查食品召回的执行程度，如召回计划、召回体系、实施情况、效果分析和人员培训；③向食品安全监督管理部门提交总结报告；④提出保证食品质量安全，防止再次生产、经营不符合食品安全标准的食品的措施。

引导问题 1

食品安全事故处置由谁负责？它们分别承担怎样的职责？

引导问题 2

请绘制食品安全事故监测预警工作流程图。

四、食品安全事故处置

(一)食品安全事故处置概述

为建立健全应对食品安全事故运行机制，有效预防、积极应对食品安全事故，高效组织应急处置工作，最大限度地减少食品安全事故危害，保障公众健康与生命安全。我国通过《食品安全法》和《国家食品安全事故应急预案》对食品安全事故处置做出了明确规定。

食品安全事故是指食物中毒、食源性疾病、食品污染等源于食品，对人体健康有危害或者可能有危害的事故。根据事故严重程度分为四级：即特别重大食品安全事故、重大食品安全事故、较大食品安全事故和一般食品安全事故。

为高效组织食品安全事故处置工作，应遵循以下事故处置原则：

(1)以人为本，减少危害。把保障公众健康和生命安全作为应急处置的首要任务，最大限度减少食品安全事故造成的人员伤亡和健康损害。

(2)统一领导，分级负责。按照“统一领导、综合协调、分类管理、分级负责、属地管理为主”的应急管理体制，建立快速反应、协同应对的食品安全事故应急机制。

(3)科学评估，依法处置。有效使用食品安全风险监测、评估和预警等科学手段；充分发挥专业队伍的作用，提高应对食品安全事故的水平和能力。

(4)居安思危，预防为主。坚持预防与应急相结合，常态与非常态相结合，做好应急准备，落实各项防范措施，防患于未然。建立健全日常管理制度，加强食品安全风险监测、评估和预警；加强宣教培训，提高公众自我防范和应对食品安全事故的意识和能力。

(二)食品安全事故处置组织机构及职责

食品安全事故处置组织机构将根据事故级别进行确定。食品安全事故发生后,卫生行政部门会组织分析评估,核定事故级别。对于特别重大食品安全事故,卫健委将会同食品安全办向国务院提出启动Ⅰ级响应的建议,经国务院批准后,成立国家特别重大食品安全事故应急处置指挥部(以下简称指挥部),统一领导和指挥事故应急处置工作;重大、较大、一般食品安全事故,分别由事故所在地省、市、县级人民政府组织成立相应应急处置指挥机构,统一组织开展本行政区域事故应急处置工作。

指挥部成员单位的设置是根据事故的性质和应急处置工作需要来确定的,主要包括卫健委、农业农村部、商务部、市场监督管理总局、铁路局、粮食和物资储备局、中央宣传部、教育部、工业和信息化部、公安部、国家监察委员会、民政部、财政部、生态环境部、交通运输部、海关总署、文化和旅游部、新闻办、民航局和食品安全办等部门以及相关行业协会组织。若事故涉及国外、港澳台时,增加外交部、港澳办、台办等部门为成员单位。由卫健委、食品安全办等有关部门人员组成指挥部办公室。

指挥部负责统一领导事故应急处置工作;研究重大应急决策和部署;组织发布事故的重要信息;审议批准指挥部办公室提交的应急处置工作报告;应急处置的其他工作。

指挥部设有指挥部办公室,承担日常工作。各成员单位将在指挥部统一领导下开展工作。根据事故处置需要,指挥部下设若干工作组,分别开展相关工作,如:事故调查组、危害控制组、医疗救治组、检测评估组、维护稳定组、新闻宣传组、专家组等。另外专业技术机构也会参与其中,如医疗、疾病预防控制以及食品安全相关技术机构等。

(三)食品安全事故处置

1. 食品安全事故监测预警

食品安全事故监测预警由卫健委会同国务院有关部门根据国家食品安全风险监测工作需要,制定和实施加强国家食品安全风险监测能力建设规划,建立覆盖全国的食源性疾病、食品污染和食品中有害因素监测体系。卫健委根据食品安全风险监测结果,对食品安全状况进行综合分析,对可能具有较高程度安全风险的食品,提出并公布食品安全风险警示信息。

2. 食品安全事故处置

食品安全事故信息主要源于以下几个方面:①食品安全事故发生单位与引发食品安全事故食品的生产经营单位报告的信息;②医疗机构报告的信息;③食品安全相关技术机构监测和分析结果;④经核实的公众举报信息;⑤经核实的媒体披露与报道信息;⑥世界卫生组织等国际机构、其他国家和地区通报我国信息。

食品安全事故发生后,事故单位应立即采取措施,并在 2 h 内进行报告,防止事故扩大。根据《食品安全法》第 103 条规定,事故单位和接收病人进行治疗的单位应当及时向事故发生地县级人民政府食品药品监督管理、卫生行政部门报告。县级以上人民政府质量监督、农业行政等部门在日常监督管理中发现食品安全事故或者接到事故举报,应当立即向同级食品药品监督管理部门通报。发生食品安全事故,接到报告的县级人民政府食品药品监督管理部门应当按照应急预案的规定向本级人民政府和上级人民政府食品药品监督管理部门报告。县级人民政府和上级人民政府食品药品监督管理部门应当按照应急预案的规定上报。任何单位和个人不得对食品安全事故隐瞒、谎报、缓报，不得隐匿、伪造、毁灭有关证据。经初步核实为食品安全事故且需要启动应急响应的，卫生行政部门应当按规定向本级人民政府及上级人民政府卫生行政部门报告；必要时可直接向卫健委报告。根据事故性质、特点和危害程度，立即组织有关部门，依照有关规定采取应急处置措施，最大限度减轻事故危害。

3. 食品安全事故检测分析评估

食品安全事故发生后，应急处置专业技术机构应当对引发食品安全事故的相关危险因素及时进行检测，专家组进行综合分析和评估，为制订事故调查和现场处置方案提供参考。有关部门对食品安全事故相关危险因素消除或控制，事故中伤病人员救治，现场、受污染食品控制，食品与环境，次生、衍生事故隐患消除等情况进行分析评估。

4. 食品安全事故响应级别调整及信息发布

在食品安全事故处置过程中，要遵循事故发生发展的客观规律，结合实际情况和防控工作需要，根据评估结果及时调整应急响应级别，直至响应终止。然后由指挥部或其办公室组织事故信息发布、宣传报告和舆论引导。

5. 食品安全事故后期处置

食品安全事故发生后，由事发地人民政府及有关部门积极稳妥、深入细致地做好善后处置工作，消除事故影响，恢复正常秩序。保险机构、事故责任单位、责任人分别做好相关理赔或赔偿工作。

对在食品安全事故应急管理和处置工作中的先进集体和个人，给予表彰和奖励。对存在失职、渎职行为的单位或个人，依法追究法律责任；构成犯罪的依法追究刑事责任。

食品安全事故善后处置工作结束后，卫生行政部门将组织有关部门及时对食品安全事故和应急处置工作进行总结，分析事故原因和影响因素，评估应急处置工作开展情况和效果，提出对类似事故的防范和处置建议，完成总结报告。

实践训练

食品召回计划书制定

某酒坊生产的“高粱原浆 68 度白酒”，规格：500 mL/瓶，批次：2023-6-20，经某市某区市场监督管理局对我酒坊白酒进行了抽样检测，判定不合格产品，不合格项目为：邻苯二甲酸二正丁酯(DBP)物质超标。为了消费者的身体健康，按照《食品召回管理办法》的规定，酒坊决定召回该批次产品，召回起止时间为 2023 年 6 月 10 日至 2023 年 6 月 12 日，请已经购买的消费者申请退货退款。

以上为某酒坊的不安全食品召回公告。请根据相关信息，针对性制定食品召回计划书。

食品召回计划书

<table>
<tr><td>食品生产者名称</td><td colspan="2"></td><td colspan="2">住所</td><td></td></tr>
<tr><td>许可证号码</td><td colspan="2"></td><td colspan="2">法定代表人</td><td></td></tr>
<tr><td>召回事务负责人</td><td colspan="2"></td><td colspan="2">联系电话</td><td></td></tr>
<tr><td>电子邮箱</td><td colspan="2"></td><td colspan="2">传真</td><td></td></tr>
<tr><td rowspan="4">召回食品信息</td><td>品名</td><td>食品类别</td><td colspan="2">商品条形码</td><td>生产日期</td><td>产品批次</td></tr>
<tr><td></td><td></td><td colspan="2"></td><td></td><td></td></tr>
<tr><td>商标</td><td>规格</td><td colspan="2">保质期(天)</td><td>产地</td><td>销售数量</td></tr>
<tr><td></td><td></td><td colspan="2"></td><td></td><td></td></tr>
<tr><td>召回原因及
危害后果</td><td colspan="6"></td></tr>
<tr><td>召回等级</td><td></td><td>召回起
止时间</td><td></td><td>召回区
域范围</td><td colspan="2"></td></tr>
<tr><td>召回处置措施、
费用承担</td><td colspan="6"></td></tr>
<tr><td>相关退货及
赔偿义务</td><td colspan="6"></td></tr>
<tr><td>召回预期效果</td><td colspan="6"></td></tr>
<tr><td>召回通知或公告
内容及发布方式</td><td colspan="6"></td></tr>
</table>

报告单位:(盖章)　　　　法定代表人/负责人:(签字)

报告人:(签字)　　　　报告时间:　　年　　月　　日　　时

拓展资源

1.《食品召回管理办法》

2.《国家食品安全事故应急预案》

项目测试

一、单选题

1. 为了实现监管效益最大化，我国的食品安全监督管理制度(　　)。

A. 以政府监管为主导

B. 以食品生产经营者自身管理为支撑

C. 以社会监督为保障

D. 以上都是

2. 食品安全事故评估是核定食品安全事故级别和确定应采取的措施而进行的评估。评估内容不包括(　　)。

A. 污染食品可能导致的健康损害及所涉及的范围，是否已造成健康损害后果及严重程度

B. 事故的影响范围及严重程度

C. 事故发展蔓延趋势

D. 制度实施

3. 食品召回计划不包含下列哪项内容(　　)。

A. 食品生产者的名称、住所、法定代表人、具体负责人、联系方式等基本情况

B. 事故的影响范围及严重程度

C. 召回原因及危害后果

D. 食品名称、商标、规格、生产日期、批次、数量以及召回的区域

4. 食品安全事故共分为(　　)级。

A. 四级　　B. 五级　　C. 六级　　D. 七级

二、多选题

1. 突发事件应急工作应当遵循什么原则(　　)?

A. 以人为本，减少危害

B. 统一领导，分级负责

C. 科学评估，依法处置

D. 居安思危，预防为主

2. 以下属于食品安全事故信息来源的是(　　)。

A. 食品安全事故发生单位与引发食品安全事故食品的生产经营单位报告的信息

B. 医疗机构报告的信息

C. 食品安全相关技术机构监测和分析结果

D. 经核实的公众举报信息

三、判断题

1. 只有县级以上各级人民政府才有权对突发公共卫生事件应急处理的医疗卫生人员，给予适当补助和保健津贴。(　　)

2. 对因标签、标识等不符合食品安全标准而被召回的食品，食品生产者可以采取补救措施且能保证食品安全的情况下继续销售，销售时应向消费者明示补救措施。（　　）

3. 鼓励和支持公众对不安全食品的停止生产经营、召回和处置等活动进行社会监督。（　　）

4. 不安全食品是指食品安全法律法规规定禁止生产经营的食品以及其他有证据证明可能危害人体健康的食品。（　　）

项目十

食品安全性评价与风险分析

学习目标

知识与技能目标

1. 了解食品安全性毒理学评价和风险分析的基本概念；
2. 熟悉食品安全性毒理学评价的试验内容及结果判定；
3. 掌握食品安全风险评估的主要内容；
4. 能够运用所学的食品安全性评价理论知识分析解决实际中遇到的问题。

素养目标

1. 培养学生科技报国的家国情怀和使命担当；
2. 增强专业素养、引导学生树立正确的价值观、食品安全伦理观。

预习导图

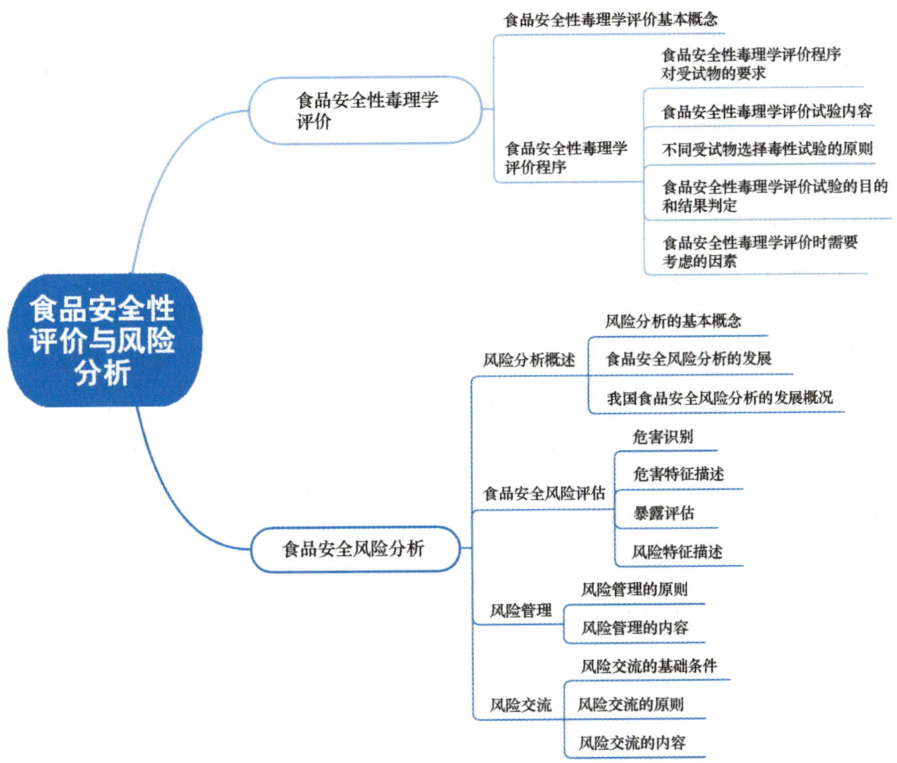

基础知识

引导问题 1

食品中哪些成分适用于食品安全性毒理学评价？

引导问题 2

食品安全性毒理学评价程序是怎样的？请制作简明易懂的评价流程图。

一、食品安全性毒理学评价

（一）食品安全性毒理学评价基本概念

食品安全性毒理学评价（toxicological assessment on food safety），是指利用规定的毒理学程序和方法，评价化学物对机体产生的有害作用效应（损伤、疾病或死亡），并外推和评价在规定条件下化学物暴露对人体和人群的健康是否安全。适用范围如下：①用于食品生产、加工、运输、销售和保藏等过程中使用的化学和生物物质，如食品添加剂、食品加工用微生物等物质的安全性评价；②食品生产、加工、运输、销售和保藏等过程中产生和污染的有害物质和污染物，如农药、重金属和生物毒素等以及包装材料的溶出物、放射性物质和洗涤消毒剂等物质的安全性评价；③新食物资源及其成分的安全性评价；④食品中其他有害物质的安全性评价。

关于食品安全性毒理学评价我国有具体的规定。我国从 1980 年开始，提出了食品安全性评价的程序问题。1983 年我国卫生部颁布《食品安全性毒理学评价程序（试行）》，直到 1994 年由卫生部颁发了《食品安全性毒理学评价程序和方法》，2014 年修订版《食品安全国家标准 食品安全性毒理学评价程序》（GB 15193.1—2014）规定了食品安全性毒理学评价的程序。该标准适用于评价食品生产、加工、保藏、运输和销售过程中所涉及的可能对健康造成危害的化学、生物和物理因素的安全性，检验对象包括食品及其原料、食品添加剂、新食品原料、辐照食品、食品相关产品（用于食品的包装材料、容器、洗涤剂、消毒剂和用于食品生产经营的工具、设备）及食品污染物。

(二)食品安全性毒理学评价程序

1. 食品安全性毒理学评价程序对受试物的要求

(1)应明确受试物的名称、批号、含量、保存条件、原料来源、生产工艺、质量规格标准、性状、人体推荐(可能)摄入量等相关资料。

(2)对于单一成分的物质,应提供受试物(必要时包括其杂质)的物理、化学性质(包括化学结构、纯度、稳定性等)。对于混合物(包括配方产品),应提供受试物的组成,必要时应提供受试物各组成成分的物理、化学性质(包括化学名称、化学结构、纯度、稳定性、溶解度等)等相关资料。

(3)若受试物是配方产品,应是规格化产品,其组成成分、比例及纯度应与实际应用相同。若受试物是酶制剂,应该使用加入其他复配成分以前的产品作为受试物。

2. 食品安全性毒理学评价试验内容

食品安全性毒理学评价试验的内容包括:①急性经口毒性试验;②遗传毒性试验;③28 d经口毒性试验;④90 d经口毒性试验;⑤致畸试验;⑥生殖毒性试验;⑦毒物动力学试验;⑧慢性毒性试验;⑨致癌试验;⑩慢性毒性和致癌合并试验。其中,遗传毒性试验包括10项试验,一般遵循原核细胞与真核细胞、体内试验与体外试验相结合的原则进行组合。

3. 不同受试物选择毒性试验的原则

我国食品安全性毒理学评价程序中对于不同受试物的试验原则规定如下:

(1)凡属我国首创的物质,特别是化学结构提示有慢性毒性、遗传毒性或致癌性的物质或该受试物产量大、使用范围广、人体摄入量大的物质,应进行系统的毒性试验,包括急性经口毒性试验、遗传毒性试验、90 d经口毒性试验、致畸试验、生殖发育性试验、毒物动力学试验、慢性毒性试验和致癌试验(或慢性毒性和致癌合并试验)。

(2)凡属与已知物质(指经过安全性评价并允许使用者)的化学结构基本相同的衍生物或类似物或在部分国家和地区有安全食用历史的物质,则可先进行急性经口毒性试验、遗传毒性试验、90 d经口毒性试验和致畸试验,根据试验结果判断是否需进行毒物动力学试验、生殖毒性试验、慢性毒性试验和致癌试验等。

(3)凡属已知的或在多个国家有食用历史的物质,同时申请单位又有资料证明申报受试物的质量规格与国外产品一致的,则可先进行急性经口毒性试验、遗传毒性试验和28 d经口毒性试验,根据试验结果判断是否进行进一步的毒性试验。

(4)食品添加剂、新食品原料、食品相关产品、农药残留及兽药残留的安全性毒理学评价结论,应根据《食品安全国家标准　食品安全性毒理学评价程序》(CB 15193.1—2014)的要求,选择适宜的试验得出。

4. 食品安全性毒理学评价试验的目的和结果判定

(1)毒理学试验的目的

1)急性毒性试验

①测定LD_{50},了解受试物的毒性强度、性质和可能的靶器官。

②为进一步进行毒性试验的剂量选择和毒性观察指标的选择提供依据。

③根据 LD_{50} 进行毒性分级。

2)遗传毒性试验

了解受试物的遗传毒性以及筛查受试物的潜在致癌作用和细胞致突变性。

3)28 d 经口毒性试验

①在急性毒性试验的基础上，进一步了解受试物毒作用性质、剂量-反应关系和可能的靶器官，得到 28 d 经口未观察到有害作用水平的结论，可初步评价受试物的安全性。

②为下一步较长期毒性和慢性毒性试验剂量、观察指标、毒性终点的选择提供依据。

4)90 d 经口毒性试验

①观察受试物的不同剂量水平经较长期喂养后对实验动物的毒性作用性质、剂量-反应关系和靶器官，得到 90 d 经口未观察到有害作用剂量。

②为慢性毒性试验剂量选择和初步制定人群安全接触限量标准提供科学依据。

5)致畸试验

了解受试物是否具有致畸作用和发育毒性，并得到致畸作用和发育毒性的未观察到的有害作用剂量。

6)生殖毒性试验和生殖发育试验

①了解受试物对实验动物繁殖及对子代的发育毒性，如性腺功能、发情周期、交配行为、妊娠、分娩、哺乳和断乳以及子代的生长发育等的影响。

②得到受试物的未观察到有害作用水平，为初步制定人群安全接触限量标准提供科学依据。

7)毒物动力学试验

①了解受试物在体内吸收、分布和排泄速度等的相关信息。

②为选择慢性毒性试验的合适实验动物种、系提供依据。

③了解代谢产物的形成情况。

8)慢性毒性试验和致癌试验

①了解经长期接触受试物后出现的毒性作用以及致癌作用。

②确定未观察到有害作用的受试物水平，为受试物能否应用于食品的最终评价和制定健康指导值提供依据。

(2)各项毒理学试验结果的判定

1)急性毒性试验

如 LD_{50} 小于人的推荐(可能)摄入量的 100 倍，则一般应放弃该受试物用于食品，不再继续进行其他毒理学试验。

2)遗传毒性试验

①遗传毒性试验组合中两项或以上试验阳性，表示该受试物很可能具有遗传毒性和致癌作用，一般应放弃该受试物应用于食品。

②如遗传毒性试验组合中的一项试验结果为阳性，则应再选两项备选试验(至少一项为体内试验)。如再选的试验结果均为阴性，则可继续进行下一步的毒性试验；如其中有一项试验

结果为阳性，则应该放弃该受试物应用于食品。

③如三项试验均为阴性，则可继续进行下一步的毒性试验。

3)28 d 经口毒性试验

对只需要进行急性毒性、遗传毒性和 28 d 经口毒性试验的受试物，若试验未发现有明显毒性作用，综合其他各项试验结果可做出初步评价；若试验中发现有明显毒性作用，尤其是存在剂量-反应关系时，则考虑进行进一步的毒性试验。

4)90 d 喂养毒性试验

根据试验所得的未观察到有害作用水平进行评价，原则如下：

①未观察到有害作用水平小于或等于人的推荐(可能)摄入量的 100 倍表示毒性较强，应放弃该受试物用于食品。

②未观察到有害作用水平大于人的推荐(可能)摄入量的 100 倍而小于 300 倍者，应进行慢性毒性试验。

③未观察到有害作用水平大于或等于人的推荐(可能)摄入量的 300 倍者，则不必进行慢性毒性试验，可进行安全性评价。

5)致畸试验

根据试验结果评价受试物是不是实验动物致畸物。若致畸试验结果为阳性，则不再继续进行生殖毒性试验和生殖发育毒性试验。在致畸试验中观察到的其他发育毒性，应结合 28 d 和(或)90 d 经口毒性试验结果进行评价。

6)生殖毒性试验和生殖发育毒性试验

根据试验所得到的未观察到有害作用剂量进行评价，原则如下：

①未观察到有害作用剂量小于或等于人的推荐(可能)摄入量的 100 倍者，表示毒性较强，应放弃该受试物用于食品。

②未观察到有害作用水平大于人的推荐(可能)摄入量的 100 倍而小于 300 倍者，应进行慢性毒性试验。

③未观察到有害作用水平大于或等于 300 倍者，则不必进行慢性毒性试验，可进行安全性评价。

7)慢性毒性和致癌试验

根据慢性毒性试验所得的未观察到有害作用水平进行评价的原则如下：

①未观察到有害作用水平小于或等于人的推荐(可能)摄入量的 50 倍者，表示毒性较强，应放弃受试物用于食品。

②未观察到有害作用水平大于人的推荐(可能)摄入量的 50 倍而小于 100 倍者，经安全性评价后，决定该受试物可否用于食品。

③未观察到有害作用水平大于或等于人的推荐(可能)摄入量的 100 倍者，则可考虑允许用于食品。

根据致癌试验所得的肿瘤发生率、潜伏期和多发性等指标进行致癌试验结果判定的原则如下(凡符合下列情况之一，可认为致癌试验结果阳性。若存在剂量-反应关系，则判断阳性更可靠)：

①肿瘤只发生在试验组动物，对照组中无肿瘤发生。

②试验组与对照组动物均发生肿瘤，但试验组发生率高。

③试验组动物中多发性肿瘤明显，对照组中无多发性肿瘤，或只是少数动物有多发性肿瘤。

④试验组与对照组动物肿瘤发生率虽无明显差异，但试验组动物的肿瘤出现时间较早。

8)其他

若受试物掺入饲料的最大加入量(原则上最高不超过饲料的10%)或液体受试物经浓缩后仍达不到未观察到有害作用水平为人推荐(可能)摄入量的规定倍数时，应综合其他毒性试验结果和实际食用或饮用量进行安全性评价。

5. 食品安全性毒理学评价时需要考虑的因素

1)试验指标的统计学意义、生物学意义和毒理学意义

对实验中某些指标的异常改变，应根据试验组与对照组指标是否有统计学差异、有无剂量-反应关系、同类指标横向比较、不同性别的一致性及本实验室的历史性对照值范围等，综合考虑指标差异有无生物学意义，并进一步判断受试物是否具有毒理学意义。此外，如在受试物组发现某种在对照组没有发生的肿瘤，即使与对照组比较无统计学意义，仍要给予关注。

2)人的推荐(可能)摄入量

剂量较大的受试物应考虑给予受试物量过大时，可能影响营养素摄入量及其生物利用率，从而导致某些毒理学表现，而非受试物的毒性作用所致。

3)时间-毒性效应关系

对由受试物引起的实验动物的毒性效应进行分析评价时，要考虑在同一剂量水平下毒性效应随时间的变化情况。

4)特殊人群和易感人群

对孕妇、乳母或儿童食用的食品，应特别注意其胚胎毒性或生殖发育毒性、神经毒性和免疫毒性等。

5)人群资料

由于存在着动物与人之间的物种差异，在评价食品的安全性时，应尽可能收集人群接触受试物后的反应资料，如职业性接触和意外事故接触等。在确保安全的条件下，可以考虑遵照有关规定进行人体试食试验，并且志愿受试者的毒物动力学或代谢资料对于将动物试验结果推论到人具有很重要的意义。

6)动物毒性试验和体外试验资料

各项动物毒性试验和体外试验系统是目前管理(法规)毒理学评价水平下所得到的最重要的资料，也是进行安全性评价的主要依据，在试验得到阳性结果，而且结果的判定涉及受试物能否应用于食品时，需要考虑结果的可重复性和剂量-反应关系。

7)不确定系数

不确定系数即安全系数。将动物毒性试验结果外推到人时，鉴于动物与人的物种差异和个体之间的生物学差异，不确定系数通常为100倍，但可根据受试物的原料来源、理化性质、毒性大小、代谢特点、蓄积性、接触的人群范围、食品中的使用量和人的可能摄入量、使用范围及功能等因素来综合考虑其安全系数的大小。

8)毒物动力学试验的资料

毒物动力学试验是对化学物质进行毒理学评价的一个重要方面，因为不同化学物质、剂量

大小在毒物动力学或代谢方面的差别往往对毒性作用影响很大。在毒性试验中，原则上应尽量使用与人具有相同毒物动力学或代谢模式的动物种系来进行试验。研究受试物在实验动物和人体内吸收、分布、排泄和生物转化方面的差别，对于将动物试验结果外推到人和降低不确定性具有重要意义。

9）综合评价

在进行综合评价时，应全面考虑受试物的理化性质、结构、毒性大小、代谢特点、蓄积性、接触的人群范围、食品中的使用量与使用范围、人的推荐（可能）摄入量等因素。对于已在食品中应用了相当长时间的物质，对接触人群进行流行病学调查具有重大意义，但往往难以获得剂量-反应关系方面的可靠资料；对于新的受试物质，则只能依靠动物试验和其他试验研究资料来进行评价。然而，即使有了完整和详尽的动物试验资料和一部分人类接触的流行病学研究资料，由于人类存在种族和个体差异，也很难做出能保证每个人都安全的评价。所谓绝对的食品安全实际上是不存在的。以食用安全为前提，应在受试物可能对人体健康造成的危害以及其可能的有益作用之间进行权衡。安全性评价的最终结论不仅要考虑安全性毒理学试验的结果，还要考虑当时的科学水平、技术条件以及社会经济、文化等因素。因此，随着时间的推移、社会经济的发展、科学技术的进步，有必要对已通过评价的受试物进行重新评价。

引导问题 1

食品风险分析由哪些部分组成？请制作简明易懂的风险分析框架图。

引导问题 2

食品安全风险评估由哪些步骤组成？请制作简明易懂的风险评估流程图。

二、食品安全风险分析

（一）风险分析概述

1. 风险分析的基本概念

风险分析，由风险评估、风险管理和风险信息交流三部分组成，是一个结构化的决策过程，即利用风险评估选择适合的风险管理措施以降低风险，同时通过风险信息交流达到社会各界的认同，或使得风险管理措施更加完善。国际食品法典委员会对与食品安全有关的风险分析的相关术语定义如下（需要说明的是，风险分析是一个正在发展中的理论体系，因此相关术语及其定义也在不断地修改和完善中）。

危害是指食品中所含有的对健康有潜在不良影响的生物、化学、物理因素或食品存在状况。风险是指食品产生某种不良健康影响的可能性和该影响的严重性。需要注意的是，食品安全风险的高低与该食品存在的危害毒性大小不是同一概念；食品安全风险的高低不仅取决于危害本身的毒性，还取决于人们与危害接触的可能性、接触剂量、吸收量、吸收速率与频率等多方面因素。

风险分析框架（图 10-1）表述了风险评估、风险管理和风险信息交流三部分在功能上相互独立，各有侧重，在必要时三者之间或相互之间保持信息互动。风险分析的框架需要这三个部分紧密地结合，然后整合起来实施，缺一不可，这是解决当前人们面临的食品安全问题的一个基本准则。

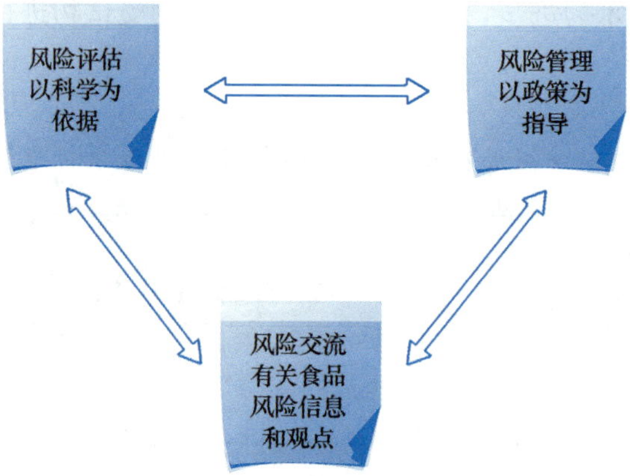

图 10-1　风险分析框架图

风险评估（risk assessment）是食品安全风险分析的核心内容，以科学为基础，是对有害事件发生的可能性和不确定性进行的评估，是以毒理学安全性评价为基础，对食品中可能存在的危害进行危害识别、危害特征描述、暴露评估以及风险特征描述的过程。

风险管理（risk management）是以政策为基础，是指与各利益方磋商后，权衡各种政策方案，考虑风险评估结果和其他保护消费者健康、促进公平贸易有关的因素，并在必要时选择适宜的预防和控制方案的过程。

风险交流（risk communication）是指在风险分析全过程中，风险评估者（食品安全科学工作者）、风险管理者（政府机构）、消费者和消费者组织、学术界和科研机构、产业界和其他利益相关方以及媒体之间对风险、风险相关因素和风险感知的信息和看法，对风险评估结果解释和风险管理决策依据进行互动式沟通的过程。

在生活中，有时候公共人群对食品风险的重视程度、对风险评估的看法与专业人士相比不尽相同甚至相差较大，如表 10-1 所示。

表 10-1　专业人士和公众所认为的食品风险和对风险评估的不同看法

食物风险排名（按重要程度排列）	专业人士	公共人群
	微生物污染	食品添加剂
	营养均衡	农药残留
	环境因素	环境因素
	天然毒素	营养均衡
	农药残留	微生物污染
	食品添加剂	天然毒素
风险评估的看法	科学的	直觉的
	概率分析	是/不是
	可接受的风险	安全
	风险比较	离散事件
	平均人口数量	个人原因

风险分析是一个合理而统一的数据和信息处理框架，是一种先进的食品安全管理理念。食品安全实施风险分析既能体现管理的科学性，同时也能为制定食品安全监管措施提供合理的依据。通过风险分析，找出食品中风险最大的因素，然后对其进行重点监管，可以在很大程度上提高监管效率，保护人类健康。

2. 食品安全风险分析的发展

风险分析的概念最先出现在环境科学危害控制领域，直到 20 世纪 80 年代末才逐渐被引入到食品安全领域，食品安全风险发展如表 10-2 所示。

表 10-2　食品安全风险分析发展

年份	会议	会议议题
1991 年	食品标准、食物中的化学物质及食品贸易会议	此次会议提出 CAC 在开展食品安全评价时，应该以科学原则为基础并遵循风险评估的建议，这一建议在同年第 19 次 CAC 会议中被采纳
1993 年	第二十次 CAC 会议	此次会议讨论了有关“CAC 及其各分委员会和各专家咨询机构实施风险评估的程序”议题，提出了在 CAC 框架下，各分委员会及其专家咨询机构应在各自的化学品安全评估中采纳风险分析方法
1995 年	风险分析在食品标准中的应用“AO/WHO”联合专家咨询会议	此次会议确定了风险分析的一系列定义，并指出风险评估模型应包括四个组成部分：危害识别、危害特征描述、暴露评估和风险特征描述
1997 年	第二次联合专家会议	此次会议提出了风险管理的基本原理，建立了管理程序中的基本方法，确定了主要管理机构的活动和作用，构建了一个风险管理的总框架
1998 年	风险交流在食品标准和安全性上的应用	会议讨论了开展风险交流的各种障碍并提出了克服这些障碍的建议，确定了风险交流的组成部分并提出了对相关指导原则的建议，确定了风险交流的策略，同时给 FAO、WHO、CAC 各成员国政府、其他国际组织、企业界和消费者提出建议，以促进个人和组织在风险评估和管理工作中的相互交流

经过多次会议，风险分析的定义、框架及三要素的应用原则和应用模式基本确立，奠定了一套完整的风险分析理论体系。随后，CAC 将风险分析准则纳入 CAC 标准修订过程及 CAC 决策程序，并提出"号召成员国将风险分析纳入食品立法准则"。自此以后，风险分析作为食品安全领域的一种宏观管理模式在国际上不断得到应用、推广和发展。风险分析在食品安全管理中的作用为分析食源性危害，确定食品安全保护水平，采取风险管理措施，使食品安全风险处于可接受水平。风险分析的根本目的是保护消费者的健康和促进食品贸易的公平。多年来 CAC 在风险分析及其应用研究方面取得了实质性进展。风险分析为食品安全监管者提供了制定有效决策所需的大量信息和依据，促进了公平的国际食品贸易，提高了国家食品安全水平，改善了公众健康状况。规范开展食品安全风险分析，建立以风险分析为基础的食品全标准基础数据库，基于风险分析制定食品安全标准，推行科学的食品安全管理模式，已逐渐成为国际标准化组织和各发达国家食品安全标准工作的重点。

3. 我国食品安全风险分析的发展概况

我国已经将食品安全风险分析原则纳入国家食品安全法律法规体系，风险评估模式逐步与国际接轨。

①2009 年颁布的《食品安全法》明确规定了我国实行食品安全风险的评估制度。为有效实施食品安全风险分析，国家建立了相关机构，制定了多项制度和方法。

②2009 年卫生部组建了国家食品安全风险评估专家委员会，承担国家食品安全风险评估工作。

③2009 年颁布了《食品安全风险分析工作原则》(GB/T 23811—2009)。

④2010 年卫生部发布并实施了《食品安全风险评估管理规定(试行)》，随后相继发布实施了《食品安全风险监测管理规定(试行)》《食品安全风险评估工作指南》《食品安全风险交流工作技术指南》《食品中化学物健康风险技术分级指南》。

⑤2011 年成立了国家卫生和计划生育委员会直属单位国家食品安全风险评估中心。

⑥2012 年成立了国家食品安全风险评估中心国际顾问专家委员会。

⑦建立了全国食品安全监测网，较系统和持续地收集食源性疾病、食品污染及食品中有害因素的监测数据及相关数据，并进行综合分析和及时通报。

⑧完成了食品中丙烯酰胺的风险评估、中国居民膳食反式脂肪酸摄入量及风险评估等多项食品安全风险评估工作。

⑨依据风险评估的原则全面整理、制修订食品安全标准。

2015 年修订的《食品安全法》进一步明确了风险评估、风险管理和风险交流的原则。

①关于风险评估，第十七条规定："国家建立食品安全风险评估制度，运用科学方法，根据食品安全风险监测信息、科学数据以及有关信息，对食品、食品添加剂、食品相关产品中生物性、化学性和物理性危害因素进行风险评估。""国务院卫生行政部门负责组织食品安全风险评估工作，成立由医学、农业、食品、营养、生物、环境等方面的专家组成的食品安全风险评估专家委员会进行食品安全风险评估。食品安全风险评估结果由国务院卫生行政部门公布"。

②关于风险管理，第三条规定："食品安全工作实行预防为主、风险管理、全程控制、社会共治建立科学、严格的监督管理制度"。

③关于风险交流，第二十三条规定："县级以上人民政府食品安全监督管理部门和其他有关部门、食品安全风险评估专家委员会及其技术机构，应当按照科学、客观、及时、公开的原则，

组织食品生产经营者、食品检验机构、认证机构、食品行业协会、消费者协会以及新闻媒体等，就食品安全风险评估信息和食品安全监督管理信息进行交流沟通”。

(二)食品安全风险评估

食品安全风险评估是指对食品、食品添加剂、食品相关产品中生物性、化学性和物理性危害对人体健康可能造成的不良影响进行的科学评估。一般程序由危害识别、危害特征描述、暴露评估、风险特征描述等四个步骤组成(图 10-2)，相关术语定义如下：

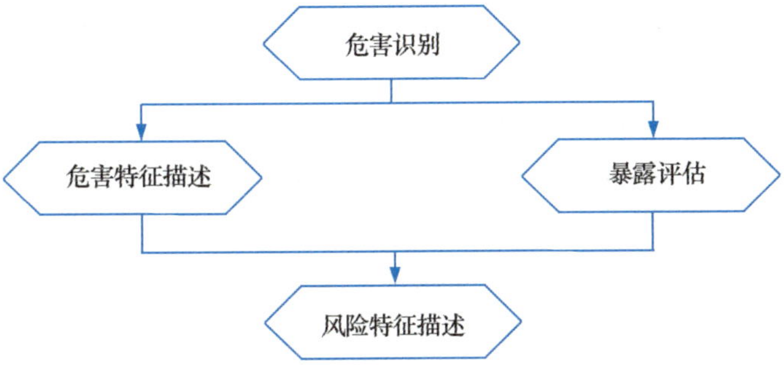

图 10-2　风险评估程序图

1. 危害识别

危害识别(hazard identification)是指根据流行病学、动物试验、体外试验、结构-活性关系等科学数据和文献信息确定人体暴露于某种危害后是否会对健康造成不良影响、造成不良影响的可能性，以及可能处于风险之中的人群和范围。

(1)流行病学研究　流行病学研究方法包括监测、观察、假设检验、分析研究以及实验等，是评价人类的健康风险最有说服力的证据。主要用途是探索病因，阐明分布规律，制定防制对策，并考核其效果，以达到预防、控制疾病的目的，从而促进健康。

(2)动物试验　由于人体资料往往难以获得，因此用于危害识别的绝大多数毒理学资料均来自动物试验。由于数据的准确性和可信度关系到危险性评价的质量，因此动物试验的开展必须按照国际认可的毒理学标准化试验方法进行，如按照 FAO/WHO 联合食品添加剂专家委员会(JECFA)、经济合作与发展组织(OECD)等国际组织制定的程序和方法进行，并且所有试验均应按照良好实验室规范和标准化的质量保证/质量控制方案实施。动物试验的毒理学终点是观察和检测到的毒性效应，包括致死、致突变、致癌、生殖/发育毒性、神经毒性、免疫毒性等。此外，还要提供这些不利影响对人类伤害的相关资料，如作用机制的阐明、给药剂量和药物作用剂量关系以及药物代谢动力学和药效学研究等。

(3)体外试验　体外试验是指在动物体外观察物质作用的实验方法。包括用各种体外器官、组织、细胞或细菌、病毒等病原体进行的实验。体外试验可作为作用机制的补充资料，不能作为预测对人体危害的唯一资料来源，原因包括以下几方面：①部分与整体的差异；②体外毒性试验难以预测慢性毒性；③某些体外系统难以达到长期维持生理状态要求。

(4)化学物结构-活性关系资料　一般化学物结构-活性关系是一个定量关系即定量结构-活性关系。通过了解某种食源性化学物的化学结构和存在的特殊官能团可以预测该物质潜在的特殊毒性作用和(或)其代谢产物。例如,环氧化物、氨基甲酸盐和具有亚硝胺基团的化学物可能具有致癌性;含有机磷酸酯基团的物质可能具有神经毒性。这种结构-活性关系比较容易理解和应用,如果能同时预测化学物的人体摄入量,将有助于确定需要进行多少项毒理学试验。

2. 危害特征描述

危害特征描述(hazard characterization)是对与危害相关的不良健康作用进行定性或定量描述。可以利用动物试验、临床研究以及流行病学研究确定危害与各种不良健康作用之间的剂量-反应关系、作用机制等。如果可能,对于毒性作用有阈值的危害应建立人体安全摄入量水平,即健康指导值。

(1)剂量-反应的评估　剂量-反应关系的外推剂量一般取决于化学物质摄入量(即浓度、进食量与接触时间的乘积),效应是指最敏感和关键的不良健康状况变化,而剂量-反应关系的评估就是确定化学物的摄入量与不良健康效应的强度与频率,包括剂量-效应关系和剂量-反应关系。剂量-效应关系是指不同剂量的外源性化学物与其在个体或群体中所表现的量效应大小的关系;剂量-反应关系则指不同剂量的外源性化学物与其在群体中所引起的质效应发生率之间的关系。

由于食品中所研究的化学物质实际含量很低,而一般毒理学试验的剂量又必须很高,同一剂量时,药代谢动力学作用有所不同,而且剂量不同,代谢方式也不同;另外,化学物在高剂量或低剂量时的代谢特征也可能不同,因此在进行危害描述时,就需要根据动物试验的结论来对人类的影响进行估计。为了与人体的摄入水平相比,需要将动物实验的数据外推到很低的剂量,这种剂量-反应关系的换算通常存在质和量两方面的不确定性。因此,在将高剂量的不良效应外推到低剂量时,这些与剂量有关的变化所造成的潜在影响就成为毒理学家关注的焦点。

(2)健康指导值的建立　《食品安全国家标准健康指导值》(GB 15193.18—2015)规定了食品及与食品有关的化学物质健康指导值的制定方法,该标准适用于能够引起有阈值的毒作用的受试物。健康指导值(health-based guidance values,HBGV)是指人类在一定时期内(终生或 24 h)摄入某种(或某些)物质,而不产生可检测到的对健康产生危害的安全限值,包括日容许摄入量、耐受摄入量、急性参考剂量等。其含义是终生摄入指导值水平以下的某种物质,不产生可检测到的健康危害。例如:①对允许使用的物质,如食品添加剂、农药和兽药等,健康指导值通常以每日允许摄入量(ADI)表示;②针对食品中非有意添加而又不可避免出现的物质,如环境污染物、微生物毒素、食品加工过程中生成的物质等,健康指导值通常以暂定每周耐受摄入量(PTWI,针对蓄积性污染物如铅、镉、汞)或暂定每日耐受摄入量(PTDI)表示,一般是由毒理学试验获得的数据外推到人,再计算人体的每日容许摄入量(ADI);③对于营养素,需制定每日推荐摄入量(RDI)。

对于毒性作用有阈值的危害,采用阈值法来计算 ADI。方法是由动物毒理学试验获得的最低观察到有害作用剂量(lowest observed adverse effect level,LOAEL)或未观察到有害作用剂量(no observed adverse effect level,NOAEL)除以合适的安全系数就得到安全阈值水平,即每日允许摄入量(ADI)。ADI 提供的信息是:如果按其 ADI 或低于 ADI 的量摄入某一种化学物,则对健康没有明显的风险。这是由于假定该化学物对人体与试验动物的有害作用存在着合理的阈剂量值。但试验动物与人体存在种属差别，其敏感性和遗传特性也存在差异，并且膳食习惯也不同，鉴于此，安全系数可以克服此类不确定性，弥补人群中的个体差异。通常动物长期毒性试验资料的安全系数为 100。当然，理论上存在某些个体的敏感性程度超出安全系数的情况，因此，当一个化学物的科学数据有限时，原则上应采用更大的安全系数，如 200。此外，有些国家的卫生机构按效应的强度和可逆性来调整 ADI。即使如此，采用安全系数并不能够保证每个个体的安全，因此对于特殊人群如儿童、老人，可以考虑在他们摄入水平的基础上，采用一个特殊的转换系数对其进行保护。

(3)遗传毒性和非遗传毒性致癌物的评估　毒理学家对化学物的不良健康效应存在阈值的认识比较一致，但遗传毒性致癌物例外。少数几个分子甚至一个分子的突变就有可能诱发人体或动物患癌症，根据这一致癌理论，致癌物就没有安全剂量。近年来，已逐步能够区别各种致癌物，并确定有一类非遗传毒性致癌物，即其本身不能诱发突变，但是可作用于被其他致癌物或某些物理化学因素启动的细胞致癌过程的后期。遗传毒性致癌物是指能间接或直接地引起靶细胞遗传改变的化学物。大量的报告详细说明了遗传毒性和非遗传毒性致癌物均存在种属间致癌效应的差别。

许多国家的食品安全管理机构认定遗传毒性与非遗传毒性致癌物存在不同，即某些非遗传毒性致癌物存在剂量阈值，而遗传毒性致癌物不存在剂量阈值。由于目前对致癌机制的认识不足，致突变性试验筛选致癌物的方法尚不能应用于所有致癌物。原则上，非遗传毒性致癌物可以按阈值方法进行管理，如可观察的无作用剂量水平-安全系数法。要证明某一物质是否属于遗传毒性致癌物，往往需要提供致癌作用机制的科学资料。对于遗传毒性致癌物，常采用非阈值法。一般不能用 NOAEL-安全系数来制定允许摄入量，因为即使在最低摄入量时，仍然有致癌危险性。致癌物零阈值的概念在现实管理中是难以实行的，而可接受风险的概念成为人们的共识。因此，对遗传毒性致癌物的管理办法是：禁止商业化地使用该种化学物；制定一个极低至可忽略不计、对健康影响甚微或者社会能接受的化学物的风险水平。目前的模型大多数以统计学为基础，而不是以生物学为基础来进行评估的。也就是说，目前的模型仅利用试验性肿瘤的发生率与剂量的数据，几乎没有其他生物学资料。没有一个模型能利用试验验证，也不能对高剂量的毒性、细胞增殖与促癌或 DNA 修复等作用进行修正。由此认为当前在实践中使用的线性模型是对危险性的保守性估计，用线性模型作出的风险特征描述一般以“合理的上限”或“最坏估计量”等字眼表述。许多管理机构已经认识到它们无法预测人群接近真正的风险。非线性模型可以部分克服线性模型所固有的保守性，采用它的先决条件就是制定可接受的风险水平。选择可接受的危险性水平取决于每个国家危险性管理者的决策，美国 FDA 和环境保护局(EPA)选用百万分之一(10)作为界限，这代表了科学界和管理者的共识。

(4)微生物危害描述中的注意事项　当摄入含微生物或其毒素的食品产生副作用时，应提供有关副作用的严重性和持续时间的定量、定性描述，如果数据充分，即应进行剂量-反应评估。

在危害特征描述中，有两个重要的方面需要考虑，即微生物和作为宿主的人。

与微生物相关的影响因素：①微生物毒性和传染性会根据它与寄主和环境的相互作用而发生变化；②微生物有无繁殖再生能力；③基因物质的传递导致了抗药能力和毒性的传递；

④微生物可以通过间接传染或第三方传染而扩散;⑤从接触病菌到临床症状的出现可能有很长的延迟时间;⑥微生物可能在特定的寄主体内长期存活,造成不断的微生物生长繁殖和将传染扩散的危险;⑦在特定情形下,即使是少量的某些微生物也可能造成严重的副作用;⑧食品的属性有可能改变微生物的致病基因。

与宿主相关的影响因素:①由于生理功能屏障的瓦解而导致更加严重的免疫力脆弱;②免疫力状况和病史;③同时发生的其他感染;④特定寄主的特性,如年龄、怀孕、营养、健康和医疗状况;⑤基因因素,如人体白细胞抗原(HIA)的类型;⑥全体人群的特性,如全体人群的免疫力、医疗水平以及对微生物的抵抗力。

危害特征描述所期待得到的特点是建立理想的剂量-反应关系。在建立剂量-反应关系时,应考虑到不同的方面,如感染或疾病。当不存在一个已知的剂量-反应关系时,风险评估工具(如专家的意见)可以用于判断描述危害特征所必要的各种因素。

3. 暴露评估

暴露评估描述危害进入人体的途径,估算不同人群摄入危害的水平。根据危害在膳食中的水平和人群膳食消费量,初步估算危害的膳食总摄入量,同时考虑其他非膳食进入人体的途径,估算人体总摄入量并与安全摄入量进行比较。一般地,一个完整的暴露评估应该包含以下项目:①某一危害因子(如化学危害物或其混合物)的基本特性;②危害因子污染源;③暴露途径及对环境的影响;④测定或估计危害因子浓度;⑤暴露人群情况;⑥整体暴露情况分析。

(1)化学因子暴露评估　暴露评估又称摄入量评估,包括对实际的或预测的人体对危害因子的接触剂量的评估。化学因子暴露评估主要是根据膳食调查和各种食品中化学物质暴露水平调查的数据进行,包括暴露的强度、频率和时间,暴露途径(如经皮、经口或呼吸道),化学物摄入和摄取速率,跨过界面的量和吸收剂量(内剂量),也就是测定某一化学物进入机体的途径、范围和速率,通过计算,可以得到人体对于该种化学物质的暴露量。进行暴露评估需要有有关食品的消费量和这些食品中相关化学物质浓度两方面的资料,一般可以采用总膳食研究、个别食品的选择性研究和“双份饭”研究进行。因此,进行膳食调查和国家食品污染监测计划是准确进行暴露评估的基础。

①摄入量的评估。膳食摄入量评估有三种方法:总膳食研究、单个食品的选择性研究和双膳食研究。

总膳食研究将某一国家或地区的食物进行聚类,按当地菜谱进行烹调成为能够直接入口的样品,通过化学分析获得整个人群的膳食摄入量。

单个食品的选择性研究,是针对某些特殊污染物在典型(或称为代表性)地区选择指示性食品(如猪肾中的镉、玉米和花生中的黄曲霉毒素等)进行研究。

双膳食研究则对个体污染物摄入量的变异研究更加有效。

对于食品添加剂、农药和兽药残留以及污染物膳食摄入量的估计,需要有相应的食物消费量与这些食物中要评估的化学物浓度资料。食品添加剂、农药和兽药残留的膳食摄入量可根据规定的使用范围和使用量来估计。最简单的情况是,食品中某一添加剂含量保持恒定,原则上以最高使用量计算摄入量。但在许多情况下,食品中的量在食用前就发生了变化,如食品添加剂(如亚硝酸盐、抗坏血酸等)在食品储存过程中可能发生降解或与食品发生反应,农药残留在农产品原料加工过程中会降解或蓄积，食品中的兽药残留则受到动物体内代谢动力学、器官分布和停药期的影响。因此，食品中的实际水平可能远远低于最大允许使用量或残留量。因仅有部分农作物或家畜家禽使用农药和兽药，食品中有时甚至可以不含农药或兽药残留。食品添加剂的含量可以从生产制造商那里获得，而包括农药和兽药残留在内的食品污染物的摄入量则要通过敏感和可靠的分析方法对代表性食品进行分析获得。

②内部暴露剂量和生物学有效剂量的评估。可以采用生物监测来评估机体中化学物的内暴露量，包括以下几点：生物组织或体液（血液、尿液、呼出气、头发、脂肪组织等）中化学物及其代谢物的浓度；人体由于暴露于化学物导致的生物效应（如烷基化血红蛋白）；结合于靶分子中化学物及其代谢产物的量。生物标志物（biomarker）不仅整合了所有来源的环境暴露信息，也反映了诸多因素（包括环境特征、生理处置的遗传学差别、年龄、性别、种族和生活方式等）。对于许多环境污染物，在暴露和生物效应之间的生物学过程尚不清楚，生物标志物可以提供线索。因此，生物标志物成为生物监测的关键，而在暴露水平和生物标志物之间建立包括毒物代谢动力学在内的相关性有利于生物标志物的选择。通过改进生物标志物的灵敏度、特异性和对低剂量暴露早期有害效应可预测性来保护易感人群。在过去十几年中，已经发展的生物标志物主要用来检测各种化学物和致癌物的暴露所致的 DNA 损伤，包括体液中母体化合物及其代谢产物或 DNAV 蛋白质（如白蛋白和血红蛋白）加合物的接触指标，并发展了生物学效应标志物，如暴露个体的细胞遗传学改变。已建立生物标志物的有烟草和涉及膳食方面的化学物，如黄曲霉毒素、亚硝胺、多环芳烃、芳香胺和杂环胺等。在食品污染物的生物监测中、除了上面这些以 DNA 加合物为主要生物标志物来评估外，还有一些采用了机体负荷水平来评估，如有机氯农药“六六六”和“滴滴涕”、多氯联苯和二噁英等环境持久性污染物可以采用体脂中含量来评估。而有机磷农药等可以采用血液胆碱酯酶活力作为接触或效应性生物标志物。

(2)微生物因子暴露评估　对微生物因子来说，暴露评估基于食品被某种因子或其毒素污染的程度，以及有关的饮食信息。暴露评估应具体指明相关食品的单位量，例如，在大多数或者所有的急性病例中所占份额的大小。

暴露评估必须考虑的因素包括食品被致病因子污染的频率，以及随时间变化在食品中致病因子含量水平的变化。这些因素受以下方面的影响：致病因子的特性，食品的微生物生态，食品原料的最初污染（包括对产品的地区差异和季节性差异的考虑），卫生设施水平和加工进程控制，加工工艺，包装材料，食品的储存和销售，以及任何食用前的处理（如对食品的烹饪）。

评估中必须考虑的另一因素是食用方式，这与以下方面有关：社会经济和文化背景，种族特点季节性，年龄差异，地区差异以及消费者的个人喜好。还需要考虑的其他因素包括：作为污染源的食品加工者的角色，对产品的直接接触量，突变的时间、温度条件的潜在影响。

暴露评估考虑了在各种水平的不确定性下，微生物致病菌或微生物毒素的含量水平，以及在食用时它们出现的可能性。可以根据以下因素将食品定性地分类：食品原料会不会被污染，食品会不会支持致病菌的生长，对食品的处理会不会造成致病菌的潜伏存在，食品受不受加热工艺的限制，以及微生物的生存、繁殖、生长和死亡是否受加工包装、贮藏环境（包括贮藏环境的温度、相对湿度、气体成分）的影响。其他相关因素包括：pH，水分含量，水的活性，抗菌物质的存在，以及存在竞争关系的微生物区系。预测食品微生物学是暴露量评估的有用工具。

4. 风险特征描述

风险特征描述时在危害识别、危害特征描述和暴露评估的基础上，综合分析危害对人群健康产生不良作用的风险及其程度，同时应当描述和解释风险评估过程中的不确定性。

（1）化学因子风险描述　对于有阈值的化学危害物来说，其对人群构成的风险可以根据摄入量（即暴露量）与 ADI（或其他测量值）的比较作为风险描述，即：安全限值（MOS）＝摄入量/ADI。如果所评价的物质的摄入量比 ADI 小，可认为该物质对人体健康产生不良作用的可能性为零。即：

若 MOS≤1，认为该危害物对食品安全影响的风险是可以接受的。

若 MOS＞1，则认为该危害物对食品安全影响的风险超过了可以接受的限度，应当采取适当的风险管理措施。

对于无阈值的化学危害物，对人群的风险是摄入量和危害程度的综合结果，即食品安全风险＝摄入量×危害程度。风险描述需要说明风险评估过程中每一步所涉及的不确定性。将动物试验的结果外推到人，可能产生两种类型的不确定性：①将动物试验结果外推到人时的不确定性。例如，投喂丁基羟基茴香醚（BHA）的大鼠发生前胃肿瘤和甜味素引发的小鼠神经毒性作用可能并不适用于人。②人体对某种化学物质的特异易感性未必能在试验动物身上发现。例如，人对谷氨酸盐的过敏反应。在实际工作中，这些不确定性可以通过专家判断和进行额外的试验，特别是人体试验加以克服。

（2）生物因子风险描述　目前全球最显著的食品安全危害是致病性细菌。对微生物危害来说，暴露评估基于食品被致病性细菌污染的潜在程度，以及有关的饮食信息。暴露评估必须考虑以下因素：①被致病性细菌污染的可能性；②食品原料的最初污染程度；③卫生设施水平和对加工过程的控制；④加工工艺；⑤包装材料；⑥食品的储存和销售；⑦食用方式以及食品中竞争微生物对致病菌生长的影响。

微生物致病菌的含量水平是动态变化的。如果在食品加工中采用适当的温度-时间条件控制，致病菌的含量可维持在较低水平。但在特定条件下，如食品贮藏温度不合适或与其他食品存在交叉污染，其致病菌含量会明显增加。因此，暴露评估应该描述食品从生产到食用的整个途径，能够预测可能与食品的接触方式，尽可能反映出整个过程对食品的影响。

预测微生物学是暴露评估的一个有用的工具。通过建立数学模型来描述不同环境条件下微生物生长、存活及失活的变化，从而对致病菌在整个暴露过程中的变化进行预测，并最终估计出各个阶段及食品食用时致病菌的浓度水平。然后将这一结果输入到剂量-反应模式中，描述致病菌在消费时在食品中的分布及消费过程中的消费量。由于在食品“从农场到餐桌”的过程中，环境因素存在很大的变化，可将各种因素均合并在评估模型中进行分析，可以帮助评估者找到从生产到消费过程中影响风险的主要因素，从而能更有效地控制危险性环节。

就总体生物因素而言，目前尚未形成一套较为统一的、科学的风险评估方法，因此，一般认为，食品中的生物危害应该完全消除或者降低到一个可直接接受的水平，CAC 认为 HACCP 体系是迄今为止控制食源性生物危害最经济有效的手段。HACCP 体系可确定具体的危害，并制定控制这些危害的预防措施。在制定具体的 HACCP 计划时，必须确定所有潜在的危害，这就需要包括建立在风险概念基础之上的危害评估。这种危害评估将找出一系列显著性危害，并在 HACCP 计划中得以反映。

(三)风险管理

风险管理是根据风险评估的结果，同时考虑社会、经济等方面的有关因素，对各种管理措施的方案进行权衡，并在必要时选择并实施适当的管理措施(包括制定规则)的过程。

食品安全风险管理的主要目标是通过选择和实施适当的政策、措施，尽可能有效地控制这些食品安全风险，从而保障公众健康。

1. 风险管理的原则

①风险管理应遵循结构化的方法。在某些情况下，并不是所有方面都涵盖风险评价、风险管理选择评估、执行管理决定以及监控和审查活动。

②在风险管理决策中应当首先考虑保护人体健康。对风险的可接受水平应主要根据对人体健康的考虑决定，同时应避免在风险可接受水平上的随意性的和不合理的差别。在某些风险管理情况下，尤其是决定将采取的措施时，应适当考虑其他因素(如经济费用、效益、技术可行性和社会习俗)。这些考虑不是随意的，应当清楚明确。

③风险管理的决策和执行应当透明。风险管理应当包含风险管理过程(包括决策)所有方面的资料和系统文件，从而保证决策和执行的理由对所有有关团体是透明的。

④风险评估政策的决定应当作为风险管理一个特殊的组成部分。风险评估政策为价值判断和政策选择制定准则，这些准则将在风险评估的特定决定点上应用，因此最好在风险评估之前，与风险评估人员共同制定。从某种意义上讲，决定风险评估政策往往是进行风险分析实际工作的第一步。

⑤风险管理应当通过保持风险管理和风险评估二者功能的分离，确保风险评估过程的科学完整性。风险管理的目的在于减少风险评估和风险管理之间的利益冲突，但是应当认识到，风险分析是一个循环反复的过程，风险管理人员和风险评估人员之间的相互信息传递在实际应用中是至关重要的。

⑥风险管理决策应当考虑风险评估结果的不确定性。如有可能，风险的估计应包括将不确定性定量并以易于理解的形式传递给风险管理人员，以便他们在决策时能充分评估不确定性的范围。如果对风险的估计很不确定，风险管理决策将更加保守。决策者不能以科学上的不确定性和变异性作为不针对某种食品风险性采取行动的借口。也就是说，如果开始出现某种潜在风险和无法逆转的情况，而又缺乏科学证据进行充分的科学评估时，风险管理人员在法律和政治上有理由采取预防措施，不必等待科学上的确证。事实上，决策者有责任采取必要措施保护消费者。

⑦在风险管理的各个阶段都应当与消费者和其他相关团体进行清楚的信息交流。在所有有关团体之间进行持续的相互交流是风险管理过程的一个组成部分。风险情况交流不仅仅是信息的传播，而更重要的功能是将对有效进行风险管理至关重要的信息和意见并入决策的过程。

⑧风险管理应当是一个考虑在风险管理决策的评价和审查中所有新产生资料的持续过程。风险管理决定做出后，为确定其在实现食品安全目标方面的有效性，应对决定的效果进行

定期评价。为进行有效的审查,监控和其他活动是必需的。

2. 风险管理的内容

风险管理的内容分为四个部分:风险评价、风险管理选择评估、执行管理决定及监控和审查。

(1)风险评价　风险评价的基本内容包括确认食品安全问题,描述风险概况,就风险评估和风险管理的优先性对危害进行排序,为进行风险评估制定风险评估政策,决定进行风险评估,以及对风险评估结果的审议。

(2)风险管理选择评估　风险管理选择评估包括确定现有的管理选项、选择最佳的管理方案(包括考虑一个合适的安全标准)以及最终的管理决定。

(3)执行管理决定　为了作出风险管理决定,风险评价过程的结果应当与现有风险管理选项的评价相结合。通过对各种方案的选择作出最终的管理决定后,必须按照管理决定实施。保护人体健康应当是首先考虑的因素,同时,可适当考虑其他因素(如经济费用、效益、技术可行性、对风险的认知程度等),可以进行费用-效益分析,及时启动风险预警机制。

(4)监控和审查　对实施措施的有效性进行评估以及在必要时对风险管理和(或)风险评估进行审查,以确保食品安全目标的实现。

所有可能受到风险管理决定影响的有关团体都应当有机会参与风险管理的过程。他们可能包括(但不应仅限于)消费者组织、食品工业和贸易的代表、教育和研究机构以及管理机构。他们可以以各种形式进行协商,包括参加公共会议、在公开文件中发表评论等。在风险管理政策制定的每个阶段,都应当吸收有关团体参加。

(四)风险交流

风险交流是指在风险评估人员、风险管理人员、生产者、消费者和其他有关团体之间就与风险有关的信息和意见进行相互交流,包括对风险评估结果的解释和执行风险管理决定的依据。风险交流应当与风险管理和控制的目标一致,且贯穿于风险管理的整个过程,它不仅是信息的传播,更重要的作用是把有效进行风险管理的信息纳入政府的决策过程中,同时对公众进行宣传、引导和培训,也包括管理者之间和评估者之间的交流,是具有预见性的工作。

1. 风险交流的基础条件

(1)组织机构与人员　应当明确各级食品安全相关机构开展风险交流的职责与任务,并确定机构内风险交流的归口管理部门(人员),建立机构内部统一领导、各相关部门(人员)参与的工作机制,有条件的食品安全相关机构应当配备风险交流的专职人员。

(2)风险交流专家库　风险交流专家库的主要作用是为风险交流工作提供科学建议与策略支持,并根据需要参与风险交流相关活动。专家库成员应当涵盖食品安全、医学、社会学、心理学、传播学、公共关系和法律等领域。

(3)人员培训　食品安全相关机构应当开展多种形式的风险交流技能培训,培养风险交流人才队伍。培训内容包括食品安全基础知识、风险交流基础理论与技巧、媒体沟通原则与技巧、危机处理技巧、公共关系和心理学基本理论等。

（4）经费保障　风险交流经费应当纳入工作预算，以确保涉及食品安全政策、食品安全标准解读与宣贯、科普宣教与培训、食品安全舆情监测与应对、有关食品安全的突发公共卫生事件处理等方面的风险交流工作顺利进行。

2. 风险交流的原则

（1）科学客观原则　在风险交流过程中，科学客观是最基本的原则。科学原则是指风险交流的所有过程都得以科学为准绳，以维护公众健康权益为根本出发点；客观性主要表现在风险交流的过程中，需尊重不同对象的不同特性，不能以主观意愿去完成风险交流工作；以科学客观原则贯穿风险交流工作才能使食品安全管理工作不偏离科学的主体，更好地服务于食品安全工作大局。

（2）公开透明原则　公开不仅对于风险沟通和交流过程是必不可少的，而且对于国家建立一个较高的公众信赖度也是至关重要的。如果关于食品安全管理过程或风险分析过程具有一定的开放性，便于产业链上的利益攸关者参与或知情，这有利于公众信任政府官方部门。透明与开放是紧密相连的，在建立自信和信心方面与开放是同等重要的。透明的决策会拉近公众对政府的亲近感，使公众对政府更加信任。

《食品安全白皮书》中也提到："在政策制定的每一步过程中保持透明度都非常重要，即使系统再完善，缺乏透明度，消费者就无法紧跟新标准的发展，并完全地享受到这些发展带来的便利。"只有坚持公开透明原则，才能使相关部门及专家拥有高度的公众信赖度和媒体影响力，才能在众说纷纭沸沸扬扬的时候，一言九鼎，掷地有声，使消费者和媒体能够心悦诚服，才可以帮助各方树立信心，帮助企业减少风险，应对风险，最大程度降低风险带来的损失。

（3）及时有效原则　消费者对食品安全的担心有时是源于缺乏对食品质量安全科学知识的了解，但很多时候，食品生产质量安全管理的科学信息以及科学家掌握的对食品质量安全种种问题的看法等信息无法及时有效传递给消费者，也导致信息严重不对称，及时有效原则就尤为重要了。

及时性不仅是新闻的基本属性，而且更是风险交流工作的基本原则。特别是在这个信息化时代，谣言很容易在网络这片沃土上疯传。目前转基因食品不断被指责，很大程度上就是因为风险交流工作的延滞。风险交流在强调及时性的同时也应该强调有效性。只有科学传播，提高风险交流的技术含金量，才能更高效地保证风险交流工作的顺利进行。总的来说，在风险交流过程中，及时和准确地进行沟通有助于确保信息资源的有效性和可信赖性。

（4）多方参与原则　风险交流作为一个交互式信息共享环节，做的不只是给公众传递信息，而应该结合食品安全利益相关方的一个综合交流，这些利益相关方包括政府监督者、消费者、生产经营者、媒体、风险评估人员、科学家、非政府组织、行业协会等。显然我国目前风险交流工作中多方参与的原则覆盖不是很全面。我们做得更多的是信息发布，即由政府来发布信息，而没有做到一个双向、多方面的交流。而在信息发布过程中还应注意信息发布的渠道和统一性，不统一的信息的发布不仅不会对食品安全风险交流起到积极作用，反而可能会使公众感到混乱，有损政府及相关部门的权威性。相关部门应在第一时间采取行动，并在官方网站、权威媒体等途径发布权威信息。

在风险交流过程中，只有结合了以上原则，才能更有效地发挥风险交流的作用，即降低疾病和伤亡，建立对反应计划的支持，帮助计划的实施，防止资源的误用和浪费，使决策者很好地了解信息，应对和纠正谣传，培育关于风险的知情决策。在风险交流过程中若没有按照以上原则，风险交流效果将会大打折扣。

3. 风险交流的内容

进行有效风险交流的内容包括：风险的性质、利益的性质、风险评估的不确定性和风险管理的选择。

（1）风险的性质　风险的性质包括危害的特征和重要性、风险大小和严重程度、情况的紧迫性、风险的变化趋势、危害暴露的可能性、暴露的分布、能够构成显著风险的暴露量、风险人群的性质和规模及最高风险人群。

（2）利益的性质　利益的性质包括与每种风险有关的实际或预期利益、受益者和受益方式、风险和利益的平衡点、利益的大小和重要性及受影响人群的全部利益。

（3）风险评估的不确定性　风险评估的不确定性包括评估风险的方法、每种不确定性的重要性、所得资料的缺点或不准确度、估计所依据的假设、假设中各因素变化对评估的敏感度影响及风险评估结论变化对风险管理的影响。

（4）风险管理的选择　风险管理的选择包括控制或管理风险的行动、减少个人风险的个人行动、选择特定风险管理措施的理由、特定措施的有效性、特定措施的利益、风险管理的费用和来源及执行风险管理措施后仍然存在的风险。

4. 风险交流的对象及其责任

（1）企业界　企业有责任将风险信息传达给消费者。企业与政府部门在制定标准或批准新技术、新成分或新标签等方面的信息交流能促进企业保证其生产的食品的质量安全。风险管理的一个目标是确定最低的、合理的和可接受的风险，这就要求对食品加工和处理过程中一些特定信息有一定了解。而企业对这些信息具有最好的认识，这对风险管理和风险评估者拟定有关文件和方案将发挥至关重要的作用。

（2）消费者及消费组织　消费者及消费者组织参与到风险交流工作中是切实保护公众健康的必要因素。在风险分析过程的早期，公众或消费者组织的参与有助于确保消费者关注的问题得到重视和解决，并使公众更好地理解风险评估过程，而且这也能够进一步为由风险评估产生的风险管理决定提供支持，消费者和消费者组织有责任向风险管理者表达他们对健康风险的关注和观点。

（3）学术研究机构　学术研究机构的人员拥有关于健康和食品安全的科学专业知识以及识别危害的能力，在风险分析过程中发挥重要作用。媒体或其他有关各方可能会请他们解读政府的决定。通常他们在公众和媒体心目中具有很高的可信度，同时也可作为不受其他影响的信息来源。这些科研工作者通过研究消费者对风险的认识或如何与消费者进行交流，以及评估交流的有效性，帮助风险管理者寻求风险交流方法和策略的建议。

（4）媒体　媒体在风险交流中起着重要作用。公众所得到的有关食品的健康风险信息大部分是通过媒体获得的。媒体不仅可以传播信息，也能制造或说明信息。媒体并不局限于从官方获得信息，它们的信息常常能反映公众和社会其他部门所关注的问题。这就使得风险管理者可以从媒体了解到以前未认识到的而公众又关注的问题，所以媒体能够并且确实地促进了风险交流工作。

(5)政府部门　政府部门在风险交流过程中扮演必不可少的角色，它对风险交流负有根本的责任。当风险管理的职责放在使有关各方充分了解和交流信息的职责上时，政府的决策就有义务保证，参与风险分析的有关各方就能有效地进行信息交流。同时，风险管理者还有义务了解和回答公众关注的危害健康的风险问题。在交流过程中，政府应尽力采用一致和透明的方法。进行交流的方法应根据不同问题和不同对象而有所不同，这在处理不同特定人群对某一风险有着不同看法时最为明显。这些认识上的差异可能取决于经济、社会和文化上的不同，应该得到承认和尊重，其所产生的结果(即有效地控制风险)才是最重要的。用不同方法产生相同结果是可以接受的。通常政府有责任进行公共健康教育，并向卫生界传达有关信息。

实践训练

风险评估项目建议书和风险评估任务书填写

对酱油中苯甲酸钠进行风险评估，填写风险评估项目建议书(表 10-3)和风险评估任务书(表 10-4)。

表 10-3　风险评估项目建议书

<table>
<tr><td>任务名称</td><td colspan="5"></td></tr>
<tr><td>建议单位地址</td><td></td><td>联系人</td><td></td><td>联系电话</td><td></td></tr>
<tr><td>建议评估模式</td><td colspan="5">非应急评估(　　)　　应急评估(　　)</td></tr>
<tr><td rowspan="5">风险来源和性质</td><td>风险名称</td><td colspan="4"></td></tr>
<tr><td>进入食物链途径</td><td colspan="4"></td></tr>
<tr><td>污染的食物种类</td><td colspan="4"></td></tr>
<tr><td>在食物中的含量</td><td colspan="4"></td></tr>
<tr><td>风险涉及范围</td><td colspan="4"></td></tr>
<tr><td>相关实验数据和结论</td><td colspan="5"></td></tr>
<tr><td>已经发生的健康影响</td><td colspan="5"></td></tr>
<tr><td>国内外已有的管理措施</td><td colspan="5"></td></tr>
<tr><td>其他</td><td colspan="5"></td></tr>
</table>

建议单位：(盖章)　　　　　　　　　　　　日期：

表 10-4 风险评估任务书

任务名称	
项目建议来源	
评估目的	
评估模式	非应急评估（　） 应急评估（　）
需要解决的问题	1.
	2.
	3.
	4.
	5.
应当完成的时间	
结果产出的形式	

建议单位：（盖章）　　日期：

拓展资源

《食品安全国家标准食品安全性毒理学评价程序》(GB 15193.1—2014)

项目测试

一、单选题

1. 食品毒理是食品安全性评价的重要组成部分，食品毒理的主要研究领域不包括（　）。

A. 描述毒理　B. 机制毒理　C. 预防毒理　D. 管理毒理

2. 在对毒物进行毒理学一般评价的时候，下列哪个试验所选择的动物年龄最小（　）?

A. 急性毒性试验　B. 亚急性毒性试验

C. 亚慢性毒性试验　D. 慢性毒性试验

3. 制定、修订食品安全标准和对食品安全实施监督管理的科学依据是（　）。

A. 食品安全风险方案　B. 食品安全风险评估结果

C. 食品安全风险计划　D. 食品安全风险评估制度

4. 食品安全风险评估的核心步骤是（　）。

A. 危害识别　B. 危害特征描述　C. 暴露评估　D. 风险特征描述

二、多选题

1. 在下列情况下，食品添加剂可以通过食品配料（含食品添加剂）带入食品中（　）。

A. 根据食品添加剂使用标准，食品配料中允许使用该食品添加剂

B. 食品配料中该添加剂的用量不应超过允许的最大使用量

C. 应在正常生产工艺条件下使用这些配料，并且食品中该添加剂的含量不应超过由配料带入的水平

D. 由配料带入食品中的该添加剂的含量应明显低于直接将其添加

2. 国家食品安全风险监测计划应根据(　　)的需要制定。

A. 食品安全风险评估　　B. 食品安全标准制定

D. 人群消费水平　　C. 食品安全监督管理

3. 化学污染物及有害因素监测的全覆盖包括(　　)。

A. 监管对象全覆盖　　B. 环节全覆盖

C. 区域全覆盖　　D. 食品种类全覆盖

4. 对(　　)、饲料和饲料添加剂等的安全性评估，应当有食品安全风险评估专家委员会的专家参加。

A. 农药　　B. 肥料　　C. 生长调节剂　　D. 兽药

三、判断题

1. 在食品安全事故调查过程中，病例搜索时必须采用个案调查表记录病例的发病时间、临床表现等详细信息。(　　)

2. 污染物是指食品在生产、加工、运输等过程中产生的或人为非法添加的化学性危害物质。(　　)

3. 食品中污染物限量以食品通常的可食用部分计算，有特别规定的除外。(　　)

4. 发生食品安全事故，县级以上疾病预防控制机构应当协助卫生行政部门和有关部门对事故现场进行卫生处理，并对与食品安全事故有关的因素开展流行病学调查。(　　)

5. 食品安全风险评估信息和食品安全风险预警信息由国务院卫生行政部门负责统一公布。(　　)

课后题答案

项目一

判断题

1. √　2. √　3. √　4. √　5. ×

项目二

一、单选题

1. B　2. B　3. D

二、多选题

1. ABCD　2. ABCD　3. ABCD　4. ABCD

三、判断题

1. √　2. ×　3. √　4. ×　5. ×

项目三

一、单选题

1. D　2. B

二、多选题

1. ABCD　2. ABCD　3. ABCD

三、判断题

1. ×　2. ×　3. ×　4. √　5. √

项目四

一、单选题

1. B　2. A

二、多选题

1. AB　2. AB　3. ABCD

三、判断题

1. √　2. ×　3. √　4. √　5. √　6. ×

项目五

一、单选题

1. C　2. D

二、多选题

1. ABCD　2. ABCD　3. ABCD

三、判断题

1. ×　2. √　3. √　4. √　5. ×

项目六

一、单选题

1.D 2.C 3.B 4.B 5.B

二、多选题

1.ABC 2.BCE

三、判断题

1.√ 2.×

项目七

一、单选题

1.D 2.B

二、多选题

1.ABCD 2.ABD

三、判断题

1. √ 2.× 3.√ 4.×

项目八

一、单选题

1.B 2.B

二、多选题

1.ACD 2.ABCD 3. ACD 4. ABCD

三、判断题

1. × 2.√ 3.×

项目九

一、单选题

1.D 2.D 3.B 4.A

二、多选题

1.ABCD 2.ABCD

三、判断题

1. × 2.√ 3.√ 4.√

项目十

一、单选题

1.C 2.A 3.B 4.D

二、多选题

1.ABCD 2. ABD 3. ABCD 4. ABCD

三、判断题

1. √ 2.√ 3.√ 4.√ 5.√

参考文献

[1] 黄玥，白晨. 食品安全与卫生学[M]. 2 版. 北京：中国轻工业出版社，2022.
[2] 钟耀广. 食品安全学[M]. 3 版. 北京：化学工业出版社，2019.
[3] 张嫚，蒋宝. 食品安全与控制[M]. 4 版. 大连：大连理工大学出版社，2021.
[4] 王瑞. 食品卫生与安全[M]. 3 版. 北京：化学工业出版社，2022.
[5] 刘辉，任婧寰，伍雅婷，等. 2018 年全国食物中毒事件流行特征分析[J]. 中国食品卫生杂志. 2022，34(1)：147-153.
[6] 李宏. 食物过敏：流行病学、发病机制、诊断、预防与治疗手段综述及更新[J]. 中华临床免疫和变态反应杂志 2018，12(1)：85-97.
[7] 张娜，车会莲. 食品卫生与安全[M]. 北京：科学出版社，2016.
[8] 李明华. 食品安全概论[M]. 北京：化学工业出版社，2014.
[9] 张冬梅. 食品安全与质量控制技术[M]. 北京：科学出版社，2021.
[10] 于洋，常桂芳，邢艳霞. 食品安全与卫生学[M]. 北京：中国纺织出版社，2022.
[11] 王颖，易华西. 食品安全与卫生[M]. 北京：中国轻工业出版社，2018.